岩土工程技术创新成果及应用

中国施工企业管理协会　主编

中国建筑工业出版社

图书在版编目（CIP）数据

岩土工程技术创新成果及应用 / 中国施工企业管理
协会主编 . —北京：中国建筑工业出版社，2024.3
ISBN 978-7-112-29678-1

Ⅰ.①岩⋯　Ⅱ.①中⋯　Ⅲ.①岩土工程－技术革新－
研究　Ⅳ.①TU4

中国国家版本馆 CIP 数据核字（2024）第 057269 号

为深入实施创新驱动发展战略，激发企业创新活力，中国施工企业管理协会自 2022 年
起开展了"岩土工程技术创新应用成果"征集活动。2023 年共征集 200 余项成果，从中选
出 38 项优秀成果入选本成果集。成果涉及地基处理与桩基工程、基坑与边坡工程、隧道与
地下工程、智慧岩土以及绿色岩土等方向，结合工程实践，运用先进的技术理论与创新的
思考方式对岩土工程的技术创新进行了深入的研究，可供岩土工程领域工作者学习参考。

读者阅读本书过程中如发现问题，可与编辑联系。微信号：13683541163，邮箱：
5562990@qq.com。

责任编辑：周娟华
责任校对：赵　力

岩土工程技术创新成果及应用

中国施工企业管理协会　主编

*

中国建筑工业出版社出版、发行（北京海淀三里河路 9 号）
各地新华书店、建筑书店经销
北京龙达新润科技有限公司制版
北京市密东印刷有限公司印刷

*

开本：787 毫米×1092 毫米　1/16　印张：19½　字数：487 千字
2024 年 3 月第一版　　2024 年 3 月第一次印刷
定价：88.00 元
ISBN 978-7-112-29678-1
（42752）

《岩土工程技术创新成果及应用》
编委会

目录

五、绿色岩土

一、地基处理与桩基工程

可控刚度桩筏基础理论、关键技术及工程应用

周峰、朱锐、王旭东、万志辉、李学明
南京工业大学

一、成果背景

随着城市化进程的加快，高层建筑建设规模急剧增长，桩筏基础因具有整体性好、抗弯刚度大、适应性广等优点而在高层建筑建设中得到了前所未有的广泛应用和发展。众所周知，桩筏基础受力性状通常由其整体刚度的大小和分布决定，而整体刚度又由建筑物上部结构刚度、筏板刚度和桩基支承刚度共同组成，现有技术手段通过改变结构形式调整上部结构刚度和改变筏板厚度来调整筏板刚度的方法效率均不高且造价昂贵，通过改变桩长、桩径及桩距等方法调整桩基支承刚度又受上部结构形式和地质条件限制而较难实施。因此如何经济有效地对桩筏基础整体刚度进行干预调节，从而实现对桩筏基础整体受力性状的主动干预与控制成为亟须解决的实际难题。

围绕上述问题，项目团队历经近 20 年攻关，依托国家自然科学基金等数十项科研项目，采用理论分析、技术研发、试验研究与工程应用相结合的研究方法，在桩筏基础主动及智能化控制理论、桩筏基础支承刚度可调可控实现途径以及可控刚度桩筏基础产业化应用等方面取得多项创新，突破了传统高层建筑桩筏基础整体刚度无法人为干预的技术瓶颈，填补了国内桩筏基础主动控制理论及方法的空白，为我国高层建筑建设提供了技术保障。项目的主要研究思路，如图 1 所示。

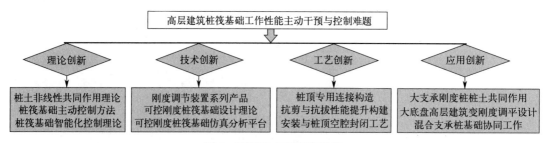

图 1　项目的主要研究思路

二、实施方法和内容

针对背景中拟解决的问题，介绍一下成果应用的具体技术方案。

（一）桩筏基础主动及智能化控制理论创新

1. 构建了桩土弹塑性共同作用体系，提出了桩筏基础非线性共同作用分析方法。

基于层状半空间的有限层法和广义剪切位移法，明确了桩的非线性工作性状、地基土的层状非均质性和桩-土、桩-桩、土-土之间的弹塑性特征，依据桩-土非线性共同作用、

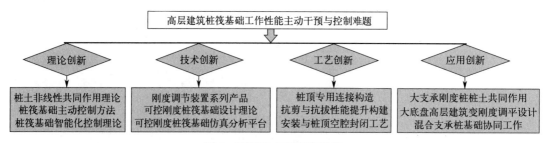

相互影响的柔度矩阵，构建了桩土弹塑性共同作用体系，见式(1)。

$$\begin{bmatrix} K^{ss} & K^{sp} \\ K^{ps} & K^{pp} \end{bmatrix} \begin{Bmatrix} W_R \\ W_P \end{Bmatrix} = \begin{Bmatrix} P_s \\ F \end{Bmatrix} \tag{1}$$

在引入静力平衡和位移协调条件的基础上，耦合了桩土弹塑性刚度矩阵与筏板刚度矩阵，建立了桩筏基础非线性共同作用方程式(2)，提出了考虑筏板实际刚度的桩筏基础非线性共同作用分析方法，明晰了筏板刚度、布桩方式等因素对桩筏基础非线性共同作用的影响规律，如图2所示。

$$[K_R + K_{SP}] \cdot \begin{Bmatrix} V_R \\ V_P \end{Bmatrix} = \{Q\} \tag{2}$$

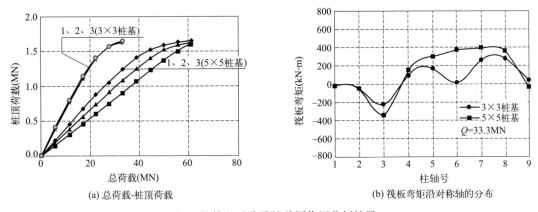

(a) 总荷载-桩顶荷载   (b) 筏板弯矩沿对称轴的分布

图2　桩筏基础非线性共同作用分析结果

2. 首创了可控刚度桩筏基础的理念，形成了桩筏基础主动控制方法，明确了可控刚度桩筏基础的工作机制。

针对桩筏基础支承刚度主动干预与控制难题，研究团队从分离桩基承载力与变形耦合关系的角度出发，创造性地提出在桩顶设置专门的刚度调节装置，人为精准干预桩基支承刚度，继而调节、优化整个桩筏基础支承刚度的大小和分布，经济、有效地实现了桩与桩、桩与土之间的变形协调，形成了桩筏基础主动控制方法，如图3所示。这种具备主动控制理论中支承刚度可人为精确干预且可控可调特点的桩筏基础，称为可控刚度桩筏基

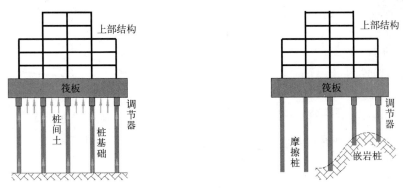

图3　可控刚度桩筏基础工作原理示意图

础。通过系列物理模型试验和数值模拟研究，系统分析了端承型、摩擦型、混合支承条件下以及主动调节下可控刚度桩筏基础的工作性状（图4、图5），揭示了支承刚度主、被动调节特征对桩筏基础工作性状的影响机制。

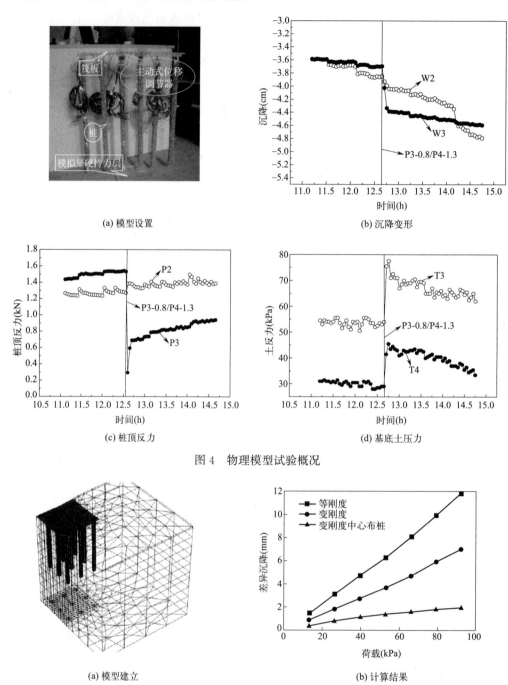

(a) 模型设置

(b) 沉降变形

(c) 桩顶反力

(d) 基底土压力

图 4　物理模型试验概况

(a) 模型建立

(b) 计算结果

图 5　数值模拟研究概况（一）

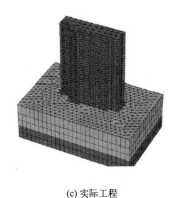

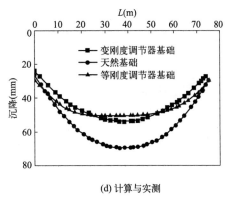

(c) 实际工程   (d) 计算与实测

图 5　数值模拟研究概况（二）

3. 提出了基于遗传算法的多目标智能优化方法，建立了桩筏基础智能化控制理论。

针对桩筏基础鲁棒设计为多目标优化问题的特征，结合高层建筑桩筏基础的工作特点，提出基于遗传算法的多目标智能优化算法（图 6），编制形成具有自主知识产权的高层建筑桩筏基础智能优化程序，选取典型算例进行计算分析，表明智能优化后桩筏基础设计方案差异沉降的控制尤为精确。

结合非线性共同作用理论和主动控制理论，建立了桩筏基础智能化控制理论，该理论可同时考虑系统鲁棒性和经济性。在此基础上，模拟了可控刚度桩筏基础荷载-沉降全过程，如图 7 所示。将智能优化方法应用于高层建筑施工全过程，从而得到以减少差异沉降为目标的刚度调节装置最优运行方案。

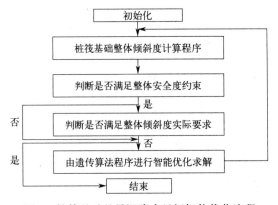

图 6　桩筏基础差异沉降多目标智能优化流程

（二）桩筏基础支承刚度可调可控技术

1. 研发了具有自主知识产权的桩顶刚度调节装置系列产品。

桩顶刚度调节装置是可控刚度桩筏基础的核心部件，肩负着调节桩基支承刚度和承担建筑物荷载的重要任务，必须同时具备"大吨位"和"大变形"的特点。由于桩筏基础主动及智能化控制理论为原始创新，桩顶刚度调节装置的概念也是首次提出，市场上没有专门的产品销售，只能走自主创新的道路。

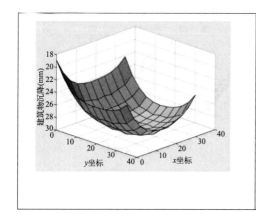 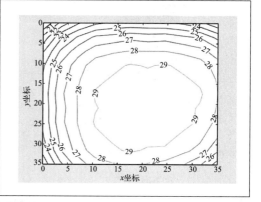

(a) 筏板沉降情况

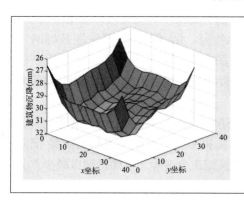 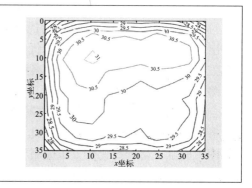

(b) 智能优化后的筏板沉降情况

图 7　可控刚度桩筏基础工作原理示意图

在此背景下，研究团队自主研发了系列刚度调节装置，如图 8 所示。第一代桩顶刚度调节装置（产品标准：Q/NG 1—2017）具有性能稳定、受力可靠以及小巧灵活等特点，其受力曲线可根据实际需求设定为完全线性或分段线性，也可通过串联或并联得到更多组合参数，因而在实际工程中得到了广泛应用。但第一代刚度调节装置的支承刚度一旦设定，后期便无法调整，也因此被称为被动式刚度调节装置。

在被动式刚度调节装置的基础上，结合桩筏基础主动及智能化控制理论的实施，研究团队自主研发了第二代刚度调节装置，在建筑施工甚至使用全过程中可依据实际需求随时进行支承刚度的干预、调节，解决了第一代刚度调节装置支承刚度设定后无法调整的问题，可以显著降低设计过程对设计参数精确性的依赖程度，第二代刚度调节装置也因此被称为主动式刚度调节装置。

在桩筏基础主动及智能化控制理论学术研讨与产业化推广中，工程界和学术界的许多专家肯定了该理论的先进性与创新性，同时又提出智能化控制对象应该是特别复杂或者特别重要的建筑物，大部分建筑物基础保留整体支承刚度随时可调节的功能可能会消耗较高的成本。因此，团队自主研发了性能优越的第三代刚度调节装置，不仅具备第一代刚度调节装置的受力特点，还保留了第二代刚度调节装置可人为干预调节支承刚度的特征，第三代刚度调节装置也因此被称为半主动刚度调节装置。半主动刚度调节装置解决了第二代刚

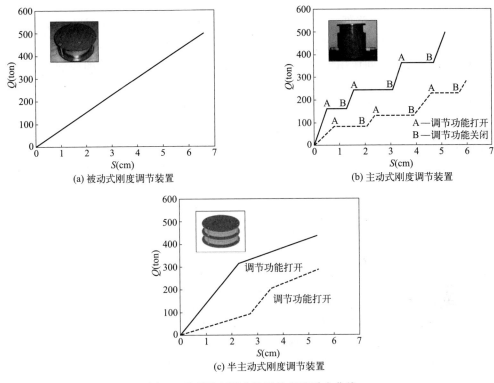

(a) 被动式刚度调节装置

(b) 主动式刚度调节装置

A—调节功能打开
B—调节功能关闭

(c) 半主动式刚度调节装置

图 8　系列刚度调节装置外观及受力曲线

度调节装置制造使用成本较高的问题，通过 1～2 次后期干预机会，满足了高层建筑桩筏基础支承刚度干预调节的现实需求，推广应用潜力十足。

2. 创建了可控刚度桩筏基础设计方法，建立了可控刚度桩筏基础鲁棒性设计理论。

可控刚度桩筏基础可用于多种工程领域，核心在于刚度调节装置支承刚度的确定，为保证桩、土在相同等级荷载作用下的变形协调，就必须使桩、土的支承刚度协调。桩筏基础中桩和地基土分别可看作一些桩弹簧和若干土弹簧，与每根桩弹簧匹配的土弹簧数量可通过基底总面积除以总桩数来近似求得，具体如图 9 所示。当桩弹簧与之配套的土弹簧刚度接近相等时，桩、土变形一致，可保证共同承担荷载。

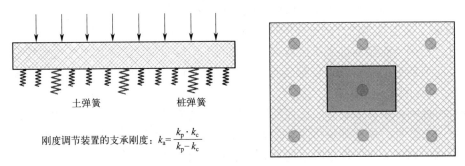

土弹簧　　　　桩弹簧

刚度调节装置的支承刚度：$k_a = \dfrac{k_p \cdot k_c}{k_p - k_c}$

图 9　桩-土共同作用简化示意图

针对岩土参数不确定性造成桩筏基础设计过度或不足的问题，引入了岩土工程鲁棒性设计概念，提出了均质土层和成层土层中单桩的鲁棒性设计方法，建立了可控刚度桩筏基础鲁棒性设计理论，显著降低了岩土参数波动对可控刚度桩筏基础设计方案的影响。

3. 开发了可控刚度桩筏基础整体工作性状全过程仿真分析软件平台。

基于桩-土非线性共同作用理论，以多段线性逼近载荷板荷载-位移曲线的方式，修正了文克尔模型不能考虑地基土非线性的问题，改进了广义文克尔-利夫金模型，结合可控刚度桩筏基础的工作特征，提出了可控刚度桩筏基础整体工作性状简化分析方法。

自主开发了可控刚度桩筏基础有限元计算软件，实现了可控刚度桩筏基础整体工作性状全过程仿真分析的目标，该软件基于 Visual Fortran 2011 平台（图 10），具有以下特点：①可以考虑桩-土非线性特性；②可以模拟上部结构-筏板-桩-土之间的共同作用过程；③可以进行可控刚度桩筏基础整体工作的性状分析。

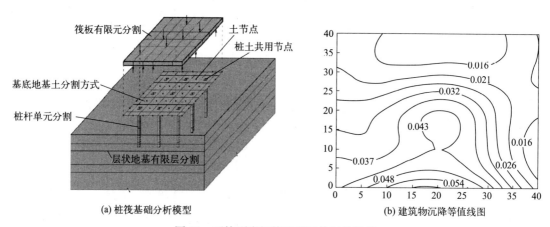

(a) 桩筏基础分析模型　　　　(b) 建筑物沉降等值线图

图 10　可控刚度桩筏基础整体工作性状

（三）可控刚度桩筏基础专用构造与成套施工工艺

1. 开发了可控刚度桩筏基础桩顶专用构造。

针对设置刚度调节装置的桩筏连接问题，开发了多个专用于可控刚度桩筏基础的构造形式，解决了刚度调节装置设置于不同类型基桩（灌注桩、预制桩）的安装问题，发明了可用于量测桩基与筏板相对变形量（刚度调节装置变形量）的杆式构件，提出了预埋、植筋等一系列刚度调节装置与桩顶之间的连接方法，如图 11 所示。

2. 发明了基于性能提升的可控刚度桩筏基础水平与竖向连接构件。

针对可控刚度桩筏基础水平抗剪问题，发明了设置于桩顶的专用水平抗剪装置，使得设置刚度调节装置的桩基础可以保持原有的抗剪能力（即抗剪能力不小于基桩桩身抗剪力），同时保证刚度调节装置工作过程中变形调节能力不受影响，如图 12 所示。

针对可控刚度桩筏基础竖向抗拔问题，发明了位移可调式钢筋连接器抗拔构件，使得设置刚度调节装置的桩基础保持原有的抗拔能力（即抗拔能力不小于基桩桩身抗拔力），同时保证刚度调节装置工作过程中变形调节能力不受影响，如图 13 所示。

3. 形成了刚度调节装置安装及桩顶空腔封闭技术。

研究团队提出了适用于多种类型刚度调节装置的成套安装技术，该技术主要包括桩头清理、刚度调节装置下支座定位安装、支模板及桩顶混凝土浇筑、刚度调节装置定位、变

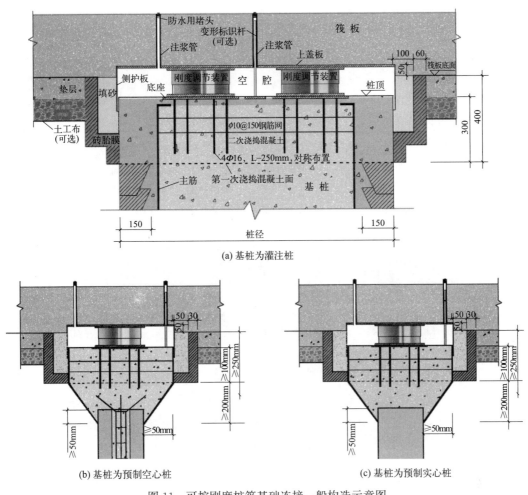

(a) 基桩为灌注桩

(b) 基桩为预制空心桩　　　(c) 基桩为预制实心桩

图 11　可控刚度桩筏基础连接一般构造示意图

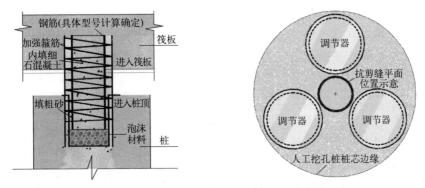

图 12　桩顶抗剪装置及桩顶平面布置示意图

形标识杆与注浆孔设置，以及刚度调节装置侧护板与上盖板设置等施工流程（图 14），能精准有效地在桩、筏之间安装刚度调节装置，同时实现建筑物上部荷载施加过程中刚度调节装置变形量的观测，为可控刚度桩筏基础的工程实践提供了重要保障。

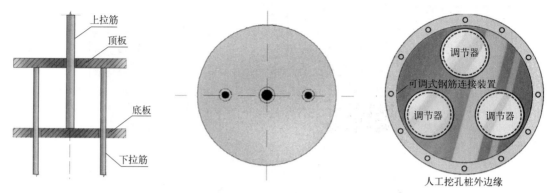

图 13　可调式钢筋连接器及桩顶平面布置示意图

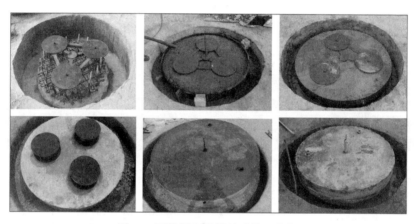

图 14　可控刚度桩筏基础施工流程

（四）可控刚度桩筏基础产业化应用

1. 大支承刚度桩桩土共同作用技术的工程应用，破解了端承型桩与地基土共同承担上部结构荷载的难题。

充分发挥地基土承载潜力以实现桩土共同作用是工程界和学术界共同追求的目标，桩土共同作用研究的已有成果（如沉降控制复合桩基、复合地基等）虽已达到相当的深度和广度，但仍主要面向于摩擦型桩，对如端承型桩尤其是嵌岩桩的大支承刚度桩的桩土共同作用尚无有效方法。在此背景下，研究团队在桩筏基础主动及智能化控制理论基础上，通过设置桩顶刚度调节装置（图 15），解决了有巨大支承刚度差异的桩、土变形协调问题，使大支承刚度桩的支承刚度始终与地基土支承刚度相匹配，桩土始终共同承担上部结构荷载。

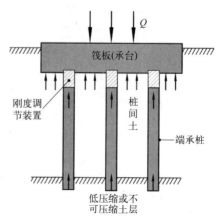

图 15　大支承刚度桩桩土共同作用工作原理

2. 大底盘高层建筑变刚度调平技术的工程应

用，解决了大底盘高层建筑桩筏基础差异沉降过大的问题。

多年的理论研究与工程实践表明，差异沉降是导致大底盘高层建筑基础内力和上部结构次应力增大、板厚与配筋增加的根源所在。在此背景下，研究团队在保证建筑整体沉降和承载力满足要求的前提下，通过刚度调节装置对整个基础的支承刚度分布按需要进行较精确的人为调控与优化（图16），解决了大底盘高层建筑筏板差异沉降较大的问题，使得大底盘高层建筑基础乃至上部结构始终保持最优状态。

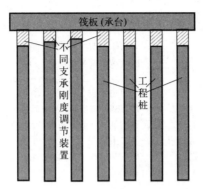

图16　大底盘高层建筑变刚度调平工作原理

3. 混合支承桩基础协同工作技术的工程应用，实现了复杂地质条件下摩擦型桩与端承型桩之间刚度匹配、协调变形的目标。

混合支承桩基础的出现大致有两种情况：一种是新旧桩协同工作、孤石与溶洞分布、基岩缺失或起伏较大等特殊原因造成的，另一种是主动调整布桩参数而形成的，其核心在于解决好桩与桩的刚度匹配问题。在此背景下，研究团队在保证建筑物整体沉降满足要求的前提下，通过刚度调节装置弱化桩基支承刚度，解决有巨大支承刚度差异的桩与桩变形协调问题，使得混合支承桩基础协同工作，工作原理如图17所示。

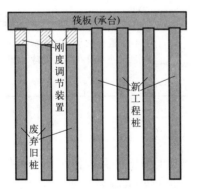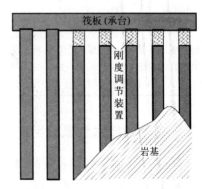

图17　混合支承桩基础协同工作原理

三、成果技术创新点

以下介绍总体技术水平与国内外同类先进技术的比较（表1），成果的技术创新点，以及成果的研发费用投入情况等。

（一）与国内外相关技术的比较

总体技术水平与国内外相关技术的比较　　表1

	创新点	国内外相关研究	本技术研究	技术指标	结论
理论创新	桩筏基础主动及智能化控制理论	大多针对桩筏基础工作性能进行优化，未考虑桩筏基础整体支承刚度的精确控制	首次提出了桩筏基础整体支承刚度可控可调的创新理念，建立了可控刚度桩筏基础设计理论	实现了对桩筏基础支承刚度大小和分布的精确调节	国际领跑
技术创新	桩基支承刚度可调可控技术	大多改变布桩形式、筏板设计参数等，调节桩筏基础整体支承刚度的技术较少	自主研发了被动式桩顶刚度调节装置产品	精准调控桩基支承刚度	国际领跑
	桩筏基础工作性能主动及智能化控制技术	只针对设计、施工过程中的工作性能调节，缺乏桩筏基础支承刚度在使用全过程中的主动调控技术	自主研发了基于电磁效应、热熔效应的半主动式桩顶刚度调节装置系列产品；自主研发了全过程可控的主动式桩顶刚度调节装置产品	在设计、施工及使用全过程中可按需进行支承刚度调节，实现桩筏基础主动及智能化控制	国际领跑
	可控刚度桩筏基础施工技术	只针对常规桩筏基础的施工，缺乏可控刚度桩筏基础专用构造及施工方法研究	开发了可调式钢筋连接器等系列桩顶专用连接构造，提出了可控刚度桩筏基础成套施工工艺	可对不同基桩类型的可控刚度桩筏基础进行机械化施工	国际领跑
应用创新	大支承刚度桩桩土共同作用工程实践	大多采用桩顶铺设垫层等方式实现桩土共同作用	应用设置于桩顶的刚度调节装置，使大支承刚度桩的支承刚度始终与地基土相匹配，桩-土共同承担上部结构荷载	地基承载潜力得到充分发挥，桩基使用数量得到大幅减少	国际领跑
	大底盘高层建筑变刚度调平设计工程实践	一般采用桩距、桩径、桩长等布桩形式的调节实现变刚度调平设计	应用设置于桩顶的刚度调节装置，人为调控与优化整个基础的支承刚度分布	保证大底盘高层建筑物筏板的差异沉降接近或等于零	国际领跑
	混合支承桩协调工作工程实践	针对桩基支承刚度的大小和分布不均匀、多种支承形式桩基础等情况的研究较少	应用桩顶刚度调节装置，弱化桩基支承刚度，解决有巨大支承刚度差异的桩与桩变形协调问题	保证混合支承桩基支承刚度大小与分布满足设计要求	国际领跑

（二）成果的技术创新点

1. 桩筏基础主动及智能化控制理论创新。构建了桩-土弹塑性共同作用体系，提出了桩筏基础非线性共同作用分析方法；创新提出了可控刚度桩筏基础的理念，首次实现了桩筏基础整体支承刚度大小和分布的精确调节；提出了基于遗传算法的多目标智能优化方法，建立了可控刚度桩筏基础智能化控制理论，初步实现了依据高层建筑实时状态的不断反馈来实现对建筑物全生命周期的主动及智能化控制的目标。

2. 桩筏基础支承刚度可调可控技术创新。自主研制了具有完全自主知识产权的刚度调节装置系列产品（被动式、主动式及半主动式），创建了可控刚度桩筏基础设计方法，建立了可控刚度桩筏基础鲁棒性设计理论，提出了可控刚度桩筏基础整体工作性状简化分析方法，开发了可控刚度桩筏基础有限元计算软件，实现了可控刚度桩筏基础整体工作性状全过程仿真分析的目标。

3. 可控刚度桩筏基础专用构造与施工工艺创新。开发了可控刚度桩筏基础桩顶专用构造，提出了适用于不同类型基桩的桩筏基础连接方法；发明了设置于桩顶的专用水平抗剪装置和位移可调式钢筋连接器抗拔构件，显著提升了可控刚度桩筏基础的水平抗剪性能与竖向抗拔性能；提出了刚度调节装置安装及桩顶空腔封闭技术，形成了可控刚度桩筏基础成套施工工艺，为可控刚度桩筏基础现场施工提供技术保障。

4. 可控刚度桩筏基础工程应用创新。结合南京市和厦门市领军型创新创业人才计划，创办了学科型公司（国家高新技术企业），围绕可控刚度桩筏基础和刚度调节装置相关技术、产品，在全国范围内开展了技术转让、产业化推广与示范工作，有效解决了大支承刚度桩桩土共同作用、大底盘高层建筑变刚度调平设计以及混合支承桩基础协同工作等常规桩基础难以解决或代价较大的工程难题。

（三）成果的研发费用投入情况

成果研发费用主要来源于两个方面：

1. 国家课题、部委课题等纵向科研项目，包含国家自然科学基金面上项目 2 项（80万元、60 万元）、国家自然科学基金青年基金项目（20 万元）、江苏省自然科学基金青年项目（20 万元）、住房和城乡建设部研究开发项目（10 万元）等十余项纵向科研项目，累计研发费用达 200 万元。

2. 企业委托课题等横向科研项目，包含可控刚度桩筏基础应用于管桩基础成套技术开发（110 万元）、可控刚度桩筏基础主动控制理论及装置研制（50 万元）、城市建设废旧桩基综合处理技术（20 万元）、富源路项目桩顶变形调节器研制与加工（18.7 万元）、富源路项目桩筏基础可行性分析（10 万元）等二十余项横向科研项目，累计研发费用达 300万元。

四、取得的成效

取得的成效主要包括技术成果实施后给企业创造的经济效益和社会效益；施工单位、专家学者和第三方评价机构对该成果实施效果的客观评价；具有较强的示范引领和辐射带动能力，促进了相关产业的转型升级，对行业的发展作出了重要贡献；相关成果推广应用的条件和前景。

（一）经济效益

可控刚度桩筏基础的创新概念由研究团队于 2003 年首次提出，并在厦门嘉益大厦项目进行首次工程应用，主要用于解决该项目地质条件不均匀导致常规桩基无法实施的难题。2005 年，嘉益大厦附近的蓝湾国际项目碰到类似地质条件，同样采用可控刚度桩筏基础技术解决了常规桩基无法施工的难题。上述两个项目的成功实施证明了可控刚度桩筏基础不仅解决了常规桩基不能解决的难题，而且还取得了比常规桩基更好的经济效益、社会效益和环境效益。2009 年，可控刚度桩筏基础成功应用于厦门当代天境项目，取得了良好的经济效益。随后的几年时间里，可控刚度桩筏基础初步得到工程界的认可，陆续应用于七星公馆项目、禹州城上城、海尚国际项目、创冠大厦、软件园三期 6 栋办公楼以及和昌中心等项目。其中特别提到的是，2012 年可控刚度桩筏基础成功应用于地质条件特别复杂的贵州省富源同坐项目，帮助该项目减少了约 4000 万元的经济损失。

为了更好地将可控刚度桩筏基础进行推广，2015 年由南京工业大学牵头，陆续开始福建省工程建设地方规范、全国行业规范、中国工程建设标准化协会规范等技术标准的编写工作。随着相关设计与施工标准的正式实施，可控刚度桩筏基础的推广应用速度也随之明显加快，例如，可控刚度桩筏基础在 2018 年工程应用数量达到了上述标准实施前十五年的总和。

可控刚度桩筏基础从首次提出并应用，迄今为止已经在全国多个省市地区进行了超 600 栋高层、超高层建筑的工程实践，建筑物最大高度达 165m，总建筑面积近 1200 万 m^2，基础部分工期和造价平均节省 30% 以上，直接经济效益超 10 亿元，间接经济效益超 35 亿元，有效解决了大支承刚度桩桩土共同作用、大底盘高层建筑变刚度调平设计以及混合支承桩基础协同工作等常规桩基础难以解决或代价较大的工程难题，可控刚度桩筏基础市场前景广阔，推广范围巨大。

（二）社会效益

桩筏基础肩负着高层建筑建设的重任，对我国城市化进程至关重要。

研究团队针对高层建筑桩筏基础支承刚度主动干预与控制难题，开展了大量的理论、试验、技术开发和产业化应用工作，形成了一大批具有自主知识产权的研究成果，有力推动了相关领域的科技进步，具体体现在：

一是促进理论学科发展。研究团队围绕高层建筑桩筏基础问题，提出了可控刚度桩筏基础的创新概念，创建了桩筏基础主动及智能化理论，建立了可控刚度桩筏基础设计方法，丰富了高层建筑桩筏基础设计理论，完善了有关学科的理论体系。

二是引领技术开发进步。从实际需求出发，研发了具有完全自主知识产权的桩顶刚度调节装置系列产品，开发了可控刚度桩筏基础整体工作性状仿真分析软件平台，提出可控刚度桩筏基础专用构造与成套施工工艺，极大地拓展了桩筏基础的应用领域，推动了我国基础工程领域的科学技术进步。

三是推动产业化应用。依托江苏省和福建省创业人才计划，创办学科型公司（国家高新技术企业），围绕可控刚度桩筏基础和刚度调节装置相关技术、产品，开展技术转让、标准编制、产业化推广与示范工作，树立了"产学研用"的协同创新典范。

通过本技术的研究与实践过程，培养了一大批土木工程领域杰出人才，包括：江苏省"333 高层次人才培养工程"中青年科学技术带头人 2 名，江苏省"六大人才高峰"高层次人才项目入选者 1 名，南京市和厦门市领军型创业人才计划入选者各 1 名，截至 2022 年 12 月，项目已累计培养博士、硕士研究生 43 名。

（三）环境效益

通过可控刚度桩筏基础工程实践，不仅显著提升了复杂地质条件下高层建筑建设能力，持续创造经济效益和社会效益，还节省了大量钢筋、水泥等高能耗、高污染材料的使用，减少了孤石爆破、溶洞处理、旧桩拔除等地下空间的人为干扰，降低了施工机械耗能等施工过程中的碳排放，所获得的显著生态环境效益也与国家"十四五"规划中"绿色发展"的理念高度契合。

（四）相关鉴定和验收意见

1. 可控刚度桩筏基础首次试点项目、刚度调节装置、理论与方法以及施工工艺分别经龚晓南院士、孙钧院士和周福霖院士领衔的专家组鉴定，认为均达到国际领先水平。

2. 2022年5月21日，《可控刚度桩筏基础理论、关键技术及工程应用》通过了江苏省岩土力学与工程学会组织的成果评价会，以王明洋院士为组长的专家组一致认为该项目研究成果总体上达到国际领先水平。

3. 标准规范采用情况。在本技术实施前，土木建筑领域未见专门服务于可控刚度桩筏基础的相关技术标准。为此，将可控刚度桩筏基础相关技术成果进行总结，形成中国工程建设标准化协会团体标准等5项标准。

4. 科技成果查新情况。项目成果委托教育部科技查新工作站进行了国内外查新，查新结果表明本技术提出的创新成果均为国内外首创。

5. 学术评价情况。该成果立足于自主发明创新。龚晓南院士认为"通过设置于桩顶刚度调节装置，在30层的高层建筑中实现了以地基土承载力为主的桩土共同作用的基础设计，具有开创性。"孙钧院士认为"桩土共同作用的若干实现方法及工程应用研究具有创新性、系统性以及可推广性。"周福霖院士认为"设置刚度调节装置的桩筏基础开创了桩筏基础整体支承刚度调整的新方法，极大地拓展了桩筏基础的应用领域。"王明洋院士认为"可控刚度桩筏基础理论、关键技术及工程应用促进了我国高层建筑桩筏基础领域的科技进步。"

五、总结及展望

（一）现阶段还存在的技术局限性

本技术开发了多个专用于可控刚度桩筏基础的构造形式，解决了桩顶刚度调节装置设置于不同类型基桩（灌注桩、预制桩等）的安装问题，提出了预埋、植筋等一系列刚度调节装置与桩顶之间的连接方法，有效提高了可控刚度桩筏基础连接的稳定性。但是，随着桩基础的不断发展，各种桩型（异型桩等）和施工工艺应运而生，当前桩筏连接构造主要针对灌注桩、预制桩，对于其他桩型仍缺乏明确规定，这在一定程度上限制了桩顶刚度调节装置的应用范围。

（二）今后的主要研究方向

项目团队已成功研发了刚度调节装置与灌注桩、空心预制桩、实心预制桩、劲性复合桩的连接构造，但是由于桩顶刚度调节装置产品较多，如何实现、优化不同系列产品与不同类型基桩之间快速、高效、安全、可靠的连接，是今后的研究方向。目前项目团队正在开展相关连接方式的室内模型试验研究，以期通过该研究，将拓展系列桩顶刚度调节装置在桩筏基础中的应用范围，发挥更大的经济效益和社会效益。

旋转钻进复合钢桩技术

孙宏伟、苗启松、方云飞、李文峰、李伟强、陈曦

北京市建筑设计研究院有限公司

一、成果背景

在北京市房屋建筑抗震节能综合改造工程中，作为改造加固方案的一种，外套结构加固方案具有工期短、降低施工难度、环保等优点，带来较大的社会效益和经济效益。鉴于该加固方案通常采用预制构件，在进行相应的地基基础加固时，常规桩型受到施工空间、工期及周边环境等条件的限制，难以满足设计施工需要。为此，特别研发了一种新的桩型——新型旋转钻进复合钢桩。该桩型具有较强的适应性，能很好地解决抗震节能综合改造工程中加固地基基础的难题。

二、实施的方法和内容

旋转钻进复合钢桩由钢桩与注浆体组成，钢桩为焊有叶片的钢质预制桩，可由一节或数节桩杆组成，各桩杆之间由连接件（即法兰）连接。钢桩成桩之后，在桩帽处进行桩端、桩侧高压注浆。

根据该桩型的特点，并结合施工场地条件，研究开发了专用施工机械。该专用施工机械由挖掘机械改装而成，主要由机车、机械臂、减速机等部件组成。施工过程中，由液压产生的动力传输到减速机上，并由减速机将动力转换为扭矩，从而达到旋转钻进钢桩的目的。

该桩型具有承载力相对较大、成桩角度多样化、施工机械化、施工机械灵活、施工方便快捷、工期短、绿色环保等优点。同时，该桩型具有较强的适应性，适用于除含较大坚硬块体的填土外的大部分土体，而且对地下水水位无任何要求。根据该桩型的设计和施工要求，已成功开发了配套专用施工设备，包括钢桩旋转钻进机车、后注浆环保车等，能较好地完成钢桩钻进、后注浆施工等地基加固工序。

结构加固设计时，必须控制原有结构和新增结构之间的差异沉降，以防止原有结构开裂。在桩型、桩机研发和试验的基础上，根据外套结构加固方案和旋转钻进复合钢桩地基加固方案，考虑上部结构、基础以及桩基的共同作用，采用三维有限元计算软件进行技术可行性计算分析，结果表明，该桩型能很好地解决加固前后新老建筑结构之间的差异沉降问题。

在技术可行性计算分析基础上，该桩型应用于老旧住宅加固试点工程，结果表明加固效果非常好，加固后新老墙体均无开裂现象。

在老旧住宅加固试点工程成功之后，对旋转钻进复合钢桩进行了大力推广和应用，主要用于后续的老旧住宅加固工程，以及一些特殊工程，尤其是一些常规机械难以施工的工程。相关检测结果表明，旋转钻进复合钢桩完美解决了承载力和变形的难题。

针对抗震加固工程，进行了旋转钻进复合钢桩和桩机的研发和试验，并运用三维有限元软件进行了技术可行性计算分析。在建设单位的大力支持下，钢桩成功应用于老旧住宅外套结构加固工程中，经过专家高度认可后，进一步进行技术推广和工程应用，大量成功应用于老旧住宅加固项目中，为北京市老旧住宅加固项目保驾护航，确保了工程安全质量，节约了工期，提高了经济效益和社会效益。

三、成果技术创新点

主要科技创新有以下几个方面：

（一）旋转钻进复合钢桩的研发

本桩型主要由钢桩、注浆体和灌注体组成，三者有机结合，形成承载力较高的复合钢桩，如图1所示。

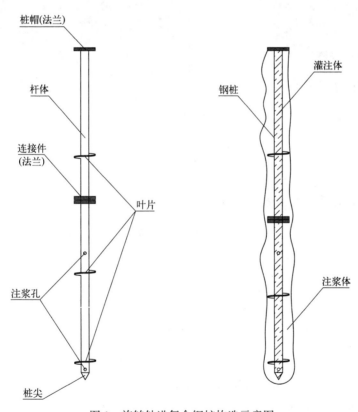

图1 旋转钻进复合钢桩构造示意图

（二）专用施工机械研究开发

根据本桩型的特点以及适应施工场地条件，特研究开发了专用施工机械，即将研发的动力转换装置与常规挖掘机组合成专用施工机械，如图2所示。

图 2 专用施工机械研发

（三）单桩承载力试验研究分析

为研究复合钢桩的施工工艺、受力机理和承载能力等项目，特进行了一系列试验。共施工了 12 根试验桩，具体见表 1。

试验桩情况一览表　　　　　　　　　　　　　　　　　　　表 1

试验桩数（根）	桩编号	管径（mm）	叶片外径（mm）	桩长（m）
2	P1、P2	108	250	8.0
2	P3、P4	108	300	8.0
2	P5、P6	108	400	8.0
3	P7、P8、P9	159	300	9.0
3	P10 P11、P12	159	400	P10：8.0 P11、P12：9.0

通过对不同管径和叶片直径的注浆前后静载荷试验 Q-S 关系曲线图进行对比分析，对旋转钻进复合钢桩的承载性能有了进一步认识，为钢桩设计提供了数据支撑，为后续的钢桩应用打下了良好的基础。

根据检测成果，在试验场区地层条件下，该桩型采用管径 159mm 叶片外径 400mm 相对合适，单桩极限承载力标准值可达到 800kN。

（四）提出承载力计算公式

根据现有对复合钢桩受力机理的认识，参考相关规范中相关桩基承载力计算公式，提出采用等效直径的方法计算其单桩竖向极限承载力标准值，其计算公式如下：

$$Q_{uk} = u_e \sum_{i=1}^{n} q_{sik} l_i + q_{pk} A_p$$

根据地层，采用所提出的承载力计算公式进行单桩承载力计算，并与试验桩检测成果进行了对比，如图 3 所示。

结果表明：

1. 等桩径条件下，复合钢桩承载力具有相对较高的承载力。

2. 在本试验场地及桩径的条件下，等效桩径按叶片外径的 1.2 倍来取值，其计算结果与试验值基本相同。

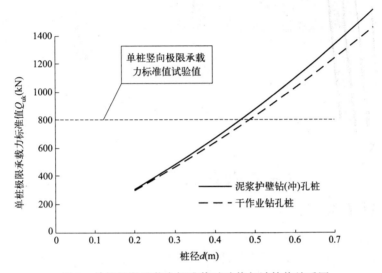

图 3　单桩极限承载力标准值试验值与计算值关系图

（五）地基基础技术可行性分析

针对旋转钻进复合钢桩的应用，应用 Plaxis 有限元软件建模进行三维有限元计算，进行了技术可行性分析。分别进行了天然地基方案和钢桩桩基础方案的三维分析，如图 4～图 6 所示，桩基础起到很好的减沉作用，其总体设计满足相关要求。

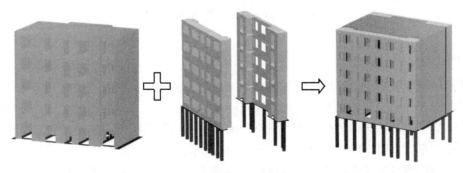

图 4　三维有限元计算模型

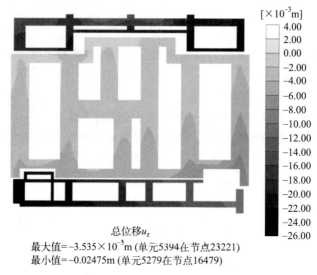

总位移u_z

最大值$=-3.535\times10^{-3}$m(单元5394在节点23221)

最小值$=-0.02475$m(单元5279在节点16479)

图5　天然地基整体结构最终沉降图

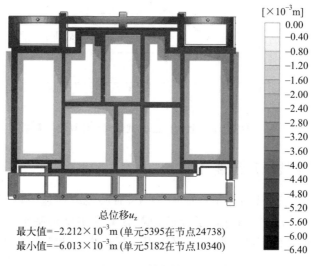

总位移u_z

最大值$=-2.212\times10^{-3}$m(单元5395在节点24738)

最小值$=-6.013\times10^{-3}$m(单元5182在节点10340)

图6　桩基础整体结构最终沉降图

四、取得的成效

在总结试验桩检测成果以及可行性分析基础上，进行了抗震加固试点工程旋转钻进复合钢桩的设计和施工，结果表明，加固效果明显，安全可靠。故进一步在北京市房屋建筑抗震节能综合改造工程中进行应用，截至目前，该桩型共应用于几十栋住宅加固改造项目中，发挥了很大作用，取得一致好评。施工过程如图7所示。

工程应用经专家鉴定，适合作为试点工程的新增结构的基础形式，专家意见见图8。

在其他一些空间狭小、施工净空不足等工程中，旋转钻进复合钢桩也小试身手，及时

(a) 钢桩施工过程 (b) 注浆机械

(c) 注浆 (d) 成品

图 7　工程应用施工图片

解决了业主和工程师的难题。

　　旋转钻进复合钢桩施工方便、质量可靠，其社会效益是明显的，主要体现在下列方面：

　　1. 地基基础工期缩短，减小了加固改造带来的社会负面影响，为住户提前入住提供了有利条件。

　　2. 绿色环保，无扬尘和湿作业，噪声小，无扰民烦恼，符合城区施工要求。

　　3. 工期缩短，直接减少了地基土外露的时间，从而减少了扬尘时间，同时对比灌注桩施工，从噪声、周边交通环境等方面都带来大量益处。

　　4. 旋转钻进复合钢桩桩体预制，采用钢管作为桩体，为钢铁去库存化发挥一定作用。

　　5. 节约人力资源：常规桩基施工需要大量施工人员，而旋转钻进复合钢桩采用机械施工，配备人员少。

　　间接经济效益主要体现为节约了大量工期。鉴于受到场地限制、施工工作面狭小、天气等影响，与常规施工工艺（如旋挖成孔灌注桩、长螺旋钻孔后插钢筋笼工艺、人工挖孔灌注桩等）相比，采用旋转钻进复合钢桩方案的施工工期和养护期一般缩短约一个月工期，从而减少了大量的住户租房补贴、施工措施费、扰民费等一系列施工所引起的费用。

五、总结及展望

（一）本桩型目前主要应用于北京城区，应用地层较为单一，应大力推广至其他地区，以进行不同土质条件下的施工方案及单桩承载力研究与应用。

（二）编制本桩型的设计与施工相关标准，以确保本桩型的设计与施工质量。

（三）研究与拓展本桩型多场景应用，如工程应急抢险、国防等。

串珠状岩溶区大直径超长冲孔灌注桩
承载机理及施工技术

周宏伟、谢军、李玉龙、王朝、徐小川、李星宇

中铁七局集团第三工程有限公司

一、成果背景

（一）成果基本情况

1. 采用管波＋弹性波 CT 的地质预测方法，改变了以往单一的超前地质钻探方法，建立完整的地质空间模型，准确确定地下溶洞发育及连通情况，为砂卵石覆盖层溶洞桩基施工提供了有力支撑。

2. 采用外护筒提前打入＋内护筒同步跟进的施工方法，减少了砂卵石覆盖层溶洞桩基在溶洞漏浆后发生埋锤、孔壁坍塌、地面塌陷，甚至钻机倾覆、人员伤亡的施工安全隐患，在保证施工质量安全的前提下，提升了溶洞发育地层桩基施工效率。

3. 提出了溶洞区桩基施工"短冲程、及回填、慢钻进"的施工方法，充分发挥冲击钻对溶洞回填材料冲砸、挤压效果，在溶洞空腔区形成稳定的护壁层。

4. 采用泥浆净化装置及螺杆式空气压缩机清孔，大幅度提高清孔效率，减少成桩至灌桩阶段的等待时间，提高工效，降低溶洞回填物塌孔的风险。

5. 利用施工平台上的大吨位龙门式起重机安装钢筋笼，通过大吨位钢筋笼安装平台，提高了钢筋笼安装工效。

（二）成果来源

本成果属于自选研究开发的项目，来源中铁七局集团第三工程有限公司 2019 年度科技研发计划，科研合同编号为 SGS-19A02。

（三）研究背景

岩溶是水对可溶岩石的化学溶解作用与机械破坏作用，以及由于这些作用所引起的各种现象的总称。处于覆盖型岩溶地区的隐伏溶洞被风化物或残积物充填和覆盖，深埋于地下，成为隐蔽或半隐蔽的地质病害，隐蔽性较大，难以发现，造成潜伏易发的隐患，对工程建设危害较大。岩溶作用使岩体结构发生改变，从而导致岩石强度降低、渗透性增强，通常易引起地基承载力不足、下伏溶洞顶板坍塌、地面塌陷、地基不均匀沉降、基础脱空甚至开裂等问题，对工程建设和运营产生很大的影响。

岩溶地质条件为桥梁钻孔灌注桩基础设计与施工中比较严重的地质病害。桥梁荷载通过桩基础传递到地层中，桩基承载能力为桩周土的摩阻力和桩端支承力之和。在岩溶地区，由于溶洞的存在，对桩基的承载能力产生重大影响，桩周的溶洞可能影响桩周土与桩

基的摩阻力；若溶洞位于桩基的底部，可能因溶洞顶板厚度不够，在桥梁荷载作用下，顶板被压碎，桩基承载能力丧失，而引起桥梁结构的破坏。而且，在桥梁桩基施工时易出现漏浆、斜孔、塌孔、卡钻等施工难题，从而延误工期。

曲江大道江湾大桥处于典型的粤北串珠式溶洞地区，溶洞强发育，溶洞见洞率 90% 以上，最大单溶洞高为 17.9m，最大连续串珠溶洞高 44.7m。江湾大桥 16 号主墩共 29 根桩基，桩径设计为变截面，顶部 14.2m 处桩径为 2.8m，其余部分桩径为 2.5m。最深桩长 102.024m，钢筋笼质量为 58.1t，混凝土 518.3m^3。桩基长度和钢筋笼质量在国内内河桥梁施工中也极为少见，桩基施工难度非常大。溶洞的强烈发育，不仅影响了桩基顺利施工，也对工程安全也造成了极大威胁。依托本工程开展串珠状岩溶区大直径超长冲孔灌注桩承载机理及施工工艺研究，具有重要现实意义，不仅可为本工程提供必要的理论和技术支撑，也能为类似地区桩基工程提供有益参考。

（四）国内外应用现状

在岩溶区钻孔灌注桩桩基施工工艺方面，张效文（2014）针对岩溶发育地区采用的冲击成孔灌注桩施工方法，从施工前准备、施工中控制以及桩基事故这三个方面，论述了在施工中有效避免或者降低岩溶地区常见的塌孔、漏浆、卡钻、偏孔等施工事故，并对岩溶地区冲击钻施工在成孔质量、成桩质量这两个方面介绍了详细的缺陷桩处理措施。唐宏雄（2018）以广佛肇项目岩溶地区钻孔灌注桩施工为例，介绍了溶洞的几种常规处理方法及各方法的操作要点和适用情况，对岩溶地区桩基施工的常见问题做了分析，提出了一些有效保证在溶洞范围内成桩的具体措施。有关岩溶区灌注桩承载特性研究方面，黄涛（2002）结合已有工程对岩溶发育地区溶洞顶板稳定性等进行了深入研究，确定了岩溶发育地区桩端持力层和桩端标高的确定方法。赵明华、张锐等（2009）通过分析岩溶区基桩的承载机理建立合理的桩端和桩侧传递模型，并讨论了桩周岩层的不同特性和桩端沉渣对桩的承载力影响，结合静载试验对理论进行验证。龚先兵（2011）结合突变理论，建立了岩溶区桩基力学简化模型和势能函数的表达形式，由此提出岩溶区桥梁桩基的极限承载力确定方法。赵昌清（2012）以某大桥为工程背景，通过有限元分析了不同因素对岩溶区大孔径基桩承载力的影响，为设计计算和内力分析提供依据。

曾友金（2003）从离心模型试验成果、超长单桩静载试验成果、工程实践及其他学者研究成果中，论证了普通单桩存在有效桩长，深入解释了有效桩长的含义。蒋建平（2003）基于弹塑性理论用包含点面接触单元的有限元法对大直径超长桩的有效桩长进行了数值模拟分析。龚晓南（2007）认为，当桩土模量比不大时，在极限荷载作用下，桩体自桩顶向下一定长度内桩体的压缩量已等于桩顶位移，故该长度以下的桩体对承载力没有贡献，该长度就为有效桩长。张利梅（2009）借鉴软土地区大直径超长桩有效桩长的确定方法，对西安地区大直径超长桩有效桩长问题进行研究。

（五）技术成果实施前所存在的问题

国内外在岩溶区钻孔灌注桩的施工和设计方面已做了一些工作，但已有研究依托工程桩的长度较短，与本工程相差甚远，岩溶发育形态也与本工程不同。另外，关于岩溶区超长灌注桩有效桩长方面的研究成果也很少。因此，依托本工程开展串珠状岩溶区大直径超长冲孔灌注桩承载机理及施工工艺研究，具有重要现实意义，不仅可为本工程提供必要的理论和技术支撑，也能为类似地区桩基工程提供有益参考。

（六）拟解决的问题

1. 串珠状岩溶区大直径超长冲孔灌注桩施工工艺研究。从岩溶物理探测技术、冲孔灌注桩成孔工艺及溶洞预处理技术等方面，研究串珠状岩溶区大直径超长冲孔灌注桩施工工艺。

2. 串珠状岩溶区大直径超长冲孔灌注桩竖向荷载传递机理及承载特性研究。通过数值模拟和资料调研，研究桩侧溶洞分布位置、桩基主要设计参数和桩底溶洞位置、节理发育程度及顶板厚度对基桩竖向荷载传递及承载力的影响。

3. 分析大直径超长冲孔灌注桩单桩有效桩长，探讨串珠状岩溶区大直径超长冲孔灌注桩有效桩长及其主要影响因素。

二、实施的方法和内容

（一）实施的方法

1. 系统收集国内外岩溶区钻孔灌注桩施工工艺，根据本工程岩溶发育特点，主要从岩溶物理探测技术、冲孔灌注桩成孔工艺参数、泥浆配合比以及溶洞预处理技术等方面，研究串珠状岩溶区大直径超长冲孔灌注桩施工工艺，总结灌注桩施工主要事故类型和处理措施。

2. 通过有限元数值模拟和室内模型试验，主要从以下方面探讨串珠状岩溶区大直径超长冲孔灌注桩竖向荷载传递机理及承载特性：

（1）桩侧溶洞分布位置对基桩竖向荷载传递及承载力的影响分析；

（2）桩径和桩长对基桩承载力的影响分析；

（3）桩底溶洞位置、顶板节理发育程度及厚度对基桩竖向荷载传递及承载力的影响分析。

3. 通过数值模拟对大直径超长灌注单桩在不同桩长、桩径情况下的 P（荷载)-S（沉降）曲线进行规律分析，根据有效桩长的判别准则，确定不同桩长和桩径条件下单桩的有效桩长。分析大直径超长单桩桩径、桩身弹性模量、桩土刚度比、土体泊松比、桩土摩擦系数等因素对大直径超长单桩有效桩长的影响。以此探讨串珠状岩溶区大直径超长冲孔灌注桩有效桩长及其主要影响因素。

（二）实施的内容

1. 大直径超长冲孔灌注桩有效桩长研究。
2. 大直径超长冲孔灌注桩有效桩长有限元数值模拟研究。
3. 桩侧溶洞对单桩承载特性的研究。
4. 基于有限元的大直径超长冲孔灌注桩桩侧溶洞对单桩承载特性数值模拟研究。
5. 基于有限元的串珠状岩溶区大直径超长冲孔灌注桩承载特性数值模拟研究。
6. 基于离散元的串珠状岩溶区大直径灌注桩承载特性数值模拟研究。
7. 串珠状岩溶区大直径灌注群桩承载特性分析。

8. 串珠状岩溶区大直径超长冲孔灌注桩施工工艺研究。

三、成果技术创新点

（一）总体技术水平与当前国内外同类研究、同类技术的综合比较/成果水平

通过查新比对，成果涉及以下创新研究内容。

1. 从岩溶物理探测技术、冲孔灌注桩成孔工艺参数、泥浆配合比以及溶洞预处理技术等方面，研究串珠状岩溶区大直径超长冲孔灌注桩施工工艺，总结灌注桩施工主要事故类型和处理措施。

2. 通过数值模拟对串珠状岩溶区大直径超长冲孔灌注桩的有效桩长进行研究，分析桩径、桩身弹性模量、桩土刚度比、土体泊松比、桩土摩擦系数等因素对大直径超长单桩有效桩长的影响，确定串珠状岩溶区大直径冲孔灌注桩有效桩长的主要影响因素和不同情况下的有效桩长。

3. 通过块体离散元理论模拟分析了不同桩长及不同岩溶顶板厚度情况下，节理间距、产状及发育程度对灌注桩极限承载力的影响，定量给出了节理间距对岩溶区灌注桩单桩极限承载力的影响规律。

4. 采用有限元分析了不同桩长情况下，桩侧溶洞位置及充填物工程力学特性对岩溶区灌注桩单桩极限承载力的影响，提出了溶洞越多、溶洞位置越靠近桩顶，对单桩承载力影响越大、溶洞填充物弹性模量越大、单桩极限承载力越高等规律。

5. 管波＋弹性波 CT 超前地质预报技术。

（二）成果的技术创新点

1. 揭示了不同桩长情况下，溶洞大小、顶板厚度、跨度、桩侧溶洞位置、工程力学特性、岩石节理对岩溶区灌注桩单桩极限承载力的影响规律，为复杂岩溶区桩基设计优化和施工指导提供了依据。

2. 采用管波＋弹性波 CT 地下岩溶探测技术，与 BIM 技术有效结合，可准确探测地下溶洞大小、位置、填充情况、覆盖层厚度以及岩层破碎情况，为串珠状溶洞区钻孔桩安全和高效施工提供了技术支撑。

3. 研发了适用于砂卵石覆盖层串珠状岩溶区的内外护筒定位结构和可旋转式钢筋定位装置，提高了施工质量和效率。

（三）成果的研发费用投入情况

本成果研发经费均为公司自筹，总经费为 110 万元。其中人员费：15 万元；材料费：40 万元；燃料及动力费：5 万元；测试及化验费：10 万元；知识产权费：10 万元；会议及差旅费：10 万元；文整费：4 万元；其他费用：16 万元。

四、取得的成效

（一）经济效益

该技术成果依托广东省韶关市曲江大道江湾大桥展开研究，该桥处于典型的粤北串珠

式溶洞地区，溶洞强发育，溶洞见洞率 90％以上，最大单溶洞高为 17.9m，最大连续串珠溶洞高为 44.7m。课题组针对特殊的工程地质条件和工程特点，综合依托该项目立项的《串珠状岩溶区大直径超长冲孔灌注桩承载机理及施工技术》课题的研究成果，制订了针对性的施工方案，通过优化施工措施节约了大量成本，确保了曲江大道韶州（江湾）大桥桩基工程的安全、按期顺利完成，合计节约成本 211.9 万元。

（二）社会效益

岩溶作为一种不良工程地质现象在我国分布极为广泛。随着交通建设的不断发展，在公路、铁路桥梁桩基施工过程中不可避免地遇到岩溶地质问题。由于岩溶地区溶洞的影响，基岩的完整性受到破坏，承载力大幅降低，这使得桩基的安全受到影响。岩溶属于隐蔽性地质灾害，难以发现，对工程建设及运营影响极大，一直是工程界研究的热点。成果从岩溶物理探测技术、冲孔灌注桩成孔工艺参数以及溶洞预处理技术等方面，研究串珠状岩溶区大直径超长冲孔灌注桩施工工艺，总结灌注桩施工主要事故类型和处理措施。研究结论对类似岩溶地区桩基的施工和设计均有很好的参考价值，社会效益明显。该成果对提高在岩溶区的施工技术能力、相关科技研发及创新水平有深远的意义。

（三）客观评价

2020 年 10 月，中国中铁股份有限公司组织专家对该成果技术进行了评审，专家组在审阅了技术研究报告的基础上，经讨论，认为该成果技术创新突出，在韶关曲江大道江湾大桥工程中成功应用，取得了显著的社会效益和经济效益，其整体技术达到国内领先水平。

（四）推广应用前景

本成果已在广东省韶关市江湾大桥和丹霞大桥桩基工程施工中成功应用，解决了砂卵石覆盖层串珠式溶洞发育地质下桩基的施工。采用该工艺施工，施工过程良好，施工效率明显提高，施工质量及进度大大提高，极大地提高了施工的安全性，最大限度地降低了工程施工风险。该工法填补了我国该领域的施工空白，技术新颖、系统全面，社会效益和工期效益显著。

处于覆盖型岩溶地区的隐伏溶洞被风化物或残积物充填和覆盖，深埋于地下，成为隐蔽或半隐蔽的地质病害，隐蔽性较大，难以发现，造成潜伏、易发的隐患，对工程建设危害较大。岩溶作用使岩体结构发生改变，从而导致岩石强度降低、渗透性增强，通常易引起地基承载力不足、下伏溶洞顶板坍塌、地面塌陷、地基不均匀沉降、基础脱空，甚至开裂等问题，对工程建设和运营产生很大的影响。成果提出了串珠状岩溶区大直径超长冲孔灌注桩施工工艺，总结了桩侧溶洞及填充物、顶板厚度、跨度和节理对单桩承载力的影响规律，对岩溶区类似工程的施工和设计均具有较好的参考价值。因此，本成果具有很好的推广价值。

五、总结及展望

串珠状岩溶区大直径超长冲孔灌注桩承载机理及施工工艺的研究虽取得了许多重要性

成果，但仍需就该工程问题开展系列理论研究和模型试验研究，以便形成系统的理论体系，进一步推广应用。

六、工程实景

工程实景如图 1、图 2 所示。

图 1　工程实景（一）

图 2　工程实景（二）

深厚填石层旋喷桩钻喷一体化成桩施工技术

雷斌、李凯、廖启明、冯栋栋、尚增弟、肖杨兵

深圳市工勘岩土集团有限公司

一、成果背景

（一）研究背景

在深厚填石地层中进行高压旋喷地基处理加固，通常采用潜孔锤对填石层预先引孔，并下入护壁套管，然后再进行下部地层的钻进和高压喷射注浆。因整体施工增加引孔和下入护筒工序，导致施工效率低；同时，场地填石间的缝隙空间大，旋喷时浆液极易从填石通道流失，难以控制注浆范围，成桩质量差。另外，在填石层采用潜孔锤引孔钻进时，高风压携带钻渣从孔口喷出产生大量的粉尘，采用人工孔口洒水降尘效果差，造成现场施工文明条件恶劣。因此，项目组对深厚填石层中如何既不污染环境、又能保证地基加固质量的高压旋喷技术进行研究，最终形成了"深厚填石层旋喷桩钻喷一体化成桩施工技术"（以下简称"本技术"）。

（二）国内外研究现状

高压喷射注浆法以压力较高（20～70MPa）为其特点，流体在喷嘴外呈射流状。高压喷射注浆法，按喷射管类型分为单管法、二重管法、三重管法和多重管法等；按喷射方式分为旋喷（提升旋转喷浆）、摆喷（提升摆动喷浆）和定喷。

1. 单管法

单管法利用高压泵等装置，以20MPa左右的压力，将浆液从喷嘴中喷射出去，冲击破坏土体，同时借助注浆管的提升和旋转，使浆液与从土体上崩落下来的土混合搅拌，经过一定时间的凝固，在土中形成圆柱状的固结体。单管法施工的固结体直径较小，一般桩径为0.4～1.4m，单桩垂直极限荷载为500～600kN。

2. 二重管法

二重管法利用双管同时输送两种介质，通过在管底部侧面的一个同轴双重喷嘴，同时喷射高压浆液（20MPa左右）和空气（0.7MPa左右）两种介质喷射流冲击破坏土体。固结体的直径比单管法有明显增加，一般桩径为0.5～1.9m，单桩垂直极限荷载为1000～1200kN。当采用水为介质切割土体时，可克服单管法浆液黏度大、切割能力弱和高压喷嘴磨损易堵的缺点。长沙矿山研究院研制的单管分喷法，采用20～30MPa的高压水切割土体，然后下注浆管，用5.0～6.0MPa中压注浆，除可达到水浆二管法效果外，还有返浆量少、节省浆材的优点。

3. 三重管法

三重管法使用分别输送水、气和浆三种介质的三管（三重管或并行管），在压力 20～50MPa 的高压或超高压水射流的周围环绕 0.7MPa 左右的圆筒状气流，利用高压水气同轴喷射流冲切土体，另由泥浆泵注入压力为 2～5MPa 的浆液充填。当采用不同的喷射方式时，可形成各种形状的凝固体。固结体的直径：旋喷时一般达 0.9～2.5m，定喷时有效长度可达 1～2.5m，单桩垂直极限荷载 2000kN。日本的 RP 工法分别采用水气、浆气两次切割，可形成直径 2～3.2m 的旋喷桩。SuperJet 工法在 30MPa 的压力下，采用大流量（600L/min）浆液喷射，成桩直径达到 5m。

4. 多重管法

多重管法采用逐渐向上运动并同时摆动的超高压力水射流（约 40MPa）切削破坏四周土体，经高压水冲击下来的土随泥浆立即用真空泵从多重管内抽出地面。反复冲击土体和抽取泥浆，最后在地层中形成较大的空间，装在喷嘴附近的超声波传感器及时测出空间直径和形状，最后根据工程要求选用浆液、砂浆、砾石等材料充填。固结体的直径，旋喷时一般达 2～4m，该法在砂性土层中形成的柱状固结体最大直径可达 4m。由日本中西涉等人研制的 MJS 工法，还可进行全方位喷射注浆，并在孔内监测和废浆处理方面进行了革新，在实现更大直径固结体的同时，有效防止地面隆起，且更加智能和环保。

本技术采用的是高压浆液和空气的二重管法，与传统工艺不同的是，本技术将潜孔锤引孔与旋喷施工的机具和工序集成，通过钻杆将潜孔锤钻头、旋喷嘴和特制的通气管等一体化有序实施，在引孔的同时进行旋喷加固。

二、实施的方法和内容

（一）工艺原理

1. 潜孔锤引孔、旋喷一体化原理

（1）钻机一体化

本技术对传统旋喷钻机进行改进，在潜孔锤钻进引孔的基础上加入二重管高压旋喷功能，利用线路集成设计和钻杆集成设计，通过专门设计的气浆输送接头，将旋喷喷嘴、潜孔锤与高压注浆系统、空压机进行有机连接，实现潜孔锤引孔钻进和高压旋喷一体化施工，钻喷一体化施工设备如图 1 所示。机架与钻机平台一体化改造，钻杆一次性安装就位，机架高度 26m，并实现移动的安全、可靠。

图 1　潜孔锤引孔钻进和高压旋喷一体化施工设备

（2）钻杆一体化

钻杆一体化集成设计包括钻杆杆身、旋喷喷嘴、潜孔锤冲击器以及潜孔锤钻头。其中，钻杆长度满足设计最大钻深要求，钻杆下部设置旋喷喷嘴，喷嘴下端连接潜孔锤冲击器以及潜孔锤锤头。通过钻杆一体化设计，将潜孔锤与旋喷喷嘴集于一杆，可一

次性成孔成桩，工序减少一半，功效提高一倍以上。钻杆一体化设计分布，如图 2 所示。

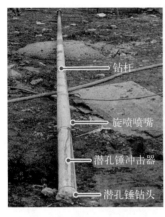

图 2　钻杆一体化设计分布

（3）管路一体化（钻杆内部）

采用管路一体化集成设计，将浆气输送管路集成于钻杆内部，实现气浆的同步输送，即在钻杆内设潜孔锤气管、旋喷气管、旋喷浆管三条独立管道。管路集成系统中，潜孔锤气管（ϕ30）通向潜孔锤，提供钻进用的动力压缩空气；旋喷气管（ϕ15）和旋喷浆管（ϕ15）通向喷嘴，提供高压旋喷用的高压浆气。管路集成一体化设计分布，如图 3 所示。

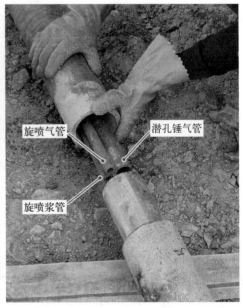

图 3　管路集成一体化设计分布

（4）线路一体化（钻杆外部）

外部输送线路采用线路集成设计，利用扎绳将气浆输送管道和钻机动力头电线固定。

将旋喷空压机和高压注浆泵与气浆输送接头进行连接，实现气、浆、电线路的集成式传输，外部传输线路集成，如图4所示。通过特制的气浆输送接头，将钻杆内部管路与钻杆外部线路进行连接，实现有序的浆气输送，如图5、图6所示。

图4 气、浆、电线路集成式传输

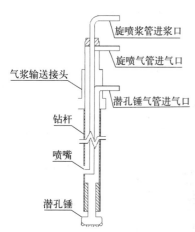

图5 气浆输送接头

2. 潜孔锤冲击引孔原理

（1）潜孔锤破岩原理

潜孔锤是以压缩空气作为动力，压缩空气由潜孔锤空压机提供，经钻杆进入潜孔锤冲击器，推动潜孔锤工作，利用潜孔锤对钻头的往复冲击作用达到破岩的目的。由于冲击频率高，低冲程，破碎填石引孔效果好。

（2）一体机潜孔锤引孔原理

潜孔锤空压机通过一体机线路与钻杆所组成的潜孔锤气管，将压缩空气传递至桩底设计标高；引孔钻进的同时，预先对填石层进行引孔喷浆，使填石层空隙得到填充，减少后续高压旋喷浆体的扩散流失，保证后续注浆成桩质量；另外，通过喷射水泥浆液捕获潜孔

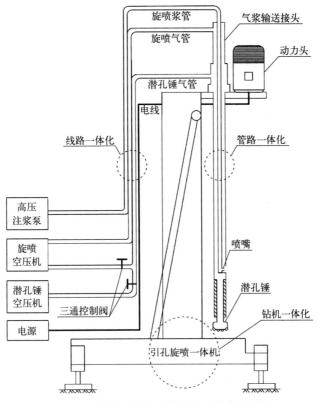

图 6　气浆输送接头连接线路、管路示意图

锤沿钻孔通道向上喷出的粉尘，将粉尘阻隔在钻孔中，起到降尘作用，防止粉尘污染。一体机潜孔锤引孔钻进原理，如图 7 所示。

3. 高压旋喷成桩原理

（1）旋喷加固地基原理

本技术设计采用二重管高压旋喷注浆，其原理是使用双通道的注浆管，通过设置在钻杆底部侧面的一个同轴双重喷嘴，同时喷射出高压浆液和空气两种介质的喷射流冲击破坏土体。在高压浆液和外环气流的共同作用下，破坏土体的能量显著增大，最后在土中形成较大的固结体。

（2）一体机旋喷加固原理

本技术所采用的一体机在填石层钻进预喷浆填充的基础上，采用加大的注浆压力进行二重管高压旋喷注浆，喷嘴按一定的速度边旋转、边提升、边喷浆，直至桩顶设计标高。对于粉质黏土持力层段，喷嘴喷射的高压浆气对土体进行二次切割和搅拌，使土体颗粒与水泥浆充分混合；对于填石层段，水泥浆液沿着填石空隙向四周挤压，进一步填充钻杆周围的填石空隙，最终形成直径较大、混合均匀、强度较高的桩体。本技术在一体机钻杆外部线路上设置一个三通转换，在提升旋喷时调节三通，使潜孔锤由旋喷空压机供气，以抵消水泥浆液回流入潜孔锤的返浆压力。一体机提钻旋喷成桩原理，如图8所示。

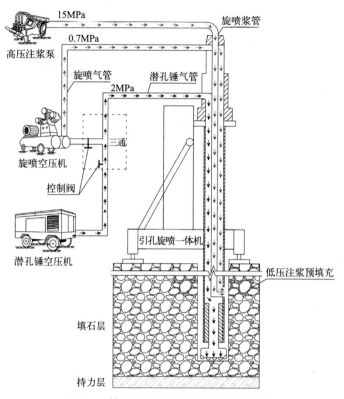

图 7　一体机潜孔锤引孔钻进原理示意图

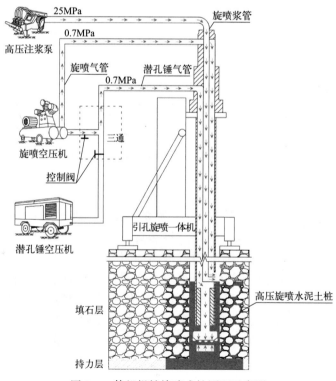

图 8　一体机提钻旋喷成桩原理示意图

（二）技术创新点

1. 引孔旋喷一体化

将传统旋喷钻机进行改进，在潜孔锤钻进引孔的基础上加入二重管高压旋喷功能，利用线路集成设计和钻杆集成设计，通过专门设计的气浆输送接头，将旋喷喷嘴、潜孔锤与高压注浆系统、空压机进行有机连接，实现潜孔锤钻进和高压旋喷一体化施工，可有效防止填石层钻进易塌孔的问题。

2. "潜孔锤冲击＋水泥浆降尘"引孔

采用潜孔锤对填石层进行冲击引孔时进行同步喷浆，使填石层的空隙预先得到填充，可有效减少后续浆液流失，确保高压旋喷浆体的加固效果；同时，水泥浆液可有效捕捉潜孔锤冲击填石所产生的粉尘，起到很好的降尘作用。

3. 一体机旋喷加固

本技术首先对填石地层进行钻孔预喷浆填充，在此基础上加大注浆压力进行二重管高压旋喷注浆加固，喷射的水泥浆液与地层中粉质黏土持力层充分混合，并可沿填石空隙扩散填充，最终形成加固效果良好的桩体。

三、取得的成效

（一）社会效益和经济效益

本技术已应用在数个实际工程项目中，在施工效率、成本控制上，都突显出优越性。本技术通过潜孔锤冲击引孔与高压旋喷注浆有机结合，同步解决了深厚填石层的钻进与喷浆成桩难题。一套设备完成全部施工工序操作，钻进引孔、旋喷喷浆一体化完成，施工全程不用接管、拆管，一次成桩，操作简便，工序减少一半，工效提升一倍以上，得到了设计单位、监理单位和业主的一致好评，取得了显著的社会效益和经济效益。

（二）成果推广应用的条件和前景

本技术在深厚杂填土、填石层、碎石土、风化岩等地层、旋喷桩桩径不大于750mm地基处理、处理深度不大于20m的旋喷地基处理中，具有良好的应用前景。

四、总结及展望

深厚填石地层中进行高压旋喷地基处理加固，因增加引孔和下入护筒工序导致施工效率低；同时，场地填石间的缝隙空间大，旋喷时浆液极易从填石通道流失，难以控制注浆范围，成桩质量差。采用本技术施工同步解决了深厚填石层的钻进与喷浆成桩难题，一套设备完成全部施工工序操作，钻进引孔、旋喷喷浆一体化完成，施工全程不用接管、拆管，一次成桩，较大地提高了施工效率，在深厚填石层高压旋喷桩地基处理上取得显著工效，有利于大力推广。

混凝土灌注桩竖向抗拔静载试验
反力装置技术研究与应用

王光辉、段标标、郑俊锋、帅波、黄光裕、王焕卿

深圳市盐田区工程质量安全监督中心

一、成果背景

（一）传统连接方法

近年来随着城市高层建筑不断向高、深发展，设计 1～3 层地下室非常普遍，为抵抗地下水浮力，地下室底板下采用抗浮桩设计越来越多，目前国内检测单位在进行混凝土灌注桩竖向抗拔静载试验时，大多采用如下传统焊接连接法。

1. 上下搭接焊连接法：试桩两侧支墩上方吊放一根反力钢梁，梁顶中间吊放千斤顶，千斤顶上再吊放一个加肋钢墩。先截取数根（配筋数 $n-6$ 或 $n-8$）长约 3.5m 的钢筋作为延长钢筋（一般与桩身纵筋相同型号），各延长钢筋的底端分别与主梁投影下两侧桩顶钢筋上部采用单面搭接焊，延长钢筋顶端再依次焊接在千斤顶上方的加肋钢墩外侧面，与支墩、主梁和千斤顶形成反力加载系统，如图 1 所示。试验结束后将延长钢筋两端逐一用电焊烧割拆解，最后用氧气乙炔割枪清除加肋钢墩侧面钢筋和

图 1　上下搭接焊连接法

焊渣，当进行下一根桩试验时，再重新上述步骤。该连接法一般需要 2 名专业焊工耗时 2～3d 时间。

2. 焊接吊挂连接法：各延长钢筋顶端两侧对称双面搭接焊长约 20cm 的短钢筋作为挂耳，逐一吊挂在千斤顶上方承载顶盘格栅钢板顶面，各延长钢筋底端与桩顶预留钢筋上部采用单面搭接焊，如图 2 所示。该连接法减轻了先前顶盘焊接和拆除工作量，较上下搭接焊连接法缩短了一些工作时间。

3. 桩身配筋不足时的连接法：采用上述两种连接方法，因主梁投影下的桩顶钢筋受主梁影响，有 4～8 根钢筋无法焊接延长承受试验上拔荷载，当设计纵筋配筋数量储备不足无法加载至 2 倍设计抗拔特征值时，大多采取如下方法进行连接：首先将桩顶所有预留钢筋与内嵌在钢筋笼内的钢墩或钢环外侧面焊接在一起，有的项目甚至让施工单位配合，将桩顶钢筋间隙用短钢筋焊接填充，形成一个封闭的钢筋环；然后，截取比配筋更粗的钢筋作为延长钢筋，底端逐一与钢墩或钢环外侧面进行焊接，使全部配筋承受抗拔力，此种连接方式需要焊接 3 次，工作量更大，耗时更长，如图 3 所示。

图2　焊接吊挂连接法

图3　配筋储备不足时焊接连接方式

（二）传统焊接连接方法存在的问题

1. 受桩顶上方反力主梁阻碍，主梁下方有6～8根桩的桩顶预留钢筋无法延长焊接至主梁上方加肋钢墩侧面，导致桩顶纵筋不能全部承受试验拉力，尤其是在设计配筋储备不足的情况下，须预先定制与钢筋笼内径匹配的圆形传力钢环，置于桩顶钢筋笼内分别与桩顶预留钢筋和延长钢筋底端焊接，方能满足检测规范中最大加载至2倍抗拔力设计特征值的要求；

2. 传统焊接连接方法需施工单位配合焊接连接工作，一般需要2名专业焊工连续焊接作业2～3d，配筋多或配筋储备不足的灌注桩连接还要花费更多的时间；

3. 焊接连接后无法预加载来拉直预留钢筋，经常在试验加载过程中因钢筋曲直不一、受力不均，导致个别钢筋在加载过程中于焊接处脱焊或断裂，试验被迫停止，须补焊后再重新开始试验；

4. 试验结束后，延长钢筋被切短，部分钢筋超过屈服强度，基本不能重复利用，钢筋浪费严重，加肋钢墩外围焊接钢筋及焊渣清除困难且非常耗时，如清理不干净，还会造成虚焊，影响下一根桩焊接质量；

5. 工人长时间焊接作业既污染空气环境，又影响工人身体健康，同时还存在施工安全隐患。

综上所述，采用传统焊接连接方法进行抗拔试验，现场安装拆卸焊接工作量大、耗时长、污染重、成本高、效率低、工期长，严重影响检测进度，常常受到建设单位和施工单位诟病。为提高检测效率，缩短试验安装准备时间，彻底解决灌注桩抗拔试验传统焊接连接法存在的问题和不足，满足基桩检测市场需要，研发一种混凝土灌注桩竖向抗拔静载试验反力装置和快速连接技术迫在眉睫。

二、实施的方法和内容

（一）创新工艺特点

新型混凝土灌注桩竖向抗拔静载试验反力装置创新采用底盘与顶盘独立设计，通过锚具将所有桩顶钢筋锁定在底盘钢隔板顶面，底盘与顶盘通过若干条高强度螺纹钢连接传递千斤顶顶升荷载。对不同类型的灌注桩均可按需选择构件装配：通过调整底盘中空横梁间距适合不同桩径的混凝土灌注桩，根据不同桩身配筋数量选择钢隔板数量，根据不同试验荷载选择连接底盘、顶盘的高强度螺纹钢数量。

（二）连接工艺原理

该反力装置分为底盘、锚具、顶盘、高强度螺纹钢及相关连接件构件，具体连接工艺原理如下：

1. 底盘由可调节支腿、中空横梁、钢隔板组成，两条中空横梁平行放置在试桩两侧，横梁两端分别用调节支腿支撑，通过调节支腿螺母使两根横梁水平且高度相同，中空横梁两端钻孔通过螺纹钢和螺母连接固定成一个矩形框体，若干条钢隔板平行吊装穿过灌注桩顶各预留钢筋间隙，其两端分别置于两条中空横梁上；

2. 采用与配筋规格及数量匹配的锚具逐一将灌注桩顶预留钢筋锁紧在相邻的钢隔板顶面；

3. 顶盘由承载钢板、中空横梁组成，根据试验荷载选择2～5条中空横梁平行等间距固定在承载钢板上；

4. 顶盘、底盘通过高强度螺纹钢和螺母连接，螺纹钢分别穿过底盘和顶盘中空横梁的槽孔，其上下两端分别用螺母拧紧固定在中空横梁槽孔外侧；

5. 试验开始后，千斤顶顶升荷载依次通过顶盘、高强度螺纹钢、底盘中空横梁、钢隔板和锚具传递给桩顶所有预留钢筋，从而牵引桩身上拉，分级进行竖向抗拔静载试验。

（三）反力装置组成说明

混凝土灌注桩竖向抗拔静载试验装置主要由反力支座系统、加载系统和反力连接传导系统组成。采用新型快速连接技术，反力传导系统通过锚具锁定、螺纹机械连接将顶盘和底盘固定形成一个整体，构成灌注桩竖向抗拔静载试验反力装置，如图4所示。

本技术中的反力支座系统、加载系统沿用现有通常做法，本装置主要针对传统抗拔桩静载荷试验的反力连接传导系统进行改进创新，各相关组合构件说明如下：

1. 底盘组合构件

底盘作为反力连接传导系统搭建的基础，起着承上启下、传递荷载的关键作用，由4块长条形钢板焊接成2条中空横梁（两端开孔），通过2条螺纹钢和8个螺母连接固定，

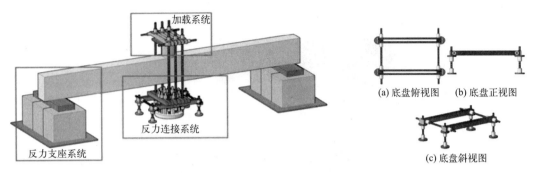

图 4　反力传导系统

组成可调节间距适用不同桩径的矩形构件。每条横梁两端采用调节支腿支撑，通过旋转法兰螺母调节 2 条中空横梁至相同水平高度，放置于试桩外围。加工若干长条形钢隔板，垂直于底盘中空横梁方向，平行穿过桩顶钢筋间隙，两端放置在横梁两端，钢板顶面低于钢筋顶端 15～20cm，具体如图 5 所示。

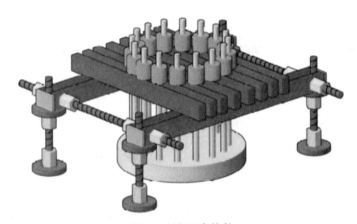

图 5　底盘组合构件

2. 专用锚具

锚具可重复利用，由 1 个锚套和 3 个夹片组成，锚套为上大下小的锥形环，夹片为上厚下薄的弧形楔块，内侧有凹凸丝槽。根据灌注桩配筋直径选择配套规格的锚具，逐一将锚套套入桩顶钢筋放置在钢隔板顶面，在钢筋与锚套之间插入夹片并敲紧，承受上拔荷载后，带肋钢筋与锚具形成自锁连接，越拉越紧，如图 6 所示。

3. 顶盘组合构件

顶盘由矩形承载钢板和多条中空横梁组成，中空横梁两端开孔，每条横梁可承受 2000kN 荷载。将矩形承载钢板吊放在千斤顶油缸顶面，根据试验荷载选择 2～5 条中空横梁平行吊装在承载钢板顶面，通过 2 条螺纹钢固定，如图 7 所示。

4. 高强度螺纹钢

顶盘、底盘通过高强度螺纹钢和螺母连接，每条螺纹钢可承受抗拔承载力 1000kN，可根据试验荷载选择 4～10 条螺纹钢，每条螺纹钢分别穿过顶盘和底盘中空横梁的槽孔，上下两端分别套入穿孔垫板后用螺母拧紧固定在中空横梁槽孔外侧，使顶盘和底盘连接组

图 6　锚具

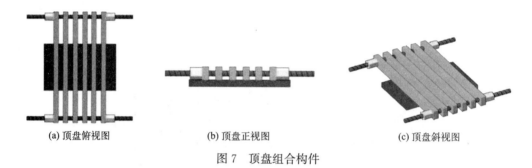

(a) 顶盘俯视图　　　　　　(b) 顶盘正视图　　　　　　(c) 顶盘斜视图

图 7　顶盘组合构件

合形成抗拔静载反力装置，如图 8 所示。

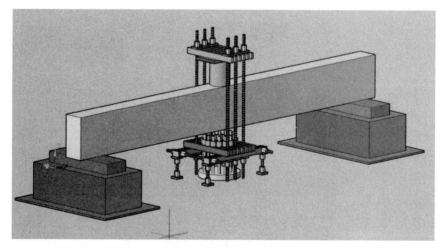

图 8　高强度螺纹钢连接顶盘和底盘组合形成反力装置

　　开启油泵，千斤顶顶升荷载通过顶盘，经由高强度螺纹钢依次传递至底盘中空横梁、钢隔板、锚具、桩顶钢筋，进而牵引桩身上拔产生位移，形成新型免焊反力连接传导系统。

三、成果技术创新点

（一）技术创新点

目前国内外同类技术大部分采用焊接连接，有的焊接后采用锚具锁定，少数采用连接器（连接处底端用锚具、顶端用螺纹）逐根连接桩顶钢筋，有的通过浇筑桩顶承台预埋顶端车丝的钢筋通过螺纹连接，有的需要 2 或 4 根钢梁、2 或 4 个千斤顶进行装配，普遍存在安装拆卸工作量大、试验前准备安装耗时长的问题。混凝土灌注桩竖向抗拔静载试验反力装置为单桩抗拔静载试验提供了创新实用的连接技术，不仅彻底解决了传统抗拔试验连接方法所有的弊端，还显著提高了检测效率，节约了宝贵工期，具体技术创新点如下：

1. 新型反力装置应用范围广，一套装置可适合桩径 $\phi800\sim\phi1500$、试验荷载 $2000\sim10000kN$ 的灌注桩竖向抗拔静载试验。

2. 采用顶底盘分离装配式设计，方便运输吊装，依据灌注桩设计参数选择构件个性化组合装配：通过调整底盘中空横梁间距来适合不同桩径，根据桩身配筋选择钢隔板数量，根据不同试验荷载选择连接顶盘、底盘的高强度螺纹钢数量。

3. 充分利用桩顶预留 $35d$ 钢筋，采用锚具及螺纹连接，桩顶钢筋可全部锁定承受试验上拔荷载，当最大试验荷载不超过 $8000kN$ 时，只需 1 条钢梁和 1 个千斤顶就能完成抗拔检测，提高检测设备利用率，减少资源消耗。

4. 充分利用桩顶预留 $35d$ 钢筋，采用锚具及螺纹连接，桩顶钢筋可全部锁定承受拉拔力，安装后可先进行预加载拉直部分稍弯曲钢筋，然后卸载重新快速锁定，保证所有配筋均匀承受拉拔力，荷载传递可靠、均匀、稳定、安全，无传统连接钢筋脱焊断裂之忧。

5. 装配全过程免焊连接，装拆快捷，2 名技术工人一般完成安装需 $2\sim4h$，拆卸约 $1h$，装配时无额外材料损耗，大幅压缩试验前安装准备时间，既节省检测人工和材料成本，又显著提高检测效率。

6. 装置可循环使用，安装过程无环境污染，节能减排，绿色环保。

（二）成果研发投入费用

灌注桩竖向抗拔试验反力装置技术自 2021 年初开始研发，经初步设计并征求意见后先加工模型，通过讨论分析确定实施方案、结构强度计算、绘制图纸、委托加工，初始产品于 2021 年 5 月加工成样品进行首次灌注桩竖向抗拔静载试验，通过多次试验发现问题和不足，分析讨论寻找解决方案，重新设计图纸、加工产品，再重复试验，不断发现问题、解决问题和优化完善，最终产品定型，前后历时 2 年，先后加工了多套试验反力装置，共投入研发费用约 25 万元。

四、取得的成效

（一）应用案例

截至 2023 年 4 月，新型灌注桩竖向抗拔试验反力装置已在深圳市 20 个工程项目进行应用，先后有10家检测单位参与了试验，累计完成63根灌注桩竖向抗拔静载试验，涵盖桩径从 $\phi 800$ 到 $\phi 1400$，最大试验荷载从2000kN到10750kN，完成的检测项目见图9，部分项目灌注桩抗拔现场试验照片如图10所示。

(a) 港嵘拔翠园(加载至6200kN)

(b) 宏发万悦山璟庭(加载至7200kN)

(c) 前海T102-0345宗地项目(加载至8600kN)

(d) 小梅沙片区城市更新单元(加载至9220kN)

(e) 福田湾区智慧广场(加载至10000kN)

(f) 前海T102-0330宗地项目(加载至10750kN)

图 9　完成的检测项目

图 10　抗拔现场试验照片

（二）效益分析

目前采用传统连接法进行灌注桩竖向抗拔静载试验，基本上是桩基施工单位免费配合检测单位进行焊接连接工作，一般需安排 2 名专业焊工连续焊接作业 2～3d，桩身配筋多、设计荷载大或配筋储备不足的灌注桩焊接连接还要花费更多的连接装配时间，既浪费大量的人工和材料成本，还经常在试验加载过程中发生钢筋焊接处脱焊或断裂的情况，须补焊后再重新开始试验，给施工单位带来沉重负担，严重拖延检测工期；另外，长时间焊接作业产生大量金属烟尘和有毒气体，既污染空气环境又伤害工人身体健康，同时还隐藏动火作业安全隐患。传统焊接连接法耗时长、成本高、浪费多、不环保、可靠性差，低效落后的焊接工艺已成为当前基桩抗拔检测能力提升的瓶颈。新型免焊反力装置为大直径灌注桩竖向抗拔静载试验提供了一种快捷实用的连接技术，彻底解决了传统焊接连接方法存在的所有弊端，装配时间仅为 2～4h，不到传统焊接连接时间（2～3d）的 1/4，大幅压缩试验前安装准备时间，平均 2d 能完成 1 根桩的检测。如一个项目抗拔检测 3 根灌注桩，采用传统焊接连接完成检测至少需要 12d，采用免焊反力装置仅需要 6d，检测效率提高一倍，既节省检测人工和材料成本，又显著加快检测进度，装置可循环使用，安装过程无环境污染，节能减排，绿色环保，给企业创造了良好的经济效益和社会效益。

（三）科研成果及推广应用前景

1. 科研成果

混凝土灌注桩竖向抗拔静载试验反力装置提供了一种新型实用的快速连接技术，深圳市住房和建设局批准该技术研究为 2021 年深圳市工程建设领域科技计划项目立项。经深圳市土木建筑学会组织行业专家鉴定，该科研成果达到国内领先水平。目前已获国家知识产权局授权外观设计专利 1 项，实用新型专利 1 项，已申报发明专利 1 项（正在实质审查中），2022 年被广东省土木建筑学会工程检测与监测专业委员会授予第九届广东省优秀工程检测与监测项目创新奖，荣获广东省土木建筑学会颁发的科学技术奖二等奖。

2. 推广应用前景

在南方地区地下水位较高，随着城市建筑不断向高深拓展，为缓解日益严重的停车位问题，很多房建项目普遍设计 2～3 层地下室。为抵抗地下水浮力，地下室底板设计大直径抗浮灌注桩越来越多，为保证地下室结构安全，竖向抗拔静载试验也随之增加，目前抗浮桩最大试验荷载检测合格率约为 70%，传统焊接连接工艺严重制约了抗拔桩检测进度，已成为基桩检测行业的痛点和难点，混凝土灌注桩竖向抗拔静载试验反力装置技术研究与应用彻底解决了传统焊接连接方法的所有弊端，填补了目前国内基桩抗拔检测领域的空白，对促进基桩抗拔试验装配连接工艺升级起到了积极推动作用，具有较强的示范引领和辐射带动能力，产生显著的经济效益和社会效益，因此该科研成果具有极广阔的推广应用前景。

五、总结及展望

新型反力连接装置充分利用桩顶预留 $35d$ 钢筋，先将若干长条形钢隔板平行穿过桩顶相邻钢筋间隙，两端放置在中空钢梁上，再用锚具将桩顶所有钢筋锁紧在钢隔板顶面，对灌注桩顶钢筋垂直度要求较高。如果钢筋弯曲不直，钢隔板较难吊装插入相邻钢筋间隙，还会影响锚具锁定钢筋，因此检测前需要向施工方交底，在破除桩顶超灌混凝土时采取有效措施，防止钢筋被压弯扭曲，个别弯曲钢筋可通过人工或钢筋调直机进行校正。

抗浮灌注桩通常设计桩径为 $\phi800$、$\phi1000$、$\phi1200$、$\phi1400$、$\phi1500$，桩身纵向配筋数 $n=14～40$ 根，钢筋直径 $\phi18～\phi40$，采用上述反力装置连接，每根桩所需钢隔板数量为 $n/2+1$ 条，对于纵向配筋数量多的大直径桩，配备长条形钢隔板数量也随之较多，加工成本和现场吊放工作量也相应增加。下一步考虑在桩顶钢筋内分别外置入一个钢环，将纵向配筋夹在双钢环围成的环腔内，再通过垫板、锚具锁定钢筋，所需加工钢材更少，质量更轻，环形锁定连接受力更均匀，安装更便捷。

一种清理螺旋钻机叶片上泥块的施工方法

张伟、杨振潮、芮观宝、毛海龙、张新峰、栗阳

陕西建工第八建设集团有限公司

一、成果背景

近年来随着国家大力发展城市基础建设，工程项目逐年增加，国家对建筑工地的施工安全尤为重视，CFG 桩基施工时都采用大型设备，在钻机成孔过程中钻机的钻杆被泥土覆盖，为了避免坠落的桩身泥伤人，需要对钻杆上粘附的泥土在钻出地面后就进行清理。为了降低成本，减少操作人员施工难度，提高施工效率，我公司技术人员和施工操作人员共同研究、反复实践，总结归纳了一种 CFG 桩螺旋钻机桩身泥清理施工工艺，并在此基础上形成科研报告，促进了桩基施工技术的进步。

该技术施工操作简便，减少施工难度，提高工效和质量，提高施工环节的安全性与经济效益，具有广泛适用性、安全性、灵活性、高效性、经济性、环保性等优点。该技术水平达到国内领先水平。

二、实施的方法和内容

（一）技术工艺原理

该技术是通过设置好的电子程序控制液压泵站，使其连接的高速油缸进行伸缩动作，油缸前部设有劈裂泥块的尖头，油缸在每层钻杆叶片之间进行伸出动作，以此劈裂泥块，达到桩身泥清理的效果。该技术原创度高，设备制作速度快，清泥效果明显，在保证施工安全性的同时降低了挖机清泥以及人工清泥的经济成本。

在钻机塔身通过大 U 环固定油缸支架，除泥伸缩油缸固定在支架上，通过前端螺栓调整好油缸顶出方向，在油缸前端制作锥状箭头（尖头的作用是用来劈裂泥块），桩身泥清理器在通电后通过外挂距离感应继电器的感应信号进行油缸的伸缩动作。钻杆提升时开启桩身泥清理器，桩身泥清理器的感应器在信号被泥块挡住而中断时控制油缸顶出并持续，根据提升速度，上一层叶片提升到下一层叶片之间会有 5～6s 的时间，在此段时间内，钻杆叶片之间的泥块或泥条在受到反作用力会被顶出钻杆，达到桩身泥清理的效果。在下层叶片提升到油缸前，由控制器控制油缸缩回，确保设备不被叶片碰撞。同时，桩身泥清理器的控制器可根据不同的钻杆直径与叶片间距对伸出持续时间进行调整，以满足各种工况下钻机的施工。

采用该技术进行桩身泥清理，设备成本低、耐用性好、便于拆装；针对不同桩机实现角度可调，安装简单，操作灵活；通过遥控器进行启停，操作方便、简单、实用；可根据不同的钻杆直径与叶片间距对伸出持续时间进行调整，以满足不同工况下钻机的施工。

（二）技术方案及解决的问题

1. 该技术采用自制 2.5kW 液压泵站带动行程 50cm 油缸工作，泵站配一套感应电控电路系统，通过感应器向泵站控制器提供电信号，使油缸尖头在叶片之间顶出与收回，通过间歇工作来达到桩身泥清理效果。

2. 该技术避免了人工清理的安全隐患，同时节省了小挖机清理的高昂费用。

3. 该工法桩身泥清理器设备成本低，耐用性好，便于拆装。针对不同桩机实现角度可调，安装简单，操作灵活；桩身泥清理器的控制器可根据不同的钻杆直径与叶片间距对伸出持续时间进行调整，以满足不同工况下钻机的施工。

三、成果技术创新点

（一）目前，在我国 CFG 桩施工领域，使用长螺旋钻机施工时高空坠物伤人事件屡见不鲜，坠落物主要是以钻杆叶片上粘的桩身泥块为主，现场除泥常规采用两种方法清理：

1. 人工使用工具清理；

2. 使用 60 小挖机机械清理。

以上两种清理方法存在施工效率低、效果不明显、施工成本偏高等问题。该技术旨在提供一种清理螺旋钻机叶片上泥块的技术，用以提质增效，降低施工中钻杆泥块坠落伤人的安全隐患。

（二）该技术方案是一种清理螺旋钻机叶片上泥块的施工方法，该方法步骤包括：

1. 安装螺旋钻机叶片泥块清理设备；

2. 清理螺旋钻机叶片上的泥块；

3. 重复清理；

4. 拆除桩身泥清理设备。

该技术方法步骤简单，操作要求低，通过设置螺旋钻机叶片泥块清理设备（图 1），对所述螺旋钻机钻具的所有叶片进行清理，设备组成成本低，耐用性好，便于拆装，避免了泥块在施工中掉落而造成安全事故；同时利用所述泥块检测机构对叶片上的泥块情况进行检测，提高了泥块清理效率，也便于在不同工况下对除泥油缸伸出时间和频率进行调整。

四、取得的成效

（一）清理螺旋钻机叶片上泥块的施工方法，在西安体育学院鄠邑校区十四届全运会曲棒垒橄赛场及赛事服务附属设施工程、鸿基新城 24 号地块桩基与基坑支护工程等多项工程中获得应用。该技术避免了人工清理桩身泥的不安全问题，也提高了清理速度。桩身泥清理器制造成本为单个人工一个月工资，一次投入可长期使用。该技术可配套钻机长期使用，安全性提升巨大，经济效益显著，得到了建设单位、设计单位、监理单位及业界的一致好评。同时避免了高空坠物、物体打击、机械伤害等安全隐患，节约了大量资金和社会资源。针对不同桩机角度可调，安装简单，操作灵活。除泥仅需使用遥控器进行启停操作，对使用人员无门槛要求。除泥器的控制器可根据不同的钻杆直径与叶片间距对伸出持续时间进行调整，以满足各种工况下的施工。该技术结构简单，除泥施工速度快，节约劳

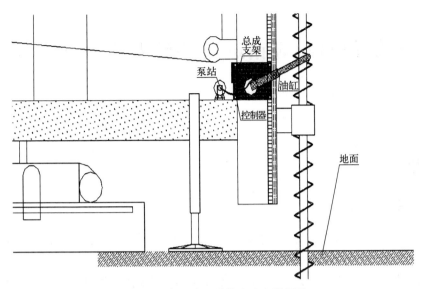

图 1 桩身泥清理器构造及安装图示

动力，除泥效果稳定，安全可靠。适用于所有土质地层的长螺旋钻机的除泥，对含水率较为饱和的施工场地除泥效果越好。

（二）由陕西省建筑业协会组织有关专家，对陕西建工第八建设集团有限公司申报的《一种 CFG 桩螺旋钻机桩身泥清理施工技术应用》课题研发成果进行给予肯定，并获得了多项荣誉（发明专利、实用新型专利、陕西省省级工法、中国技术协会技术创新成果二等奖、陕西省建设工程科学技术进步二等奖、岩土工程技术创新应用成果一等奖）。

（三）建筑施工过程中的安全隐患严重影响了建筑行业的发展，为了消除安全隐患，有效遏制安全事故的发生，国家制定了一系列政策方针，并在科学研究上给予了重点扶持，建筑行业安全事故的防治一直是国家关注的问题，采用螺旋钻机桩身泥清理施工工艺，有效保证了桩基施工的安全高效生产。

五、总结及展望

目前该技术存在的问题是在钻杆连接处不能很好地处理探测深度，为了更好地推广和应用该技术，当前可以继续研究提高除泥尖头对泥块和钻杆的识别能力。提高感应器材的识别能力，做到全智能化，同时继续降低设备成本，加强转化效益。

树根桩顶驱跟管钻进劈裂注浆成桩施工技术

尚增弟、李凯、杨静、雷斌、林桂森、吴宝莹

深圳市工勘岩土集团有限公司

一、成果背景

（一）研究背景

当微型树根桩广泛应用于软土地基加固处理，施工时通常先钻孔至设计孔底标高，清孔后放入注浆管，在孔内填入砾料，然后分别进行孔内常压一次注浆、二次高压注浆成桩，起到地层加固的作用。但在地下水丰富的软弱土层施作树根桩时，采用一般地质钻机成孔，因地层松软、含水量大，钻孔时易发生塌孔、缩颈、偏斜等情况，导致注浆管下入困难，孔内无法填入砾料，注浆效果差，现场施工无法满足设计要求。因此亟须研发一种树根桩施工技术（以下简称本技术），达到防止塌孔、保证砾料填灌量、注浆效果好的施工目标。

（二）国内外研究现状

目前对于树根桩的施工方法主要有钻孔灌注法、挤排法、泥浆护壁钻孔法等。

1. 钻孔灌注法

通过在地基中下套管钻孔至要求的桩尖深度，钻孔泥浆常用膨润土，以便将切落下来的泥土带出。一般利用钢筋（钢筋笼或管材）作芯材加筋，放置到套管内，然后用富水泥、细骨料混凝土灌浆充填钻孔。混凝土浆的水灰比常取 0.4～0.5，最大骨料粒径取 7mm。在抽出套管的同时，借助混凝土泵或压缩空气灌浆与加压，使形成的桩径大于原套管钻孔直径，从而保证了桩与土的接触。

2. 挤排法

通过传统的冲击或振冲方法施工，常伴有噪声和振动，施工时会给毗邻环境带来麻烦。

3. 泥浆护壁钻孔法

采用工程地质钻机成孔，成孔过程中采用正循环方法，用水作为循环冷却钻头和除渣方法，同时在钻进过程中将水和泥土搅拌混合在一起变成泥浆状，起到护壁作用。在钢筋笼、注浆管沉放结束后用初次注浆管供水对孔底进行冲洗排渣，并在填灌碎石骨料的同时采用高压清水进行清孔，最后采用双向密封注浆芯管进行二次注浆。

二、实施的方法和内容

（一）工艺原理

本技术是针对钢管树根桩采用液压顶驱跟管回转、全套管跟管钻进、螺栓式封孔高压

注浆的施工工艺，其关键技术主要包括三部分：一是顶驱动力回转钻进技术，二是全套管跟管钻进技术，三是装配式螺栓封孔注浆技术。

1. 顶驱动力回转钻进技术

该技术使用的钻机采用顶驱回转钻进，与一般的回转型钻机相比，顶驱动力钻机的动力头能够实现高频往复振动，带动套管及钻头对土体进行冲击回转和切削钻进。该技术采用的顶驱动力钻机振动频率可达每分钟 2800 次，对地基土体产生高频冲击力，提高破碎能力，提升钻进效率。

2. 全套管跟管钻进技术

为确保微型树根桩的成桩质量，该技术采用全套管跟管钻进成孔。全套管跟管钻进是在套管底部配置合金材质的管靴钻头（图 1），在顶驱回转作用下对土体具有良好的切削能力，套管钻头既钻进破碎土层，又起到完全的护壁作用。

在顶驱钻进的同时，从钻杆顶部注入压力 10MPa 的高压水配合钻进，高压水对套管内的土体进行高速冲击，减小套管钻进阻力，并将套管内的土体冲压挤出套管底部，实现有效排渣。

待套管钻进至设计标高，在套管内下放注浆钢管，在套管护壁作用下将砾料填灌至套管与注浆钢管之间的环状空间，待砾料填灌至地面时上拔套管，跟管套管起到既保证钻孔直径又确保了回填砾料满足设计要求的作用。全套管顶驱动力回转钻进示意图如图 2 所示，套管与注浆管间填灌砾料如图 3 所示。

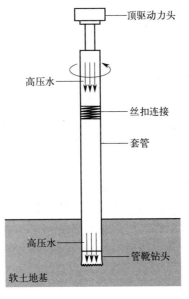
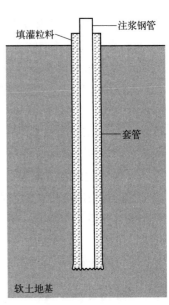

图 1　套管管靴合金钻头　　图 2　顶驱动力回转钻进示意图　　图 3　填灌砾料

3. 装配式螺栓封孔注浆技术

注浆时采用装配式螺栓封孔技术，对注浆钢管顶部实施有效封孔。装配式螺栓式封孔器主要由两部分组成，上部为带孔钢密封帽，下部为卡扣，如图 4 所示。其中密封帽顶部开孔用于连接注浆导管，内置二层橡胶密封圈，如图 5 所示，起到注浆密封作用；卡扣紧固在注浆钢管外侧，起到固定作用；密封帽与卡扣通过螺栓连接，利用卡扣与外壁紧固力抵消注浆时反冲力，以此达到密封及固定效果。使用装配式螺栓式封孔器进行封孔，能有效避免高压注浆时因漏浆导致的注浆不连续、浆液压力不稳定的问题。

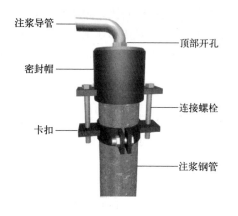

图 4　螺栓式封孔器　　　　　　　　　图 5　密封帽内橡胶密封圈

（二）技术创新点

1. 顶驱动力回转钻进

本技术采用顶驱回转跟管护壁钻进，顶驱动力钻机的动力头能够实现高频往复振动，带动套管及钻头对土体进行冲击回转和切削钻进。采用的顶驱动力钻机振动频率可达每分钟 2800 次，对地基土体产生高频冲击力，提高钻进效率。

2. 高压水配合全套管跟管钻进成孔

本技术采用全套管跟管钻进成孔，在顶驱回转作用下，套管底部的合金钻头对土体产生良好的切削。钻进的同时从钻杆顶部注入高压水配合钻进，高压水对套管内的土体进行冲击，减小钻进阻力，并将套管内土体冲压出套管底部实现清孔。待套管钻进至设计标高，在套管内下放注浆钢管，在套管护壁作用下填灌粒料，完成后上拔套管。

3. 装配式螺栓式封孔

注浆时采用螺栓式封孔技术注浆钢管顶部进行封孔。螺栓式封孔器主要由上部带孔钢密封帽和下部卡扣组成。密封帽顶部开孔用于连接注浆导管，内装有橡胶密封圈，起到注浆密封作用，卡扣紧固在注浆钢管外侧，起到固定作用，密封帽与卡扣通过螺栓连接，利用卡扣与外壁紧固力抵消注浆时反冲力，以此达到密封及固定效果。

三、取得的成效

（一）社会效益和经济效益

本技术已应用在"云浮港都骑通用码头二期工程项目微型钢管树根桩工程""深业进智现代物流分拨中心（清水河片区）配送中心及储运中心更新单元 13-15 地块基坑支护及土石方工程"的地基处理施工中，无论在施工效率还是在工程质量控制上，都突显出优越性。工艺采用顶驱全套管跟管配合高压水钻孔并同步清孔，在套管内下放注浆钢管后填灌砾料，注浆时采用螺栓式封孔工艺对注浆管口进行有效封堵，有效解决了软土地基树根桩施工中钻孔易塌孔、砾料填灌困难、注浆效果差的难题，提供了一种树根桩顶驱跟管钻进劈裂注浆成桩施工技术，大幅提升了施工效率和成桩质量，得到了设计单位、监理单位和业主的一致好评，取得了显著的社会效益和经济效益。

（二）成果推广应用的条件和前景

本技术在直径不超过200mm、长度不超过20m的钢管树根桩，松散易塌、地下水丰富的软土地基处理施工中具有良好应用前景。

四、总结及展望

树根桩顶驱跟管钻进劈裂注浆成桩施工技术采用顶驱全套管配合高压水钻孔并同步清孔，解决了软土地基钻进易塌孔的难题，在套管内下放注浆钢管后填灌砾料，保证了桩身完整性，并在注浆时采用装配式螺栓封孔技术对注浆管口进行有效封堵，保证了注浆效果，在地下水丰富的软土地基处理工程中具有极大的推广价值。

（超）高层建筑微扰动纠偏加固技术

李晓勇、杨石飞、魏建华、陆陈英、王琳、李明
上海勘察设计研究院（集团）有限公司

一、成果背景

我国的工程建设和城市化进程经历了数十年的高速发展，北京、上海等特大城市已步入"城市更新"进程中，对旧城区既有建筑的加固改造需求日益增加。现存在大量老旧建筑和历史建筑，由于年代久远，多数都存在一定程度的损坏，尤其在软土或其他不良地质条件地区的建筑物，由于勘察、设计、施工或环境等方面的原因容易发生较大的不均匀沉降，进而会造成建筑物倾斜、挠曲或开裂，直接影响建筑物的安全和使用，甚至引发不良社会影响，因此对其进行纠偏加固，消除安全隐患、恢复建筑的正常使用功能，是十分必要的。

20世纪初，墨西哥城天主教堂首次采用"应力解除法"进行纠偏，经过长时间的理论研究与工程实践，国外既有建筑纠偏加固技术的方法、施工经验和风险管控体系发展逐步成熟。20世纪80年代，国内开始有学者对既有建筑加固纠偏技术进行研究，并取得了一定的成果，特别是近年来出现了一批纠偏加固工程案例，采用的方法包括迫降纠偏法、抬升纠偏法和综合纠偏法等；在既有建筑基础加固方面，锚杆静压桩法、基础托换加固法、树根桩法和注浆加固法等均有成功应用案例。

既有建筑纠偏加固是一项难度高、风险大、技术性强的特种工程，要综合考虑已有建（构）筑物结构、基础和地基，以及相邻建（构）筑物，需要对岩土工程、结构工程及施工工程等进行多学科综合分析。目前的设计、施工方案编制和实施多以工程经验为主，与（超）高层建筑纠偏加固、微扰动纠偏加固工艺、信息化风险管控等有关。

（一）（超）高层建筑产生倾斜后，并伴随上部结构的变形和开裂，基础纠偏加固设计施工难度大、风险高，需要完整的设计施工体系和标准化流程。

（二）（超）高层建筑荷载大、体量大，结构和基础形式复杂，施工空间狭小，现有纠偏加固的设备和技术适用于多层建筑，难以满足高层建筑纠偏加固需求，因此需要研发新设备和新工艺，解决低净空、沉桩阻力大的问题。

（三）（超）高层建筑抗干扰能力差、环境保护要求高，需要优化施工设备及工艺，减小加固桩对建筑造成的拖带沉降、变形敏感等问题。

（四）传统的既有建筑纠偏加固过程中的监测及风险管控相对薄弱，大多以常规手段和人工监测为主，迫切需要将相关自动化监测技术、风险管控体系加以应用，实现在复杂环境下工程施工风险的感知、预警和预控。

二、实施的方法和内容

针对既有（超）高层建筑的倾斜难题，基于既有建筑特点及基础情况，综合运用岩土

工程与结构工程专业理论与技术，构建了适合复杂环境微扰动纠偏加固的
本技术体系提出了高层建筑基础加固变刚度调平设计分析方法，形成了基于
有（超）高层建筑基础加固及顶升纠偏技术；研发了既有（超）高层建筑纠偏加固
及新工艺，创新实现既有建筑微扰动、高承载力桩基础加固，以及安全高效纠偏施
建了信息化监测平台，实现在复杂环境下工程施工风险的感知、预警和预控。

（一）基于变形控制的（超）高层建筑基础纠偏技术

1. 提出了（超）高层建筑基础加固变刚度调平设计分析方法，通过反演分析的方法，确定不同桩型的单桩刚度，从而实现多种桩型刚度下的底板沉降分析，控制拖带沉降及倾斜发展，如图1（a）所示，解决不同桩型、不同单桩刚度作用的基础沉降变形、底板强度及裂缝控制问题，达到底板受力协调与桩基补强的目标。

2. 创新提出无反力条件下自给反力压桩方法，由于部分建筑不能以结构自重作为反力，首次将桩端注浆扩大头钢管桩用于提供锚杆静压桩的压桩反力，有效解决室内施工无压桩反力问题。

3. 基于变形控制，先后提出建筑物双向纠偏技术、基于锚杆静压桩预应力封桩技术的建筑物纠偏技术、负孔压纠偏技术［图1（b）］，建立并完善了标准化设计施工方案，构建适合复杂环境的"微扰动"纠偏加固技术体系。

（二）（超）高层建筑微扰动大吨位桩基础加固设备

针对（超）高层建筑压桩动阻力大、施工空间狭小的问题，自主研发了大吨位、低净空、微创式的既有建筑纠偏加固成套新设备。

1. 大吨位桩架：采用低合金高强度钢，并对柱脚锚杆预留孔位置进行优化，避免应力集中导致局部破坏，压桩力可达到6000kN，为目前国内最大的压桩力，满足大吨位压桩需求。

2. 可拆式运输：桩架结构采用分体式设计，拆卸后各构件重量相对较轻，方便进行搬运、移位，克服了建筑净高低、运输困难等施工难题，提升工效并降低基础加固成本，如图2（a）所示。

3. 微扰动施工：针对部分建筑不能以结构自重作为反力，研发了大直径锚杆静压钢管桩注浆技术，如图2（b）所示，可大幅提高钢管桩承载力，控制基础沉降，并且对周边环境影响小。

4. 导轨式压桩：结合压桩施工顺序，针对低净空桩架搬运行走难题，研制适合低净空压桩条件的导轨式桩架，可大幅提升压桩速度，如图2（c）所示。

（三）（超）高层建筑整体双向顶升纠偏技术

1. 首创桩式托换与整体顶升相结合的（超）高层建筑物纠偏加固设计，利用基础叠合板结合大吨位锚杆静压桩对建筑物进行整体桩式托换，利用钢管桩顶部施加顶升反力装置实现超重吨位（超）高层建筑整体顶升纠偏的目的，构建出一套系统化的既有建筑整体托换顶升纠偏工程设计模式。

2. 独立研制了轻便组合式顶升传力装置，有效提供大吨位的顶升反力，可自由拆卸、

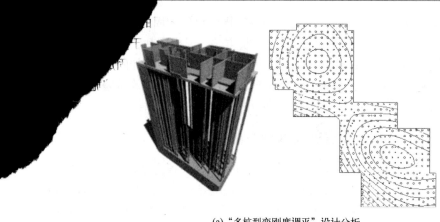

(a) "多桩型变刚度调平" 设计分析

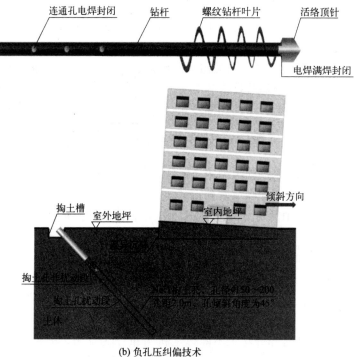

(b) 负孔压纠偏技术

图1 (超) 高层既有建筑纠偏技术

任意调节；在不对上部承重构件进行切割托换卸荷的前提下，完成对（超）高层建筑的无损顶升，确保了建筑物的完整性，大幅度减少后续加固工作量，有效缩短纠偏抢险工期。

3. 可应用于大吨位、纠偏量大的高层建筑整体双向顶升纠偏工程。首次应用于三门峡某12层建筑基础托换及整体顶升纠偏加固工程，成功实现最大顶升量410mm，纠偏后整体倾斜率控制在1.5‰以内，施工过程中上部主体结构完好（图3）。

（四）既有建筑纠偏加固信息化监控技术

1. 针对传统监控技术难以满足既有建筑地下结构纠偏加固施工监控要求的现状，该技术构建了信息化自动监控系统，实现了既有建筑纠偏加固自动化监测传感器与云端数据

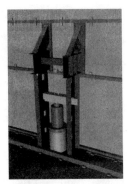

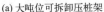

(a) 大吨位可拆卸压桩架   (b) 大直径锚杆静压桩注浆   (c) 低净空导轨式压桩架

图 2　微扰动大吨位桩基础加固设备

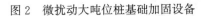

图 3　（超）高层建筑整体顶升纠偏效果

的实时通信。

2. 实时测量并查看既有建筑各部位变形结果，通过电脑或手机设定测量时间间隔，由系统自动进行测量及数据采集，自动生成相关图表，发送至云端，项目人员可实时漫游查看监控成果，实现了对既有建筑变形监控的全方位覆盖和快速实时发布。

3. 通过信息化、自动化手段对关键施工节点进行高密度覆盖、全天候动态监控，实现了既有建筑纠偏加固实施过程中结构应力与变形的实时监控，该信息化监控系统已成功应用于南通电视塔保护性加固示范工程中，如图 4 所示。

三、成果技术创新点

下面介绍一下成果的技术创新点及成果的研发费用投入情况等。

（一）技术创新点

本技术主要面向（超）高层建筑纠偏加固的实际需求，针对技术难度大、施工空间狭小、抗干扰能力差、环境保护要求高等，对现有既有建筑纠偏加固常规技术进行改进、创新、研发，形成了（超）高层建筑纠偏加固成套新技术。

与当前国内外同类技术相比，本技术具有以下创新点：

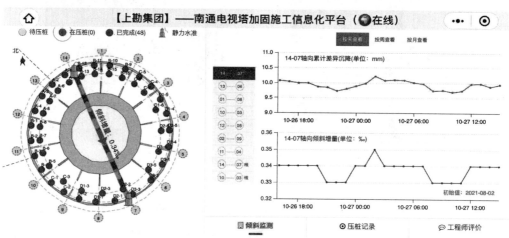

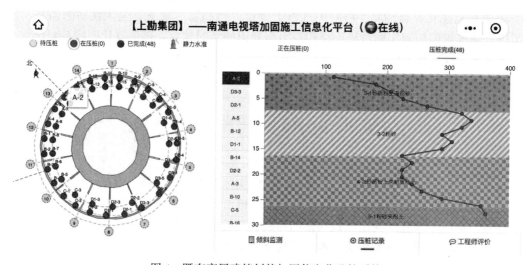

图 4　既有高层建筑纠偏加固信息化监控系统

1. 通过改进现有既有建筑纠偏加固技术，研发了既有建筑物纠偏加固新技术，包括锚杆静压桩预应力封桩技术的建筑物纠偏技术、负孔压纠偏技术、自给反力压桩技术、注浆钢管桩技术等。其中，大直径锚杆静压钢管桩后注浆技术可提高单桩承载力幅度达100%，满足（超）高层建筑基础加固需求。

2. 针对（超）高层建筑荷载大的特点，自主研发的大吨位锚杆静压桩压桩架可提供压桩力超过6000kN。本技术已成功应用的钢管桩最大直径超过1m，最高加固建筑高度达到200m，突破了既有建筑的大吨位锚杆静压钢管桩沉桩限制。

3. 本技术可应用于需顶升纠偏量大的建筑，已应用于某18层建筑整体双向顶升纠偏，实现最大顶升量达40~50cm，纠偏率达15‰。

4. 本技术适用于箱形、桩筏、复合等多种基础形式，已成功应用于各类复杂地质条件，包括淤泥质软土、深厚砂层、湿陷性黄土。

（二）研发投入

本技术研发工作得到上海张江国家自主创新示范区专项发展资金重点项目——基于城市更新的既有建筑地下结构加固与地下空间增层关键技术示范应用与推广（301.54万元）等项目资助，以及集团重点科研及转化课题内部资金（85万元）等内部支撑。

四、取得的成效

本技术在既有高层建筑纠偏加固的关键设计方法、施工设备及工艺等方面进行集成创新，实现（超）高层建筑高承载力桩基础加固、高效纠偏、整体顶升和施工过程精细管控。为倾斜的既有（超）高层建筑进行纠偏扶正，保证了人民群众的生命财产安全，具有良好的社会效益。

本技术已成功应用于上海、武汉、昆明、南通、三门峡等地区的（超）高层建筑的纠偏加固改造以及疑难工程事故处理项目。近五年，累计应用工程项目超百余项，累计合同额近2.5亿元，累计增加税收1824.1万元，经济效益显著，具有广阔的市场前景，详见表1。

本技术近五年经济效益情况（单位：万元）　　　　　　　表1

年份	新增产值	新增利润	新增税收	节约资金
2018	1255.4	251.0	175.4	61.3
2019	3413.5	853.4	238.9	170.7
2020	5580.1	1395.0	418.5	279.0
2021	6161.9	1540.5	462.1	308.1
2022	7880.6	1970.2	591.0	394.0
累计	24870.7	6217.7	1824.1	1194.6

经济效益额的计算依据：
(1) 上表2018~2022年新增产值以当年实际既有建筑纠偏加固相关业务合同额作为计算依据。
(2) 类似项目利润率为10%~15%，设计费税率约6.0%，施工费税率9.0%。
(3) 通过技术创新和设备研发，基建加固改造项目利润率可从10%~15%提升至20%~25%，同时节约工期1/5~1/4。

相关成果已纳入上海市标准《既有地下建筑改扩建技术规范》DG/TJ 08—2235—2017，可为同行业开展类似工程提供参考。

五、总结及展望

（超）高层建筑纠偏加固工程风险高、难度大，工程实施与社会民生息息相关，为确保工程质量及安全，需要与时俱进研发新技术。本技术申请专利 35 项，已授权 31 项，相关成果纳入上海市标准《既有地下建筑改扩建技术规范》DG/TJ 08—2235—2017，创新性显著；近五年，成功应用于近百项纠偏加固工程中，累计合同额近 2.5 亿元，累计增加税收 1824.1 万元，经济效益显著。青浦万达茂高层建筑基础加固、昆山某高层住宅基础加固、昆明某高层住宅楼基础纠偏加固分获 2021 年、2019 年、2013 年上海市优秀工程勘察一等奖，社会效益和环境效益显著。

针对（超）高层建筑量大面广，建筑倾斜原因复杂，基础纠偏加固设计施工难度大、沉桩阻力大、变形控制难度大、施工风险高等状况，本技术研究发展的方向如下：应进一步朝工业化、智能化、绿色化方向发展，运用现代工业化组织方式，对既有高层建筑纠偏加固施工全过程、全要素进行系统集成和资源优化，形成具有标准化设计、工厂化生产、装配化施工、信息化管理、智能化应用等特征的新技术新工艺，实现工程建设高效益、高质量和低消耗、低排放，提升工程品质。

岩溶发育区大直径超长灌注桩全回转双套管变截面护壁成桩施工技术

杨静、童心、刘彪、雷斌、廖启明、王涛

深圳市工勘岩土集团有限公司

一、成果背景

(一) 研究背景

喀斯特岩溶发育地区，地层分布极其复杂，可能有大溶洞（洞高＞3m）、小溶洞（洞高≤3m），一般呈单个或多层（串珠状）分布，具体表现为空洞泥浆漏失、倾斜岩面钻进偏孔、卡钻等。在该地区进行灌注桩施工，通常采用冲击钻进、旋挖泥浆护壁成孔、全套管全回转成孔等工艺。对于桩径2～3m、桩长80m以上的超长灌注桩，当冲击钻孔发生漏浆时，需反复回填块石、黏土等冲堵溶洞造壁，在复打过程中易发生卡钻、掉钻、斜孔等情况，成孔速度慢、效率低、孔内事故多；采用旋挖钻进，遇溶洞漏浆以块石回填处理时，给成孔带来极大困难，同时倾斜岩面偏孔纠正处理难度大；而对于全套管全回转成孔工艺，其采用冲抓斗取土，对于超长灌注桩，其起钻耗时长、进度慢，同时受超长套管管壁摩阻力大的影响，长度超过80m的护壁套管起拔极其困难。此外，对于串珠状溶洞，会出现孔内泥浆漏失严重情况，造成灌注混凝土充盈系数大，混凝土浪费，大大增加施工成本。以上这些因素，使得岩溶发育区超长灌注桩的施工难度高、不可预见因素多、安全隐患大。

岩溶发育地区大直径超长灌注桩如果以高效经济的方式进行施工，就急需进行改进创新，从施工工艺、技术措施等方面寻找突破口，并利用新型工艺的推广，使施工决策更科学有效，进一步推动技术进步。

(二) 任务来源

近年来，深圳市工勘岩土集团有限公司相继承接"亚钢工贸大楼桩基础工程""深圳国际农产品物流园西区（南方集联国际物流中心）桩基础工程A标段""凤凰公馆地基与基础工程"等项目。这些项目场地处于岩溶发育区，以单层、多层串珠溶洞分布为主，勘察钻孔溶洞见洞率高，部分桩长大于80m，施工难度极大。

为解决上述岩溶发育区超长灌注桩成孔难、易塌孔及超长钢套管下放起拔困难等问题，急需一种高效、安全、经济的成桩施工技术，有效保证施工质量，形成良好的社会效益和经济效益。

(三) 国内外研究现状分析

1. 一种在溶洞段可扩孔的基桩围护装置及变截面灌注桩技术

该技术包括多片钢丝网和超强土工布，多片钢丝网之间依次首尾铰接相连组成可扩展围护装置，装置截面为正多边形，超强土工布包覆于可扩展围护装置外，为可扩展围护装置提供约束力和防止浇筑的混凝土外漏，钢丝网为低碳钢钢丝网，如图1所示。采用该装置进行穿越溶洞施工，施工工艺简单，具有降低成本、提高承载力、对溶洞地质环境扰动小、施工简单等优点。

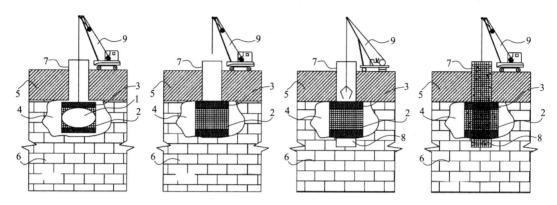

图1 溶洞段可扩孔基桩围护装置变截面灌注桩示意图

1—气囊；2—可扩展围护结构；3—膨胀材料；4—溶洞；5—溶洞上部覆盖层；

6—溶洞地层岩层；7—钢护筒；8—桩孔；9—吊装设备

2. 一种穿越溶洞的变截面桩及桩基围护装置技术

该技术包括一个柱形气囊和包覆于柱形气囊四周的定型材料，对柱形气囊充气时，其在截面方向能够膨胀，柱形气囊四周设有多个用于灌注膨胀材料的导管，导管通过卡环安装在柱形气囊四周，柱形气囊上下端截面受限后充气膨胀时，柱形气囊为中间大、两端小的橄榄型，如图2所示。采用本桩基围护装置进行变截面桩施工，施工工艺简单，具有降低成本、提高承载力、对溶洞地质环境扰动小、施工简单等优点。

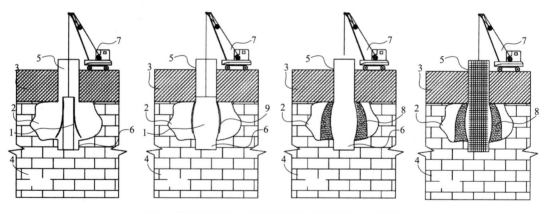

图2 穿越溶洞的变截面桩及桩基围护装置示意图

1—柱形气囊；2—溶洞；3—溶洞上部覆盖层；4—溶洞底部岩层；5—钢护筒；

6—桩孔；7—吊装设备；8—膨胀材料；9—导管

3. 一种小型溶洞地区桩基施工围护装置技术

该技术包括钢护筒、钢筋笼及气囊，钢护筒位于溶洞、溶洞上部土层及溶洞所在岩层中，钢筋笼穿过钢护筒并伸至溶洞底面，钢筋笼外侧设置气囊，气囊与钢筋笼外侧一周连接，钢筋笼和钢护筒中浇筑混凝土，气囊连接有充气导管；向气囊中充气，使得气囊与钢筋笼之间形成一定形状和尺寸的空间，在灌注混凝土时，空间内注入混凝土，且能通过改变气囊的形状来设计各种形式的变截面桩，以满足施工中的各种要求，如图3所示。

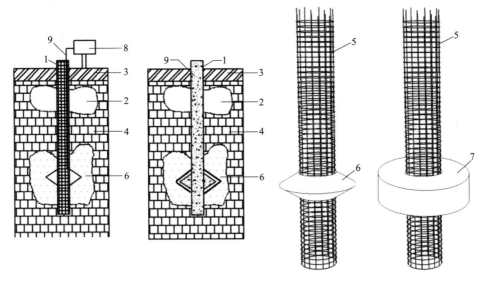

图3　小型溶洞地区桩基施工围护装置示意图

1—钢护筒；2—溶洞；3—溶洞上部土层；4—溶洞所在岩层；5—钢筋层；

6—内部支盘型气囊；7—内部圆柱形气囊；8—充气设备；9—充气导管

（四）研究意义与目的

岩溶发育区大直径超长灌注桩全回转双套管变截面护壁成桩施工技术（以下简称"本技术"）研究的重要意义在于针对岩溶发育地区大直径超长桩基础钻进成孔及灌注成桩难题，在现行施工方法中引入相关技术进行改进创新，在常规旋挖钻进成孔的基础上，引入配套全回转钻机对桩孔进行全长护壁且实现高效成孔施工，同时，创新地设计双套管护壁结构，形成三截面递减桩型，降低岩溶发育区不良地层的影响，并采用超缓凝水下不扩散混凝土灌注成桩，有效保证成桩质量。该施工技术应具有良好的可操作性、易于推广，并对现场施工操作流程提供具体的指导建议，是一种施工工艺上的突破和创新。

本技术的研究目的在于提出一种新型的全回转配合旋挖钻进成孔、变截面双套管护壁、自密实混凝土灌注成桩的综合施工技术，通过采用全回转钻机配合旋挖钻机钻进取土，充分发挥了全回转钻进施工工艺与旋挖钻进施工工艺的优势，并对岩溶发育区超长灌注桩进行精细化设计，采用外短内长的双套管变截面结构，将桩型设计成三截面递减的形式，可有效确保套管能钻进至持力层，减少套管下压过程中的变形，降低塌孔可能，而针对溶洞地层的灌注成桩难题，则使用超缓凝自密实水下不扩散混凝土，其具备缓凝时间长、高流动性、适当黏度及初凝时间长的特点，可使混凝土凝固时间能够满足超长桩混凝土灌注时间要求，且混凝土在自重作用下即可自行密实，达到避免断桩、废桩的效果，保证成桩质量良好。本技术应具有施工工效高、控制施工成本、保证成桩质量、提升现场文明施工条件等特点，同时具备良好的安全可控性，易于技术推广，具有广阔的市场前景，并确定施工的相关技术标准，用于检验和评价新工艺的成效，规范技术操作的实施细则，统一工艺标准，推广、利用本技术的研究成果，为社会创造更多价值。

二、实施的方法和内容

（一）技术路线

岩溶发育区超长灌注桩施工主要面临三大技术难题：一是钻进过程中遇溶洞易出现泥浆渗漏、塌孔等情况；二是超深桩钻进成孔难度大；三是溶洞分布造成灌注桩桩身混凝土充盈系数大。

为了解决上述技术难题，拟采用以下工艺措施进行应对。

1. 采用全套管全回转钻进、套管护壁，解决钻进过程中遇溶洞易出现渗漏、塌孔的问题。

2. 采用内外双套管、变截面成孔护壁工艺，钻进时先下外层短套管、再下内层长套管，则下沉起拔内层长套管时摩阻力得到有效减小；灌注桩身混凝土时，采用套管内灌注，边浇灌边起拔套管，先拔内套管、再拔外套管，顺利解决超长套管起拔困难的问题。

3. 采用全套管全回转钻机与旋挖钻机组合钻进工艺，解决全回转钻进冲抓斗成孔速度慢的问题。

4. 采用自密实混凝土灌注成桩工艺，解决灌注桩身混凝土时，混凝土在溶洞段漏失、充盈系数大的问题。

（二）工艺原理

以"凤凰公馆地基与基础工程"具体情况为例进行说明。该项目位于深圳市坪山区沙湖社区碧沙北路与龙勤路交界处，拟建5栋高层和81栋低层商墅，其中高层建筑53层、150m高，主楼基础设计选用冲孔混凝土灌注桩。项目场地处于岩溶发育区，勘察钻孔溶洞见洞率45%，洞高0.40～19.80m，平均洞高2.46m；设计桩径为1200～2000mm，平均桩长40m。核心筒处桩径2000mm，桩数12根，桩长大于80m；桩端持力层为微风化灰岩，桩端入完整基岩设计深度不少于4.0m。现以该项目核心筒位置桩径2000mm、桩长大于80m的灌注桩为例分析。

1. 全套管全回转钻进、套管护壁

全套管全回转钻进是利用钻机具有的强大扭矩驱动钢套管钻进，套管底部的高强刀头对土体进行切割，并利用全回转钻机下压功能将套管压入地层，钢套管边回转边钻进，大大减小了套管与土层间的摩阻力，且成孔过程中始终保持套管底超出开挖面，这样，套管既钻进压入土层，同时又起到全程护壁的作用，有效阻隔了钻孔过程中多层溶洞的影响。全套管全回转钻进成孔及灌注成桩全过程，如图4所示。

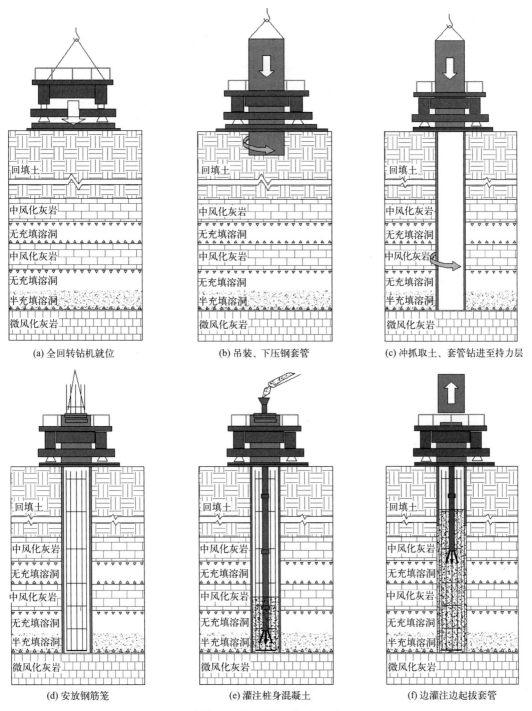

(a) 全回转钻机就位　　　　(b) 吊装、下压钢套管　　　　(c) 冲抓取土、套管钻进至持力层

(d) 安放钢筋笼　　　　(e) 灌注桩身混凝土　　　　(f) 边灌注边起拔套管

图 4　全套管全回转钻进成孔及灌注成桩全过程

2. 内外双套管、变截面成孔护壁

（1）桩身结构设计

为了保证双套管护壁效果，以及确保深长护壁套管可起拔出孔，采用内外两层钢套

管、变截面设计，具体套管配置及桩径设计按如下设置：进行护壁成孔时，采用外短内长的双套管设计，外层套管穿越回填层，内层套管从外套管中穿过钻进至持力层；外层套管外径设计为2.6m，每节套管长5.5m，壁厚35mm，套管钻进深度为桩顶以下50m；内层套管外径设计为2.2m，钻进至持力层面，最下层的3节长度为15m，其他节为5.5m，壁厚35mm；护壁钻进至持力层面后，更换为入岩钻头，嵌岩段成孔直径与设计桩径保持一致为2.0m，深度4.0m。双套管设计参数，如图5所示。灌注成桩后桩身截面，如图6所示。

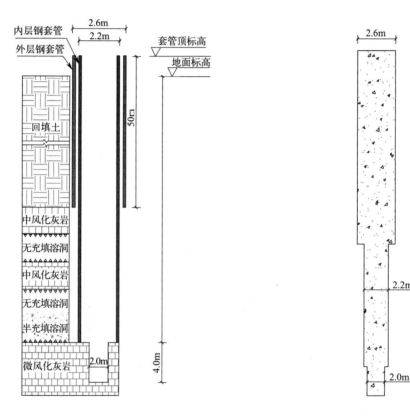

图5 双套管设计参数   图6 灌注完成后桩身截面

（2）双套管变截面成孔原理

对于设计桩径2000mm、桩深80m的入岩灌注桩，考虑全回转钻机的起拔能力，要实现全套管护壁，则需要采用双套管变截面护壁工艺。

双套管变截面护壁工艺，采用二套全回转式套管夹具，先外、后内两次钻进下入套管；首先使用2.6m夹具下沉外套管，使套管底部下沉至回填层底；然后更换2.2m夹具吊放内套管至外套管底部，再下压内套管至持力层面；由此，内套管上部50m范围不受土体摩阻力影响，减轻了由此引起的内套管起拔时的摩阻力，确保灌注桩身混凝土时可同步起拔内套管。内套管钻进至持力层面后，旋挖机更换为入岩钻头进行嵌岩段成孔。

双套管变截面的成孔过程，如图7所示。

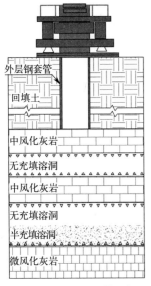
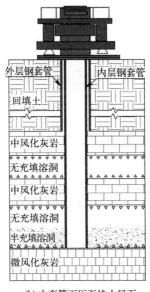
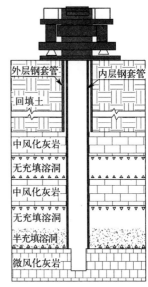

(a) 外套管下压至回填层底　　　　　(b) 内套管下压至持力层面　　　　　(c) 嵌岩段成孔

图 7　双套管变截面成孔过程示意图

3. 全套管全回转钻机与旋挖钻机组合钻进

采用全套管全回转钻进工艺大多配套冲抓斗进行取土，如图 8 所示。该方法效率低且需多次修整孔壁，而采用旋挖钻机钻进成孔速度快、地层适用性强，则设计采用旋挖钻机配合全套管全回转钻机取土成孔，施工过程中始终保持套管底超出开挖面深度不小于 2.5m。

旋挖钻进时，针对外套管护壁土层、内套管护壁土层及嵌岩段破岩需分别使用对应钻头，保持钻头直径与设计成孔直径一致。此外，由于全套管全回转钻机平台较高，为解决旋挖钻机和全回转钻机工作面存在较大高差的问题，研究设计一种新型的钢结构装配式平台，通过该平台提升旋挖钻机作业面高度，使旋挖钻机钻头与全回转钻机夹持的套管口位置适配，便于旋挖取土，大幅提升了施工效率。

图 8　冲抓斗配合取土

在该项目中，旋挖钻机选用山河智能 SWDM450，全回转钻机为景安重工 JAR260H，根据机械设备的技术参数，经受力计算，设计平台总长度 15.1m（其中工作段长度 8m、上下坡道段长度 7.1m），高度 2m，单边平台宽度 1.5m、坡度为 15°，整体重约 26t，平台主要由 45b、20b 工字钢和钢板、钢管、螺纹钢等焊接而成，如图 9 所示。使用钢结构装配式平台配合旋挖钻机取土，见图 10。

4. 自密实超缓凝混凝土灌注成桩

自密实超缓凝混凝土融合超缓凝混凝土和自密实混凝土优点于一身，具备缓凝时间长、流动性高、黏度适当及初凝时间长等特点。该混凝土初凝时间由常规的 24h 调整为 48h，可使超深灌注桩整个混凝土灌注过程中不发生初凝现象，保证混凝土灌注连续性和

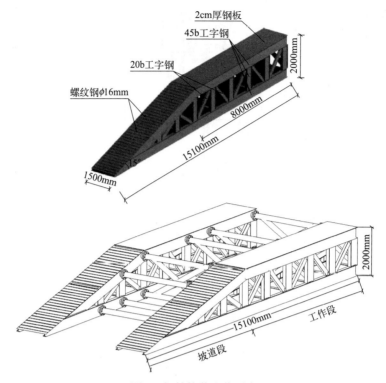

图 9　钢结构装配式平台

图 10　平台上方旋挖钻机配合全回转钻机取土

成桩质量，且由于该混凝土具有流动性高和黏度适当的特点，混凝土在自重作用下即可自行密实，不会扩散流失严重，保证了岩溶发育区溶洞地层成桩的充盈系数。

三、成果技术创新点

（一）旋挖钻机配套全回转钻机高效钻进成孔

采用全回转钻机配合旋挖钻机钻进取土，充分发挥了两种施工工艺的优势，并研究制成一种新型钢结构平台，将旋挖钻机作业面提高至与全回转钻机孔口高度适当位置，解决了两者的高差问题，平台采用装配式设计，现场模块化组装、拆卸，便于操作，大大提高钻进成孔工效。

（二）双套管护壁形成三截面递减桩型

对喀斯特岩溶发育区超长桩进行精细化设计，通过采用外短内长的双套管变截面结构，将桩型设计成三截面递减的形式，其中，外套管穿越回填层，内套管从外套管中穿过钻进至持力层，确保套管能钻进至持力层，减少套管下压过程中的变形，降低塌孔的可能性，节省溶洞处理时间，保证了工期。

（三）针对溶洞地层使用超缓凝水下不扩散混凝土灌注成桩

采用超缓凝自密实水下不扩散混凝土灌注成桩，其具备缓凝时间长、高流动性、适当黏度及初凝时间长的特点，使混凝土凝固时间能够满足超长桩混凝土灌注时间要求，且混凝土在自重作用下即可自行密实，有效避免断桩、废桩，成桩质量好。

四、取得的成效

（一）社会效益和经济效益

通过多个项目的实际施工应用，展现了本技术在施工效率、成桩质量和项目成本控制等多方面都突显出了独特的优越性，解决了溶洞地层超深大直径灌注桩成孔难、工效低、混凝土超灌量大、成本高等问题，提供了一种创新的钻进成孔及成桩施工技术，保证了项目工期，得到建设单位、设计单位和监理单位的一致好评，取得了显著的社会效益。

本技术近 3 年形成产值 3333.4 万元，新增利润 1467.0 万元，节支总额 1176.7 万元，经济效益显著。

（二）成果推广应用的条件和前景

本技术已应用于多个项目中，通过采用全回转钻机配合旋挖钻机进行成孔、变截面双套管护壁、自密实混凝土灌注成桩的综合施工技术，大幅提升了钻进成孔效率，有效防止溶洞填充物塌陷，降低了混凝土灌注量，节省施工成本，且随着施工工效的提升，确保工期满足合同要求，同时成桩质量得到有效保证，整体施工安全可靠，便于组织管理。为解决岩溶发育区大直径超长桩基础钻进成孔及灌注成桩难题提供了一种创新、实用的方法，具有现实的指导意义和推广价值。

五、总结及展望

本技术所述装配式平台的应用存在一定的安全隐患，考虑引入与全回转钻机配套施工的旋挖钻机进行灌注桩成孔作业，降低作业现场安全风险。

复杂条件大直径深长嵌岩桩全回转
与 RCD 组合钻进施工技术

黄凯、何凯超、朱陶园、刘彪、雷斌、曾家明

深圳市工勘岩土集团有限公司

一、成果背景

（一）研究背景

在滨海滩涂、人工填海造地、深厚淤泥、砂层等复杂地层及周边存在建（构）筑物等特殊环境下，施工大直径深长嵌岩灌注桩时，经常出现塌孔、缩颈、灌注混凝土充盈系数过大等一系列问题，为了更有效、快速、安全地在以上地层条件下进行灌注桩施工，通常情况下会采用深长套管隔绝不良地层，并选择常规旋挖钻机凿岩钻进，但振动锤压拔钢套管的激振力、旋挖嵌岩振动力和旋挖钻机来回行走产生的挤压力对地基及周边环境会造成较大的不利影响，因此施工方案的选择尤为重要。

（二）任务来源

2020 年 6 月，"横琴口岸及综合交通枢纽开发工程——市政配套工程（莲花大桥改造入境匝道、出入境匝道连接桥、既有桥墩加固）桩基础工程"开工，该项目为莲花大桥珠海桥口处的匝道桥梁的部分改造。项目新建莲花大桥入境匝道桥梁总长 754m，共计 26 跨，桥墩采用独柱墩加小盖梁形式，桩基设计采用钻孔灌注桩，为 2 根 $\phi 1.8m$ 或 2 根 $\phi 2.0m$ 灌注桩，浇筑 C45 水下混凝土，桩端持力层为中风化或微风化岩层，其中 $\phi 1.8m$ 桩进入持力层不小于 3.6m、$\phi 2.0m$ 桩进入持力层不小于 4.0m，平均桩长 77.5m（桩成孔深度超过既有桥桩长）。

场地原始地貌单元属于滨海滩涂地貌，原地势低洼，后经人工填土、吹砂填筑而成，岩石上部覆盖层平均厚度约 71.8m，主要地层包括：素填土厚 3.86m、冲填土厚 2.76m、淤泥厚 14.62m、粉质黏土厚 10.90m、淤泥质土厚 6.88m、砾砂厚 37.28m，下伏基岩为燕山三期花岗岩，其中强风化花岗岩厚 1.89m、中风化花岗岩厚 10.66m（岩石饱和单轴抗压强度标准值 $f_{rk}=25.8MPa$）。

针对此类不良地层条件及特殊周边环境的桩基础工程施工，急需一种针对上部土层可有效防治塌孔，保证周边建（构）筑物安全稳定，同时，针对岩层实现高效破碎钻进成孔的施工工艺，使得在场地情况苛刻的条件下高效、安全、环保地完成灌注桩成孔成桩施工。

（三）国内外研究现状分析

1. 旋挖钻进成孔工艺

采用旋挖钻机施工为最常规的工艺方法，在滨海滩涂、人工填海造地、深厚淤泥、砂层等复杂地层及周边环境存在建（构）筑物等特殊环境下，施工大直径深长嵌岩灌注桩时，存在施工速度慢、钻进效率低，甚至施工工艺无效等问题。

2. 潜孔锤成孔工艺

潜孔锤工艺针对深厚硬岩钻进施工有较好的应用效果，但大口径气动潜孔锤成孔工艺所用动力巨大、耗能大，机械设备尚不成熟，工程应用较少，文明环保难点还需进一步研究攻克。

3. 小孔径气动潜孔锤与旋挖钻机组合钻进工艺

小孔径气动潜孔锤与旋挖钻机组合钻进工艺提出一种采用旋挖钻机驱动环状气动潜孔锤组合钻头进行碎岩形成环状岩心孔，卡段并提取岩心的方法，能很好地解决嵌岩钻孔灌注桩入岩难的问题。

4. 大扭矩动力头液压钻机配组合式滚刀钻头钻进工艺

该工艺主要针对软硬互叠产状变化大且岩层坡面偏陡的地层进行大直径嵌岩桩基础施工，改进常规的气举反循环方式，以一套适应该地层的泥浆性能指标、钻压、转速和小时进尺等工艺技术参数值，配套形成一种新型的钻压方法。

5. 双液压浆造壁及锥底滚刀钻头钻进工艺

采用双液压浆造壁及锥底滚刀钻头钻进成孔工艺技术，大大降低设备振动对周边环境的影响，提升钻进效率，同时，采用优质高黏度泥浆护壁除渣，保证良好的施工质量。

（四）研究意义与目的

复杂条件大直径深长嵌岩桩全回转与 RCD 组合钻进施工技术（以下简称"本技术"）研究的重要意义在于，提供一种针对特殊复杂环境及地层中大直径深长嵌岩桩施工难题上部土层有效护壁塌孔、下部岩层高效钻进的施工工艺，使得在场地情况苛刻的条件下高效、安全、环保地完成灌注桩成孔成桩施工。本技术成果应具有高效、安全、经济等优点，同时具备良好的可操作性和安全可控性，易于技术推广，具有广阔的市场前景，并确定施工标准的工艺流程、操作要点和系统的质量、安全标准控制方法，用于检验和评价新工艺的成效，规范技术操作的实施细则，统一工艺标准，推广、利用本技术的研究成果，为社会创造更多价值。

二、实施的方法和内容

（一）技术路线

1. 施工关键问题

（1）实现超深孔上部覆盖层（淤泥、砂等）超深超长的钻孔护壁（平均厚度 71.8m），防止塌孔影响临近既有桥梁桩和周边地面沉降。

（2）实现大断面硬岩的高效钻进，并有效减少入岩振动对周边环境的干扰。

（3）实现超长护壁套管安全起拔，避免传统振动锤埋设起拔套管产生较大振动影响周边环境。

2. 采取技术方法

（1）钻进过程中同步下入全套管护壁，采用全回转钻机边抓斗取土边旋入套管，完成上部土层的钻进。

（2）大直径硬岩钻进采用 RCD 钻机配置牙轮钻头全断面一次性入岩成孔，利用 RCD 钻机的大扭矩和钻头研磨入岩，无振动影响；同时，采用 RCD 钻机配置的气举反循环排渣系统，实现对超深孔底的清孔。

（3）终孔后，再次利用全回转钻机灌注桩身混凝土，同步起拔超长钢套管；现场采用 1 台全回转钻机配置 2 台 RCD 钻机，可确保现场钻机设备的合理利用。

（二）技术原理

针对不良地层和复杂周边环境的大直径深长嵌岩灌注桩，采用本技术，重点在于全套管全回桩钻机与 RCD 钻机的组合使用——首先采用全回转钻机全长套管护壁，配合抓斗进行硬岩上部桩体开挖成孔作业，然后换用 RCD 钻机，就位进行全断面破岩钻进至设计桩底标高，吊放安装钢筋笼，再重新将全回转钻机就位，完成桩身混凝土浇灌及套管起拔，施工全流程示意图如图 1 所示。

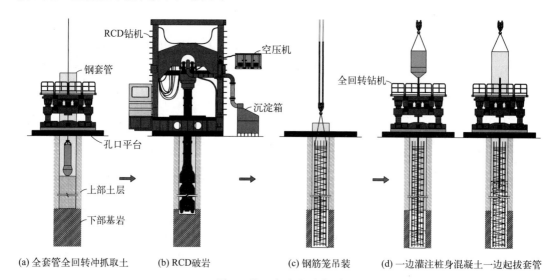

(a) 全套管全回转冲抓取土　　(b) RCD破岩　　(c) 钢筋笼吊装　　(d) 一边灌注桩身混凝土一边起拔套管

图 1　施工全流程示意图

以下原理分析以"横琴口岸及综合交通枢纽开发工程——市政配套工程（莲花大桥改造入境匝道、出入境匝道连接桥、既有桥墩加固）桩基础工程"为例说明。

1. 超长钻孔全套管护壁原理（全套管全回转＋抓斗钻进土层成孔）

由前述场地地层情况可知，该项目填土、淤泥、黏土、砾砂不良地层总厚度约为 55m，地层条件极不稳定，灌注桩在此类地层中钻进施工时易发生塌孔、缩颈等质量事故，需采用全套管护壁辅助钻进施工，以全回转钻机旋转下压套管至基岩面，利用管壁支撑土体。套管后续在 RCD 钻机钻进作业时，也对钻杆起到定位引导作用，然后利用吊车起吊，释放抓斗落入套管内土层中以实现冲抓取土，如图2、图3所示。

图2　全套管全回转＋抓斗钻进土层成孔

(a) 测量定位、安装首节钢套管　　(b) 下压钢套管，抓斗冲抓套管内土层　(c) 逐层接长钢套管护壁至基岩面

图3　全回转钻机压入钢套管及冲抓取土钻进流程图

2. 全断面硬岩研磨钻进原理（RCD 钻机牙轮钻减振钻进硬岩成孔）

采用 RCD 钻机钻进岩层成孔的施工原理主要体现在三个方面：①RCD 钻机研磨岩体钻进；②气举反循环清渣排土；③超长套管起拔。

（1）RCD 钻机研磨岩体钻进

1）RCD 钻头结构

本技术所用 RCD 钻机，其钻杆底部连接 RCD 钻头，如图4所示。其相关结构特征及参数介绍如下。

①RCD 钻头底部为平底式设计，底部布置球齿滚刀，滚刀底部设置基座与钻头底部相连，基座焊接固定于钻头底部，滚刀可沿基座中心点转动，如图5所示。

②RCD 钻头顶部连接中空钻杆，如图6所示。单根钻杆长 3.0m，采用法兰式结构，中心管为排渣通道，管壁外侧有2根通风管，钻杆法兰之间采用高强度螺栓和销轴连接。

③RCD 钻头底部设置2个圆形送气孔和1个方形排渣孔，如图5所示。其中，空压机产生的压缩空气通过通风管，经送气孔吹入孔底，切削岩石产生的碎屑则混合泥浆经过方形排渣孔，沿钻杆中空通道上返至地面。

④钻头上部可根据需要设置2～3块圆柱体配重，如图4所示，每个配重块约2.3t，配重为钻头提供竖向压力，加强研磨破岩效果。

图 4　RCD 钻头

图 5　RCD 钻头排渣孔、送气孔

图 6　中空钻杆

2）RCD 钻头研磨岩体原理

RCD 钻机利用动力头提供的液压动力扭动钻杆并带动钻头旋转，钻进过程中钻头底部的各球齿滚刀绕自身基座中心点持续转动，滚刀上镶嵌有金刚石颗粒，金刚石颗粒在轴向力、水平力和扭矩的作用下，连续研磨、刻划、犁削岩石，逐渐吃入岩石，并对岩石造成挤压，当挤压力超过岩石颗粒之间的联结力时，部分岩石从岩层母体中分离出来成为碎岩，随着钻头的不断旋转压入，碎岩被研磨成为细粒状岩屑随着泥浆排出桩孔，整体破岩钻进效率大幅提高，显著缩短施工工期。

（2）气举反循环清渣排土

大幅提升嵌岩钻进施工效率，除了依据钻头对岩体的研磨破碎作用，还需要结合高效的吸排渣系统进行设计。在本技术中，采用空压机产生的高风压通过 RCD 钻机顶部连接接口沿通风管冲入孔底，空气与孔底泥浆混合导致液体密度变小，此时钻杆内压力小于外部压力形成压差，泥浆、空气、岩屑碎渣组成的三相流体经钻头底部方形排渣孔进入钻杆内腔发生向上流动，排出桩孔至沉淀箱；沉淀箱分为 3 级分离，第 1 级采用筛网初分气体和固体，第 2 级和第 3 级均采用沉淀分离，进一步分离出混合液体中的气体和固体；最终，气体排入大气，岩屑碎渣集中收集堆放，泥浆则通过泥浆管流入孔内形成气举反循环，完成孔内沉渣清理。RCD 钻机气举反循环清渣排土示意图，如图 7 所示。

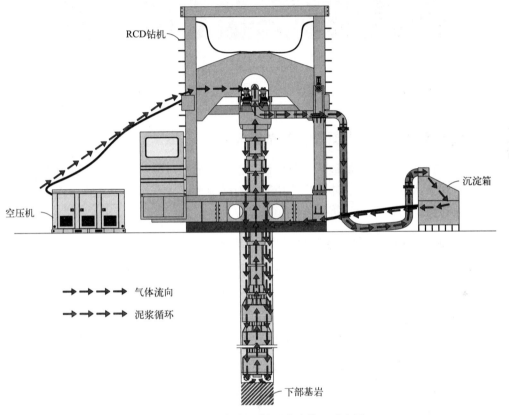

图 7　RCD 钻机气举反循环清渣排土示意图

（3）超长套管起拔

灌注桩身混凝土时，随管内混凝土面的上升，采用全回转钻机逐节起拔拆卸护壁套管，如图 8 所示。套管拔出过程中，需保证管内混凝土面高于套管底口 2～4m，且套管在混凝土中的埋置深度不得大于 10m，否则可能无法拔出。

在不良地层和复杂周边环境的条件下，通过本技术，以深长套管护壁有效克服了不良地层下易致的跨孔、缩颈等质量通病；全回转钻机与 RCD 钻机的组合使用，避免了传统振动锤埋设、起拔套管及常规旋挖钻机凿岩钻进成孔所产生的较大振动，最大限度地降低了施工操作对周边环境及既有结构的影响，同时，也发挥了 RCD 钻机凿岩清孔的优势，大大提高了大直径桩基钻进成孔的施工效率。本技术充分考虑了不良地层的影响及对周边环境的保护，是一种成桩施工工艺的突破和创新。

图 8　护壁套管起拔示意图

三、成果技术创新点

（一）全套管全回转＋抓斗土层钻进成孔

在滨海滩涂、人工填海造地，或具有深厚淤泥、砂层等复杂地层中，针对上部土层采用全回转钻机下入套管护壁、冲抓出土成孔，有效克服了成孔过程中易致的跨孔、缩径等质量通病，确保周边建（构）筑物安全稳定。

（二）RCD 钻机牙轮钻减振硬岩钻进成孔

在周边存在建（构）筑物、桥梁等复杂环境中，针对大直径硬岩采用 RCD 钻机全断面研磨破碎，静音磨岩的方式避免了振动破岩岩体导致地层振动过大影响周边环境，同时，通过气举反循环形成高效清渣处理，以及采用全回转钻机灌注桩身混凝土时逐节起拔套管，有效保证了复杂条件下的灌注桩施工。

（三）全套管全回转钻机＋RCD 钻机组合综合施工

全回转钻机与 RCD 钻机的组合使用，避免了传统振动锤埋设、起拔套管及常规旋挖钻机凿岩钻进成孔所产生的较大振动，最大限度地降低了施工操作对周边环境及既有结构的影响，同时，也发挥了 RCD 钻机凿岩清孔的优势，大大提高了大直径桩基钻进成孔的施工效率。

四、取得的成效

（一）社会效益和经济效益

通过多个项目的实践应用证明，本技术在提高施工效率、保证施工质量、提升现场文明施工水平、增加经济效益等方面都突显出了独特的优越性，充分发挥了全回转钻机和 RCD 钻机两种机械设备的成孔优势，使本技术不仅适用于现场存在不良地层的情况，又能有效保证成孔施工效率，实现现场绿色文明施工，最大限度地降低了对周边环境的影响，为复杂地层及周边环境下大直径深长嵌岩灌注桩施工提供了一种创新、实用的工艺技术，得到参建单位的一致好评，取得了显著的社会效益。

本技术近 3 年形成产值 3667.8 万元，新增利润 1759.0 万元，节约成本 1433.5 万元，经济效益显著。

（二）成果推广应用的条件和前景

在不良地层和复杂周边环境的条件下，通过采用本技术，以深长套管护壁有效克服了不良地层下易致的跨孔、缩颈等质量通病；全回转钻机与 RCD 钻机的组合使用，实现高效埋设、起拔超长护壁钢套管，实现静声磨岩钻进，极大地降低了对周边环境及既有建（构）筑物的影响，同时，也发挥了 RCD 钻机凿岩清孔的优势，大大提高了大直径桩基钻进成孔的施工效率。本技术充分考虑了不良地层的影响及对周边环境的保护，是一种成桩施工工艺的突破和创新，具有现实的指导意义和推广价值。

五、总结及展望

本技术在实际应用中须应用多种大型施工设备，现场施工组织难度较大，调度复杂；下一步研究重点为如何综合精简施工机械，简化现场施工组织，便于管理工作的开展。

二、基坑与边坡工程

复杂环境河道区车站施工关键技术

牛涛、闫方、吴文斌、阿继盛、王德龙

中铁一局集团有限公司

一、成果背景

（一）成果基本情况

由中铁一局集团有限公司承建的宁波市轨道交通 4 号线土建工程 TJ4005 标柳西站位于苍松路、常青路路口北侧沿苍松路呈南北走向，柳西站主体结构西侧沿车站宽度方向约 1/3 区域侵入柳西河，且苍松路为老填河区，还有 110kV 高压线横穿车站中部，该车站施工环境十分复杂，施工中涉及多种工序转换以及新工艺的应用，同时也遇到了诸多技术难题，如涉河围堰施工、新老填河区地基处理、110kV 高压线下地下连续墙施工等。

（二）技术来源

依托宁波市轨道交通 4 号线土建工程 TJ4005 标柳西站工程开展"复杂环境河道区车站施工关键技术研究"工作，对复杂环境河道区车站施工关键技术进行研究和总结，以验证设计方案和深化施工方案，为临河区及高度受限车站，以及类似地层的地铁建设提供设计实践依据及施工经验。

二、实施的方法和内容

（一）钢管桩围堰施工技术

1. 研究内容

围堰形式采用卡槽式锁口钢管桩，河中拼接浮箱，将施工设备固定在浮箱上，在水中进行钢管桩围堰打设，此举首先解决了施工场地受限问题，避开了燃气、通信管线等危险源。

2. 钢管桩围堰施工技术

（1）施工准备

钢管桩加工：钢管桩桩长为 15m，钢管采用 ϕ630、壁厚 10mm 的螺旋焊缝钢管。锁口采用 140mm×90mm×10mm 的角钢和一根 TW150mm×300mm 的 T 型角钢组合，每节钢管桩长 15m，TW 型角钢和 L 型角钢为 12m；TW 型钢与焊接管接缝处设置 50mm×5mm 的等边角钢，宽为 30mm；L 型角钢与焊接管接缝处设置 30mm×5mm 的扁铁，长为 150mm；其中设置的等边角钢和扁铁之间的间距均为 2m；钢管桩加工，如图 1 所示。

在 LT 型钢、L 型角钢与钢管桩焊接接缝处分别用 40 号角钢、扁铁采取加固措施以防止变形。LT 型钢、L 型角钢与钢管桩之间加固，如图 2 所示。

施工平台就位及固定：平台四周预留了 4 个 45mm×45mm 孔洞，用 4 根 400mm×

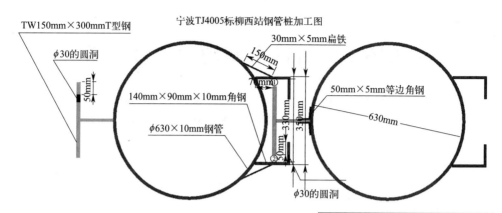

图 1　钢管桩加工图

图 2　LT 型钢、L 型角钢与钢管桩之间加固图

400mmH 型钢通过插销孔，固定浮箱平台。

履带式起重机与浮箱平台采用焊接槽钢与履带进行固定，并用钢丝绳进行软连接。

导向架定位：根据围堰线路设置导向架，4 根 12m 长 400H 型钢做固定桩打入河底下 9m，12m 长导向架放置在固定桩上，导向架之间的间距为 680mm。

（2）钢管桩打设

岸上起吊：在 TW 型钢距离桩顶 3m 位置处设置 φ30 的吊点，利用 U 形管卡和钢丝绳起吊钢管桩。

钢管桩就位：用履带式起重机将钢管桩吊装至导向架内，插桩时对准锁口插入，人工配合钢管桩咬口正确，使钢管桩利用自重自然下沉到河底。

更换锤头：钢管桩利用自重下沉到一定深度后，履带式起重机更换锤头并用夹具将管桩缓慢提起，进行垂直度校正。

垂直度检测：利用经纬仪校正钢管桩垂直度，发现桩位不正或倾斜，应将桩拔出重新插打。

振动沉桩：利用液压振动锤进行振动打桩，发生倾斜则拔出重新插打。

钢管桩连接：为避免钢管桩下沉，对已打设的钢管桩之间进行焊接连接，确保钢管桩的整体性。

钢围檩加固：在排桩顶部设置一道 32 号 b 型双拼围檩，布置在钢管桩两侧，由 M40 拉杆固定。

桩内填砂：为了确保钢管桩的稳定性，在钢管桩打设完成后在钢管桩内填充细砂。

锁口渗漏水处理：钢管桩锁口接头形式为 L-T 型，钢筋缠绕土工布对咬口缝隙填塞细粒粉质黏土。

（3）110kV 高压电处施工措施

横跨河道、在车站中部位置存在东西走向架空的 110kV 高压线，高压线在地面投影距离宽度约为 10m，距离地面 19.8m。高压线范围预留 5m 的水平安全距离，共计 20m 范围。

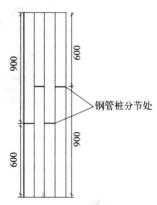

图 3　110kV 高压线影响范围
钢管桩分节施工示意图

范围内的钢管桩分节尺寸为 6m＋9m，所以在钢管桩打设时将相邻两根桩的接头错开布置，解决接头处受力不均匀和薄弱的问题，如图 3 所示。

（4）清淤、回填施工

在淤泥清除前，在靠近钢管桩围堰处设置三个集水坑，并采用污水泵进行抽水，保证清淤工作正常运行。

清淤后河底标高至标高＋2.60m 范围内采用水泥掺量为 8% 的水泥土回填。

（5）钢管桩拔除施工

振动沉管拔桩：钢管桩拔除采用振动法施工，用振动锤夹住钢管桩两侧管壁，启动振动锤振动下沉，然后起拔，往复几次，直至能顺利起拔。

分段起拔：在 110kV 高压线下 20m 范围内钢管桩拔除采用分段起拔，分段长度对应打桩时长度进行割除。

（二）110kV 高压线下围护结构施工技术

1. 研究内容

横穿车站中部的 110kV 高压线距离地面净空仅有 19.8m，竖向有 6m 的安全距离，有效施工净空为 13.8m。

地下连续墙施工采用超低空成槽机成槽，钢筋笼采用分节吊装，并优化套筒、套丝形式及拼接方法；槽壁加固形式采用双轴搅拌桩＋φ800@600mm 摆喷旋喷桩施工工艺；导墙优化为地面以下设置凹槽形式结构；有效解决了 110kV 高压线下围护结构施工高度受限制的技术难题。

2. 110kV 高压线下围护结构施工技术

（1）高压线防护

在高压线下 8 幅地下连续墙影响区域安装 13.5m 高的硬性隔离防护设施，进入该区域的起重机械最高点不得超过 13.5m。在距离 10kV 高压线 2m 位置安装了一道防护网，并且安装了夜间警示带，如图 4 所示。

图 4　110kV 高压线防护设施图

（2）槽壁加固

槽壁采用 $\phi 800@600$mm 摆喷旋喷桩加固，西侧为内二排外一排布置，东侧为内外各一排布置。

（3）导墙施工

优化导墙设计方案，导墙顶面要比地面降低 1m，如图 5 所示。

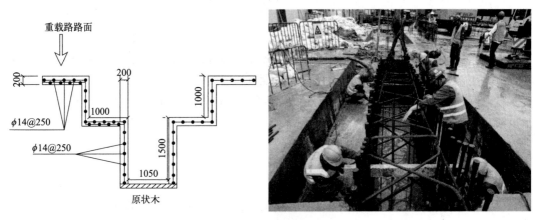

图 5　优化后导墙设计方案

（4）钢筋笼加工

根据试验段经验，钢筋笼分 5 节进行加工，采用整做整拆的方法加工制作。高压线下地下连续墙接口形式为工字钢进行接口，钢筋笼主筋采用机械直螺纹套筒进行连接，丝头为满丝加半丝的形式。

钢筋车丝时上面的钢筋头车半丝，下面的钢筋头车满丝；在焊接钢筋笼之前所有主筋与加强筋必须连接后，再进行钢筋笼的焊接，焊接完成后再在钢筋笼的分节处将直螺纹套筒反方向拧回去，使套筒全部退到满丝的钢筋上去。

（5）桁架加强、吊点布置

每段分节的钢筋笼，吊点布置在距离接头 1m 的位置；且吊点处的纵横向桁架均在原有基础上增加 1 榀桁架进行加强。分节钢筋笼吊点结构布置图，如图 6 所示。

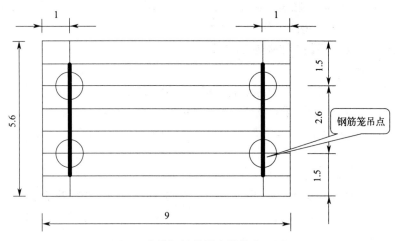

图 6 分节钢筋笼吊点结构布置图

分节钢筋笼拼接时采用千斤顶进行调平，与直螺纹套筒对接到位后将该部位的分布筋全部进行补焊，然后再进行下一节钢筋笼吊装对接。

（6）成槽施工

三序成槽的折线槽段，采用先两边后中间的顺序。成槽时，保证泥浆液面在规定高度上。成槽机掘进初始速度应控制在慢速，严格控制垂直度，导板抓斗不宜快速掘进，以防槽壁失稳，当挖至槽底 2～3m 时，应注意超声波显示深度和垂直度，防止超挖和少挖。

成槽至标高后，则刷壁扫孔，用测绳测槽深并做好记录。成槽过程中大型机械不得在槽段边缘频繁走动，以确保槽壁稳定。

（7）钢筋笼吊装

110kV 高压线下钢筋笼吊装前需提前做好以下准备工作：吊车、千斤顶、单杠、扳手等提前准备完成；钢筋笼提前运输至主吊旁；按照试验段中总结的参数指示，确定吊车站位、大臂长度、角度（36°），过程中按照该参数进行吊装作业监控，以策安全。

（8）钢筋笼对接

每幅钢筋笼分 5 节进行吊装，采用机械连接和工字钢连接。

钢筋笼拼接，第一节钢筋笼入槽到位后用担杠将钢筋笼卡在 4 个千斤顶上，用千斤顶将钢筋笼调制水平。

第一节钢筋笼调平后开始吊装第二节钢筋笼，进行主筋对接工作，未成功对接的主筋采用帮条焊进行焊接连接，确保安全、质量受控。

直螺纹套筒对接到位后将该部位的分布筋封口筋全部进行补焊，将所有主筋连接完成后，焊接工字钢接头。随后重复以上工作循环，完成 5 节钢筋笼的吊装、对接工作。

（9）清孔换浆

采用 $\phi150mm$ 导管气聚法进行清孔。

（三）复杂条件下新老填河区基坑变形控制

1. 研究内容

为了加强在基坑开挖过程中对周边建筑物的保护和减小基坑变形情况，在坑内进行地基加固；柳西站 21～30 轴第五、六道钢支撑加设伺服系统，实现自动化控制基坑钢支撑轴力加载和实时动态管理钢支撑轴力变化情况。

2. 110kV 高压线下围护结构施工技术

（1）基坑加固

车站基坑内土体主要为淤泥质黏土，容易发生滑坡、坍塌。设计方案采用三轴搅拌桩抽条注浆加固。基坑扩大端采用满堂 $\phi850@600mm$ 三轴搅拌桩加固，标准段采用宽度 3m、间距 3m 的 $\phi850@600mm$ 三轴搅拌桩抽条加固，水泥掺量为 8%，深度为冠梁底至坑底。

（2）钢支撑轴力伺服系统

柳西站车站主体基坑共有 510 根钢支撑，基坑 21～30 轴之间第五、六道钢支撑设有伺服系统，共计 58 根钢支撑，其中 $\phi609$ 钢支撑 19 根，$\phi800$ 钢支撑 39 根。

（3）施工监测情况

柳西站主体结构基坑自 2017 年 9 月 9 日开始开挖，于 2018 年 1 月 29 日完成底板封闭。

柳西站自基坑开挖至主体结构顶板封顶期间自动伺服系统范围内地下连续墙最大变形点为 CX09，累计变形量为 21.58mm，非自动伺服系统范围内地下连续墙最大变形点为 CX04，累计最大变形量为 48.15mm，自动伺服系统范围内的地下连续墙平均变化值较非自动伺服系统范围内地下连续墙有较大改善。

（四）结构防水施工技术

1. 研究内容

柳西站车站基坑宽度的 1/3 位于柳西河内，车站顶板位于河道底以下约 1m 处，且永久位于河底。

构建四道防水体系，第一道防水措施为钢管桩围堰防水，第二道防水措施为围护结构地下连续墙，第三道防水措施为顶板聚脲防水涂料，第四道防水措施为混凝土自防水。

2. 结构防水施工技术

（1）钢管桩围堰隔水

钢管桩之间采用 L-T 型接头方式进行锁扣连接，钢管桩围堰背水面与回填水泥土之间设置防渗土工膜隔水，如图 7 所示。

（2）地下连续墙隔水

柳西站车站主体基坑围护结构设计为 1m 厚地下连续墙，标准段地下连续墙深 40m，端头井地下连续墙深 42m；接头形式为锁口管接头。

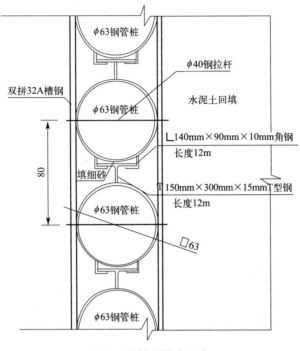

图 7　钢管桩接头形式

（3）聚脲防水涂料隔水

柳西站采用 1.5mm 厚喷涂聚脲防水涂料作为车站顶板外包防水。喷涂聚脲防水涂料为以异氰酸酯类化合物为甲组分、胺类化合物为乙组分，采用喷涂施工工艺使两组分混合、反应生成的弹性防水涂料。

（五）总体技术水平

本技术研究中采用浮箱在水上作业打设钢管桩围堰，以及 110kV 高压线下地下连续墙采用超低空成槽机、钢筋笼分节拼接的施工方法；采用新型聚脲防水材料，在华东地区少量使用，在浙江省、在集团公司地铁行业应用均尚属首例。

三、成果技术创新点

（一）针对车站部分位于河道区特点，研究采用锁扣钢管桩围堰回填筑岛技术，解决了河道区基坑连续墙施工的难题。

（二）采用超低成槽机成槽、钢筋笼分节吊装连接等技术，解决了 110kV 高压线下（净空 19.8m）施工高度受限的技术难题。

（三）遵循基坑时空效应理论，采用"三图四表"控制措施，结合钢支撑伺服系统动态监测轴力自动补偿技术，有效控制了填河区内偏载状态下的基坑变形。

四、取得的成效

在宁波地铁建设项目中，柳西站 110kV 高压线横穿车站中部，实际有效施工净空仅为 13.8m，最终决定采用超低空成槽机成槽、钢筋笼分节拼接的施工方法，这为首例。由中铁一局城轨公司施工的宁波市轨道交通 4 号线土建工程 TJ4005 标段，克服了 110kV 高压线下围护结构施工高度受限制的技术难题，保证了围护结构整体性，确保车站施工时安全等级，有效地控制车站防水。

柳西站主体结构西侧沿车站宽度方向约 1/3 区域侵入柳西河，车站顶板位于河道底以下约 1m 处，且永久位于河底。为确保车站顶板防水质量，采用 1.5mm 厚喷涂聚脲防水涂料作为车站顶板外包防水。新型聚脲防水材料在华东地区少量使用，在浙江省、在集团公司地铁行业应用均尚属首例。

相关技术的应用既解决了宁波地铁建设中车站侵占河道防水施工技术难题，又积累了横穿车站中部高压线下围护结构施工的技术经验，提升了在宁波建设圈内影响力，为地铁建设网络化打下坚实基础。

五、总结及展望

通过研究，针对不同时间河道回填区站内地质情况差异较大，施工高度受限，软弱地层中基坑处于偏载状态，总结出了一些规律，验证了设计和施工方案，对设计提出了一些优化和建议，完善了设计；总结了一整套施工方法，特别对软弱地层、地质差异明显区域围护结构设计与施工、深基坑开挖、周边地面和建筑物变形规律及车站施工管理等有十分明显的效果，对类似环境的地铁建设很有指导意义。

基于抽水—示踪联合测试的地铁车站
基坑渗漏预测控制技术

程姿洋、杨军、王文恺、任秋记、邱春雄、苏康佳

中交一公局第八工程有限公司

一、成果背景

地铁车站基坑渗漏的准确探测和处理是影响基坑施工期间稳定和后续安全运营的重要因素。地下连续墙墙体如果存在质量隐患，在后期基坑开挖时可能会出现涌水、涌砂等渗漏问题。特别是在基坑开挖降水期间，由于坑内降水增大了坑内外水头差，在较大水头压力作用下会增强地下水通过地下连续墙薄弱部位向坑内渗透的能力，可能产生渗透破坏；同时，它也是后续地铁车站的安全运维隐患。因此，在地铁车站基坑开挖施工前，开展地下水渗漏位置的准确探测，以确定地下连续墙是否存在地下水渗漏的可能性，是地铁基坑安全开挖和地铁车站安全运营中亟待解决的问题。

二、实施的方法和内容

基于抽水—示踪联合测试的地铁车站基坑渗漏预测控制技术（以下简称"本技术"）依托苏州市轨道交通Ⅷ-TS-02标段车站基坑工程，通过温度及电导率分布曲线分析天然地下水渗流状态下钻孔温度、电导率分布特征，从而判断地下连续墙渗漏部位。通过抽水情况下观测孔的水位变化，判断观测孔与抽水孔之间是否存在穿过地下连续墙的水力联系，判断地下连续墙的透水性。根据测量温度、电导率等数据，整理绘制示踪剂浓度稀释曲线，并通过公式计算钻孔内地下水流速，分析地下水渗流情况。通过绘制抽水井的电导率随高程变化图像，判断可能的渗流路径。技术成果可为其他地铁车站基坑的类似工程问题提供借鉴和支持。

（一）为对比天然及抽水状态下地层地下水渗流变化，特别是为了模拟未来基坑开挖过程中坑内降水条件下研究区域的渗流规律，通过开展抽水试验模拟地下连续墙在高水头压力下的渗流条件。抽水时观测孔水位变化可看出观测孔对于抽水这一"刺激源"的反应，可用来定性分析地下连续墙的透水性，即观测孔和抽水孔之间是否存在穿过地下连续墙的水力联系，进而确定地下连续墙可能发生渗漏的位置。

（二）通过温度示踪和电导率示踪进行天然示踪探测分析，分析各孔温度数据和电导率数据，根据温度和电导率数值的变化情况，判断各观测孔受地下水渗流影响情况。

（三）通过单孔稀释法测定观测孔和抽水孔的水平流速和垂向流速，从而进行钻孔流速人工示踪测试分析。对各观测孔以及抽水孔进行多次平行测量，通过分析示踪剂浓度变化、各孔流速变化以及各观测孔抽水前后流速变化，判断地下连续墙可能出现缺陷的位置。

（四）根据勘察报告、设计资料建立符合实际的二维有限元模型，通过基坑内部抽水

井降水观察和基坑外观测井的响应，通过设置不同深度发生渗漏的多种工况，得出发生可能渗漏深度的数值解答，并将结果与抽水试验实测值作比较，以检验、验证数值模型；建立三维有限元模型，在基坑一定深度上设置不同纵向位置渗漏的多种工况，并将模拟结果与抽水试验实测值作比较，确定地下连续墙可能发生渗漏的纵向位置。从而准确判断地下连续墙发生渗漏的位置。

实施过程如图1～图11所示。

图1　围护结构施工阶段

图2　钻孔施工

图3　下井管

图4　下潜水泵

图5　降水井抽水

图6　人工测量水位

图 7   自动测量水位

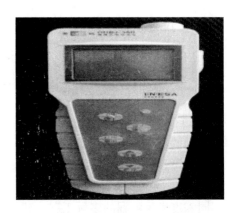

图 8   测量导电率和温度

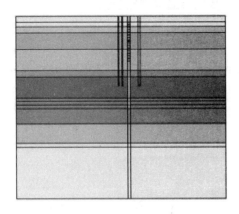

图 9   基坑渗漏二维有限元模型分析

图 10   注浆封堵

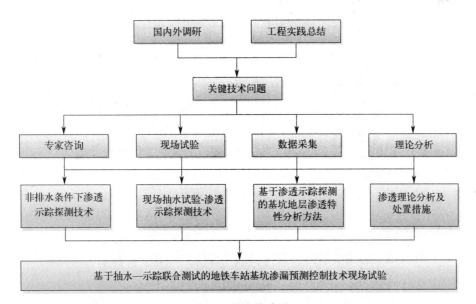

图 11   技术线路图

三、成果技术创新点

与国内外同类先进技术相比，本技术创新点主要有：

（一）原始创新

1. 通过抽水试验、天然示踪及人工示踪测试，开展对地下连续墙测量孔内温度、电导率等数据的测量，分析示踪剂浓度变化、各孔流速变化以及各观测孔抽水前后流速变化，明确地下连续墙发生渗漏缺陷的水平和竖直分布位置。

2. 基于现场试验及有限元模拟，通过基坑内部抽水井降水观察和基坑外观测井响应，设置不同深度发生渗漏的多种工况，建立符合实际的二维和三维有限元模型，确定地下连续墙可能发生渗漏深度和纵向位置。

3. 形成了基于抽水—示踪联合测试的地铁车站基坑渗漏检测控制施工工法。

（二）集成创新和工艺改造再创新

针对地铁车站基坑渗漏预测控制，开展了理论分析、现场测试、数值模拟和工程应用，开发了基于抽水—示踪联合测试的地铁车站基坑渗漏预测控制技术，为地铁车站基坑确定地层渗透规律、判断渗漏位置、提出渗漏处理预案、保证基坑开挖施工过程安全稳定提供了技术支撑。

四、取得的成效

（一）经济效益

在实施过程中，根据研究结论对地下连续墙是否有渗漏进行检测，在工序时间、开挖顺序上进行了优化和总结，便于现场实施。本技术的开发及应用，避免了在基坑开挖过程中渗漏水的情况，通过基于抽水—示踪联合测试的地铁车站基坑渗漏检测控制施工工法，土方开挖节约工期 40 天，节省抢险费用，降低堵漏成本，直接经济效益 324.6 万元，使虎殿路站和虎丘湿地公园站深基坑开挖过程中安全、质量、进度均得到了可靠的保证。

码头吊 40 天：$40/30 \times 6$ 万元 = 8 万元；人工节约：$5 \times 300 \times 40$ = 6 万元；开挖过程中堵漏费用：40 万元/次（包含人工、机械、材料），按照一个基坑 8 次计算，40×8 = 320 万元；未开挖前堵漏费用：人工，$3(人) \times 300(元/人) \times 4(天)$ = 0.36 万元；引孔注浆机械，$8(次) \times 2000(元/次)$ = 1.6 万元；水泥，$177(吨) \times 420(元/吨)$ = 7.43 万元。总计节约费用 = $8 + 6 + 320 - 0.36 - 1.6 - 7.43$ = 324.61 万元。

（二）社会效益

本技术在解决地下连续墙渗漏位置探测的关键技术问题上起到了十分重要的作用。应用基于抽水—示踪联合测试的地铁车站基坑渗漏预测控制技术，可以为准确探测出地下连续墙渗漏部位，并进行相应封堵措施，降低成本，保证施工安全，保护周围环境，显著提高了中交一公局第八工程有限公司在渗漏检测领域的影响力。

（三）客观评价

本技术主要是通过抽水试验、天然示踪及人工示踪测试，开展对地下连续墙测量孔内温度、电导率等数据的测量，分析示踪剂浓度变化、各孔流速变化以及各观测孔抽水前后流速变化，明确地下连续墙发生渗漏缺陷的水平和竖直分布位置。通过基坑内部抽水井降水观察和基坑外观测井响应，设置不同深度发生渗漏的多种工况，建立符合实际的二维和三维有限元模型，确定地下连续墙可能发生渗漏深度和纵向位置。抽水—示踪联合测试地铁基坑渗漏检测技术达到国际先进水平。

（四）应用及推广

在地铁车站地下连续墙施工及基坑开挖过程中，地下水渗漏会对工程造成不利影响。同时，若周围地层地下水位因渗漏而大幅下降，则可能导致地面沉降，对周围建筑物也会造成不利影响。所以对发生渗漏的地下连续墙进行检测并封堵是基坑施工过程中的关键技术问题。通过采用示踪测试、抽水试验和数值模拟多种方法，对依托的工程地层渗透性和渗漏通道进行分析，开发了基于抽水—示踪联合测试的地铁车站基坑渗漏预测控制技术。本技术可以对地下连续墙渗漏位置进行准确探测，为其他地铁车站基坑的类似工程问题提供借鉴和支持。

目前，我国许多城市正在积极开展地铁和地下空间建设，本技术可广泛应用于地铁、地下空间开发工作中的地下结构渗流通道预测及控制，并可为其他相关领域研究课题提供技术支撑，促使其发挥经济效益和社会效益。同时本技术亦可推广应用于类似工程渗漏探测、监测及预防之中，为防渗及加固处理方案提供依据，具有广泛的推广应用价值。

五、总结及展望

本技术以苏州市轨道交通 8 号线工程土建施工项目Ⅷ-TS-02 标车站基坑工程为依托，开发了基于抽水—示踪联合测试的地铁车站基坑渗漏预测控制技术。本技术主要内容为：结合前期勘察资料及室内渗流分析，在车站基坑开挖前对可能的渗流通道、渗漏点等薄弱环节进行预先探测，为地下连续墙施工及基坑开挖渗漏开展事前处理预案；通过现场钻孔抽水试验结合示踪流速探测，确定地层渗透性分布，分析渗漏通道，为地下连续墙施工方案提供依据，保证开挖施工过程中的安全稳定。主要技术为非抽水条件下渗透示踪探测技术、现场抽水试验—渗透示踪探测技术、基于渗透示踪探测的基坑地层渗透特性分析方法、渗漏通道分析确定方法及处置措施等。

本技术成果可广泛应用于地铁工程中，以后可为地下空间开发利用等相关领域提供技术支撑，推动渗漏检测领域的研究进展。

紧邻地铁深基坑设计与施工关键技术研究

程月红、季标、路笑笑、马可、李翠、宋德鑫

中亿丰建设集团股份有限公司

一、成果背景

（一）成果基本情况

1. 基坑支护设计选型。拟建项目为仓街商业项目，地处于苏州市姑苏区干将东路北、仓街东侧，主要由 2～3 层商业及 3 层地下室、下沉广场、0809 号地铁、与地铁连通口组成。本基坑面积约 4.25 万 m^2，开挖深度为 17.45～18.9m，南侧距 1 号线盾构隧道约 12m，东侧为已建城墙博物馆，西侧距未拆迁民房最近约 8.8m，地下水系丰富，止水要求高，止水帷幕需隔断承压水含水层，因此为防止降水对地铁产生不利影响，靠近老旧民房的基坑竖向围护结构创新性地采用了钻孔灌注桩＋CSM 水泥土地下连续墙止水帷幕的形式，横向围护体系采用三道混凝土支撑；靠近古城墙的基坑竖向围护结构则采用了钻孔灌注桩＋TRD 水泥地下连续墙；临近轨道侧小坑区域竖向围护结构采用地下连续墙＋三轴搅拌桩，横向围护结构体系采用一道混凝土支撑＋三道自伺服钢支撑形式；地铁连通口处竖向围护结构采用钻孔灌注桩＋三轴搅拌桩，横向围护结构体系采用两道混凝土支撑；同时由于本基坑开挖面积大、工期长，为减少基坑开挖对周边环境的影响，充分利用基坑的时空效应，分为 5 个区域分区分块施工。

2. 高水头区域新建深基坑与既有轨道底板对接关键技术。通过采取空腔土体加固、轨道底板施打可开闭合降水装置以及向底板区域下注浆止水一系列施工技术，以降低地下水头。

3. 采用摩尔-库仑（MC）和小应变硬化（HSS）本构模型模拟饱和地基土，选择了 HSS 本构模型并设置剪胀角为零进行紧邻轨道侧的围护结构设计。

4. 用有限元对基坑开挖工况进行模拟分析，研究分析基坑开挖对地铁和城墙的影响。

（二）国内应用现状

改革开放 40 年以来，在我国城市化进程不断提速的同时城市用地紧张问题日益突出，进一步诱发了城市交通拥堵、人民生活质量降低及周边环境恶化等系列社会问题，严重制约了经济可持续发展。城市地下轨道交通作为一种安全、高效、快捷的公共交通工具，可以有效缓解城市的交通拥堵问题。目前各大城市相继规划或建设地下交通轨道，掀起了地铁建设高潮。因此随着地下交通轨道和综合体的大规模建设，不可避免地需要围绕既有地铁开展基坑开挖等施工活动，从而增加了施工难度与风险。

基坑在开挖施工过程中会导致地基土发生不均匀变形，诱发周边地铁、构筑物产生附加应力和变形，进一步造成地下水渗漏等工程危害，甚至可能引发重大地下工程坍塌事件。近年来，因基坑开挖施工引起邻近地铁变形破坏的情况时有发生。因此为保障基坑周边既有地

铁的正常运行，必须从设计和施工多方面提出严格控制既有地铁结构变形的措施。

（三）项目概况

拟建工程总建筑面积为 140000m²，占地面积 39197m²。为商用文化综合体，地上 1~2 层、地下 3 层。地下室板底标高约为 1985 国家高程基准－12.00m。本工程室内正负零相当于 1985 国家高程 3.25m。一层地下室顶板标高为±0.00 下 7.65m，二层地下室顶板标高为±0.00 下 13.15m；三层地下室顶板标高为±0.00 下 17.35m。基坑面积约 42500m²，周长约 1350m，如图 1 所示。

图 1 基坑航拍图

（四）技术成果实施前所存在的问题

1. 基坑周边环境条件复杂，对地铁及古城墙等保护要求高。

本基坑南侧距轨道交通 1 号线盾构最近约 12m，根据轨道部门要求，基坑开挖引起的变形不能超过 10mm；东侧为已建城墙博物馆，属于文物保护建筑，对变形控制要求极高；基坑西侧距未拆迁民房最近约 8.8m，民房大多为天然基础，对沉降变形敏感。因此，对基坑周边变形的控制是本项目基坑施工的难点，如图 2 所示。

图 2 基坑周边环境图

2. 场区地下水丰富，止水要求高。

根据地质勘察报告，对本项目基坑有影响的地下水主要有潜水、微承压水及承压含水层，含水层较厚，给水性及透水性好，且第四层微承压含水层全部在基坑侧壁上，基坑地质剖面图如图3所示。基坑北侧临近张家河，东侧临近城墙内河及护城河，地下水补给充分，基坑降水会引起周边构筑物沉降，基坑的止水及降水是本项目基坑应重点考虑的问题。

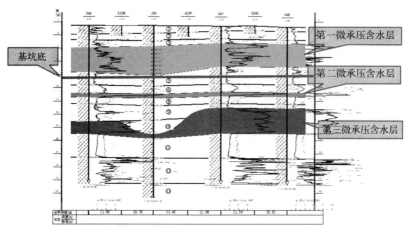

图 3　基坑地质剖面图

3. 基坑面积大，开挖深度深。

本项目基坑开挖面积约 4 万 m²，周长约 1100m，基坑开挖深度最深约 18.3m，体量大，深度深，基坑形状不规则，阳角较多，基坑长边超过 400m，基坑开挖深度深浅不一，局部区域为地下一层、两层，如此大规模的基坑需充分考虑基坑的时空效应，合理地安排施工顺序，确保基坑受力平衡。

4. 与 1 号线地铁联通口相邻的基坑南侧坑内坑外水位差较大，在轨道联通口与基坑相连时，需将联通口附近的地下水水位降至基坑以下，保证连接作业的安全，防止基坑地下水涌入轨道联通口内。

5. 基坑周边场地狭小，施工操作空间有限。

本项目基坑位于古城区，周边交通拥堵，场地狭窄，无设置堆厂及出土口条件，西侧仓街为唯一出土及材料运输通道，因此如何利用支撑设置栈桥，进行施工场平布置是本项目基坑设计和施工应重点考虑的问题。

图 4　基坑分坑图

二、实施的方法和内容

（一）基坑支护设计选型

1. 分坑施工

充分利用基坑的时空效应，采取分坑施工，整个基坑共划分为①区、②区、③区、④区、⑤区 5 个区域，如图 4 所示。先施工①区，待①区施工至地下负一层，开挖②区、④区，待②区、④区施工至地下负一层，开挖③区，最后施工⑤区与地铁连接通道，通过时空效应，尽量减少基坑开挖对轨道影响。

2. 围护结构选型分析

（1）①区竖向围护桩选型考虑造价因素，除轨道要求 50m 保护范围外，最终采用钻孔灌注桩，见表 1。

①区围护桩选型 　　　　　　　　　　　　　　　　　　　　表 1

围护桩选型	优点	缺点	备注
地下连续墙	刚度大、兼顾止水	造价高、施工占地大	
钻孔灌注桩	刚度稍弱、施工方便	外侧需设置止水	

根据基坑水文地质条件，基坑开挖需对④层粉砂疏干降水，对⑦、⑪层进行减压降水，止水帷幕需把⑪层隔断，止水桩超过了 40m，而常规三轴桩只能施工 30m，为了减少基坑降承压水对周边环境的不利影响，基坑围护在苏州地区创新性地采用 CSM 工法等厚度水泥土搅拌墙作为止水帷幕进行施工。

据测算，采用 CSM 比超深三轴桩造价增加约 500 万元，工期可节约 1 个月。考虑轨道公司要求，为防止降水对地铁产生不利影响，最终止水帷幕采用了 CSM 双轮铣水泥土搅拌墙止水，见表 2。

①区止水帷幕选型 　　　　　　　　　　　　　　　　　　　　表 2

止水帷幕选型	优点	缺点	备注
超深三轴桩	造价低	质量难以保证、工效慢	
CSM	施工深度深，质量可靠，工效快	造价略高	轨道要求

（2）②、③区南临轨道，围护结构必须采用地下连续墙。

据测算，采用"800 地墙＋预应力伺服钢支撑"比采用"1000 地墙＋钢支撑"节约造价 500 万元，工期可节约 1/3，见表 3；考虑轨道对变形要求高，南侧②、③区最终采用了"800 厚地下连续墙＋四道支撑支护"，第 1 道为混凝土支撑，第 2～4 道为预应力伺服系统钢支撑。

②、③区围护结构选型 　　　　　　　　　　　　　　　　　　　　表 3

围护结构选型	优点	缺点	备注
800 地墙＋预应力伺服钢支撑	可动态监测支撑轴力，造价略低	后期需专人管理	
1000 地墙＋钢支撑	施工方便	变形大、造价高	

（3）①区与②、③区中隔墙原则上应采用地下连续墙，设计时考虑②、③区使用预应力伺服系统钢支撑，中隔墙最终采用了钻孔灌注桩，见表 4。据测算，分坑中隔墙采用钻

孔灌注桩比地下连续墙节约造价约 400 万元，工期可节约 1/3。

分坑中隔墙围护结构选型　　　　　　表 4

围护结构选型	优点	缺点	备注
地下连续墙	刚度大、止水可靠	造价高、施工慢	
钻孔灌注桩	造价低、施工快	需另做止水	

（4）④、⑤区围护结构选型。④区采用了悬臂式钻孔灌注桩支护。⑤区在 30m 保护范围之内，最终采用了 800mm 厚地下连续墙支护，水平向设置两道钢筋混凝土支撑。

（二）高水头区域新建深基坑与既有轨道底板对接关键技术

1. 空腔内土体加固施工。采取在待施工区空腔内土方存在塌陷隐患区域进行压密注浆，以达到加固土体的目的，防止上部土方坍塌的情况发生。压密注浆孔梅花形布置，注浆孔点间距 1000mm，共 161 个，孔径 150mm，加固深度为地面以下 12m（深度标高区间－9m 至 2.5m），注浆顺序采用跳孔间隔注浆。

2. 轨道底板施打可开闭合降水装置。采用自主研发的一种用于在建商业体与既有轨道地下室底板对接时，在地下水头较高的轨道地下室底板上开设开闭的装置，可兼用临时突击降水管井，以达到降低地下水头的目的，为底板顺利对接创造外部条件，如图 5～图 8 所示。

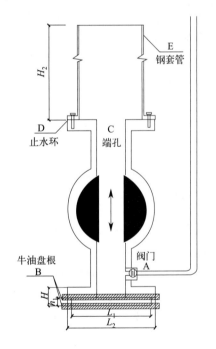

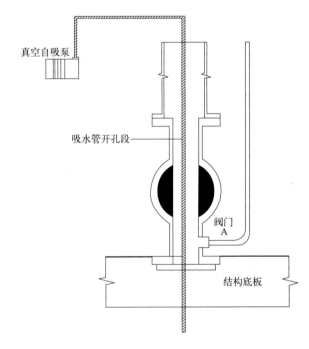

图 5　开闭装置主体立面图　　　　图 6　开闭装置抽水作业示意图

3. 坑内全套管锚杆钻机斜向引孔注浆止水。钻孔施工使用全套管锚杆钻机，锚杆孔沿已完成的轨道 1 号线站厅结构墙东西向，布置于商业围护桩与轨道结构墙之间。钻孔结束后，远端进行双液注浆，近端进行聚氨酯注浆。双液注浆中 AB 液采用双管分别注浆，管间距为 100mm，注浆速度 10～20L/min，凝结时间 60～120s，采用跳孔间隔注浆方式。

图 7　向开闭装置插入切割管钻孔作业示意图

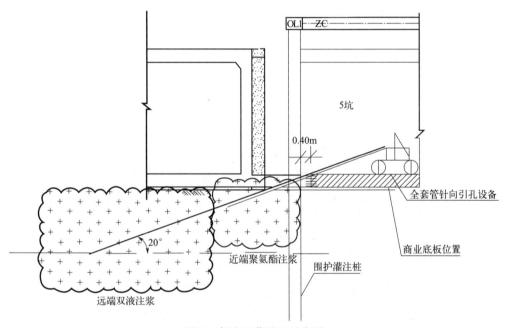

图 8　斜向注浆施工示意图

（三）采用本构模型分析

采用摩尔-库仑（MC）和小应变硬化（HSS）本构模型模拟饱和地基土，分析了流动准则对不同宽深比填土有效主动和被动土压力、孔隙水压力及土压力合力的影响。在项目中选择 HSS 本构模型并设置剪胀角为零，进行紧邻轨道侧围护群的围护结构设计。

（四）采用有限元对基坑开挖工况进行模拟分析

1. 基坑开挖对地铁影响分析

南侧基坑开挖采用有限元对基坑开挖工况进行模拟分析，分析中土体采用三角形单元；围护结构、邻近基础、工程桩采用梁单元；内支撑采用弹簧。考虑围护结构、邻近基础、工程桩与土体共同作用，围护结构与土之间设接触面单元，如图 9～图 12 和表 5 所示。

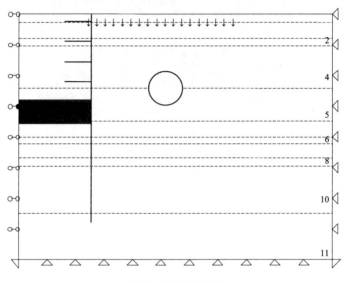

图 9　计算模型图

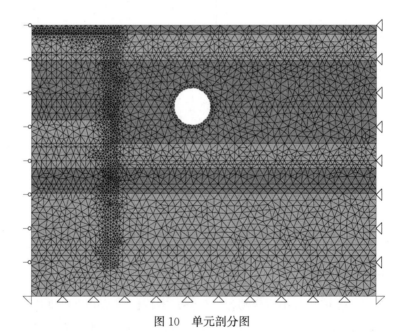

图 10　单元剖分图

邻近基础内力变形　　　　　　　　　　　　　　　　　　　表 5

内力变形	x(m)	z(m)	计算值	允许值	是否满足
本工况水平位移(mm)			4.7	5	满足
最大水平位移(mm)			4.7	5	满足
本工况沉降(mm)			1.8	5	满足
最大沉降(mm)			1.8	5	满足

续表

内力变形	x(m)	z(m)	计算值	允许值	是否满足
本工况弯矩(kN·m/m)	12.001	15.1	40.5		
最大弯矩(kN·m/m)	12.001	15.1	40.5		

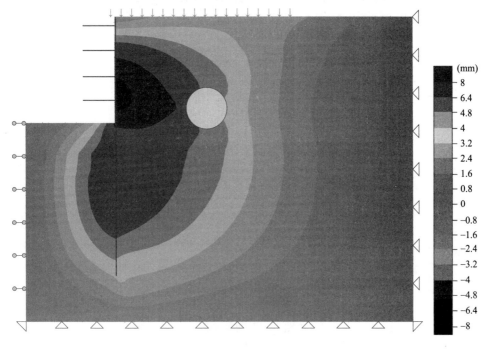

图 11　水平变形云图

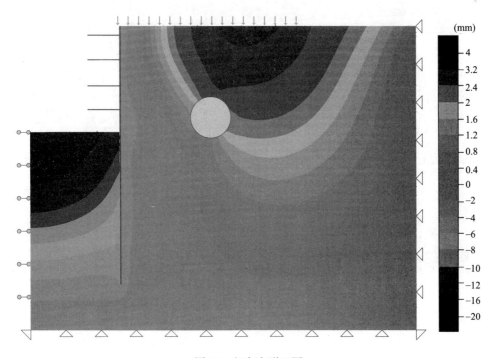

图 12　竖向变形云图

2. 基坑开挖对城墙影响分析

东侧基坑开挖采用有限元对基坑开挖工况进行模拟分析，分析中土体采用三角形单元；围护结构、邻近基础、工程桩采用梁单元；内支撑采用弹簧。考虑围护结构、邻近基础、工程桩与土体共同作用，围护结构与土之间设接触面单元，东侧城墙按桩筏基础考虑。如图13～图16所示。

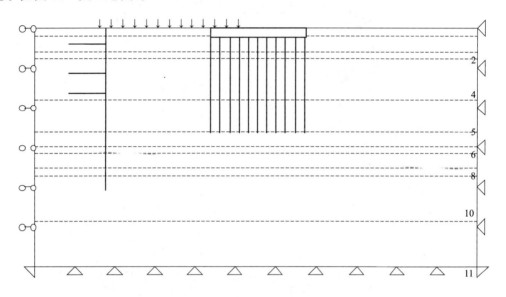

图 13　计算模型图

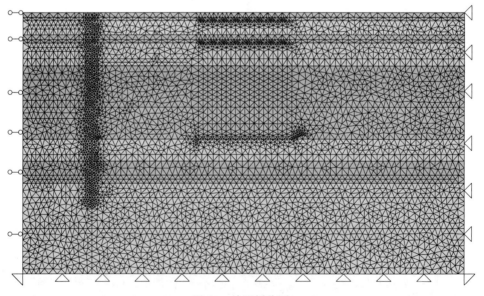

图 14　单元剖分图

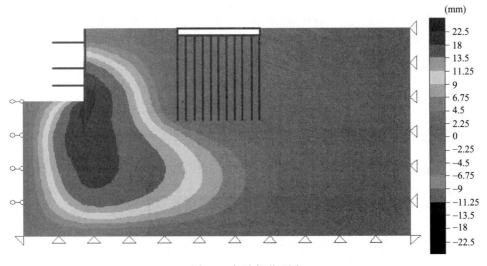

图 15　水平变形云图

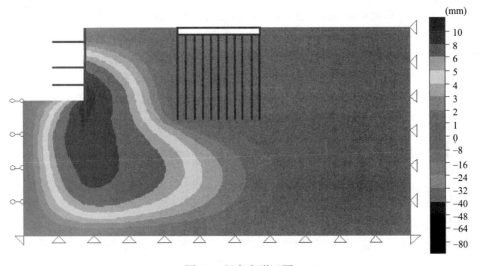

图 16　竖向变形云图

三、成果技术创新点

（一）本技术依托紧邻地铁的深大基坑施工项目，从设计规划、有限元模拟分析和关键施工技术等多个方向展开全面研究，并且选择 HSS 本构模型进行紧邻轨道侧围护群的围护结构设计，这在国内外均鲜有报道。

（二）针对场地存在深厚的承压水含水层、紧邻地铁与文物保护建筑、对基坑变形控制要求高等特点，创新性地引入钻孔灌注桩＋CSM 水泥土连续墙止水帷幕，替代传统的地下连续墙或钻孔灌注桩＋超深三轴搅拌桩的做法，缩短了工程周期并降低了施工成本。

（三）通过对基坑降水井封井技术进行研究，采用了自主研发的一种用于在建商业体与既有轨道地下室底板对接时，在地下水头较高的轨道地下室底板上开设开闭装置，保证了底板结构的整体性，避免了底板因降水井二次封堵引发的渗漏水问题。

（四）整个项目采用设计施工一体化模式，自行设计、自行施工，派设计代表驻场，根据现场工况条件，与施工方紧密配合，可随时解决施工过程中遇到的各种问题，实现了信息化设计及施工。最终在建设单位规定的工期内，保质保量地完成了施工任务。

四、取得的成效

在软土地区深大基坑中，采用钻孔灌注桩＋CSM止水帷幕来进行承压水控制，可以较好地应用于苏州地区，质量满足设计要求，实测止水效果可靠，可以有效地解决类似复杂条件下临近轨道深基坑工程中所面临的降水问题，有效地控制坑内降水对环境的影响，具有良好的工程应用前景。

本项目基坑面积大，基坑开挖深度深，周边环境条件复杂，基坑开挖社会影响范围广，涉及河道、市政道路、管线、周边建筑、景区保护、古树、地铁等方方面面。整个基坑从桩基开始施工到基坑全部回填，历时约两年。整个施工过程中，无基坑塌方等安全事故，各项基坑监测数据均在基坑规范要求范围之内。地铁侧轨道变形均控制在轨道公司要求的范围之内，确保了地铁公共交通的安全运行。

整个基坑围护形式选型得当，总计节省造价约7000万元，约占工程造价的20％，同时本技术在苏州仁恒仓街商业项目上的成功应用也为古城区紧邻运营轨道深基坑的设计与施工提供了参考价值，可为今后类似项目提供借鉴，取得了较好的经济效益和社会效益，得到了建设单位、施工单位、监理单位的一致好评。

五、总结及展望

（一）存在的问题

1. 紧邻地铁深基坑设计与施工关键手段等方面，后续仍需要详细研究，例如分区位置的合理确定施工、深基坑施工等对轨道交通的变形影响分析研究等。

2. 临近地铁深基坑是一项复杂的系统性工程，变形控制要求极高，其施工风险评估及控制的方法后续需进一步完善。

（二）推广应用前景

随着城市化进程的加快，在土地集约化背景下，城市地下空间的开发正大规模进行，临近地铁的地下空间开发是其中的一个关键节点。地铁周边基坑开挖深度不断增加，施工难度日益提升，迫切需要研究紧邻地铁深基坑设计与施工技术。因此对于本技术的研究具有深远的意义和影响。

在项目施工前期通过有限元模拟分析基坑设计方案的可行性，施工过程中合理运用监测预警等手段对基坑风险进行评估，均不可避免地受到主观因素的影响。今后的研究应考虑如何运用多种手段对基坑建设全过程进行风险管控。

针对本项目场地存在深厚的承压水含水层、紧邻地铁与文物保护建筑、对基坑变形控制要求高的特点，本项目创新性地引入钻孔灌注桩＋CSM 止水帷幕和钻孔灌注桩＋水泥加固土地下连续墙（TRD 工法）两种工艺，替代传统的地下连续墙做法，通过钻孔取芯结果、基坑开挖前的试抽水试验结果，以及基坑施工过程中的监测数据，验证了两种工艺施工质量可靠，止水效果良好，为该两种工艺在紧邻地铁深大基坑承压水控制中的进一步推广应用提供了良好的工程案例。

玻璃纤维筋锚固体系的研究与应用

樊春义、王成、董占峰、丁平军、赵玮栋、白杰

山西省安装集团股份有限公司

一、成果背景

（一）基本情况

为了克服传统土钉墙支护中所用钢材耐腐蚀性差、造价高、劳动强度高、后期开挖不易破除等缺点，以山西省安装集团股份有限公司企业内部科技项目为依托，本课题从理论研究、数值模拟、现场试验、推广应用等方面开展了玻璃纤维筋锚固体系在基坑和边坡支护中的应用研究，并将玻璃纤维筋锚固体系研究成果应用于多个基坑和边坡支护工程中。

（二）国内外应用现状

锚固技术被广泛运用于地下工程支护中，锚固体材料一般首选钢材，但在一些具有腐蚀性岩土和地下水地区，钢筋锈蚀日益成为影响锚固体系安全性和耐久性的首要原因。玻璃纤维（GFRP）筋因其具有耐腐蚀、易切割、密度小、抗拉强度高等性能，被首先用于矿井巷道支护领域，随后被用于边坡支护和底板抗浮锚固中。在锚固技术中合理使用 GFRP 筋，试验和理论分析均表明 GFRP 筋可以代替钢筋用于边坡支护锚固体系中。以前的锚具主要是楔形锚具和夹片式锚具，现在提出了螺母-托盘锚具，边坡支护采用的是螺母托盘锚具，现有文献对螺母-托盘锚具仅限于数值模拟，但缺少理论分析。

（三）所存在的问题

1. 现在玻璃纤维锚固体系托盘极限强度不高，缺乏系统的分析、改进方法。
2. 玻璃纤维筋锚固体系出现不同程度的变形，且未进行相应的内力测试。
3. 现有的螺母-托盘锚具的承载力存在不足，在现场施工过程中出现开裂现象。

（四）相应措施

边坡开挖过程中使用 BIM 技术控制施工，引入分布式光纤测试技术监测玻璃纤维筋内力，采用现场测试和理论分析的方法找出玻璃纤维筋锚固体系的强度薄弱点，并针对玻璃纤维筋锚固体系的薄弱点，提出变厚度玻璃纤维托盘的内力分布理论计算方法和极限强度校核方法，进而提出螺母-托盘锚具的改进措施。

二、实施的方法和内容

（一）玻璃纤维筋锚固体系的强度和变形评估方法

1. 玻璃纤维筋参数确定

采用室内拉伸试验确定玻璃纤维筋物理性能参数。该试验使用的 GFRP 筋直径为 20mm、肋高为 1.58mm、肋宽为 7.38mm、肋间距为 2.76mm。GFRP 筋中玻璃纤维含量为 65%，泊松比为 0.17，密度为 $2.0g/mm^3$。取同批次长度为 75cm 的 $3\phi20$GFRP 筋进行抗拉强度试验。将每根 GFRP 筋的两端插入长度为 25cm 的 $\phi32mm\times2mm$ 的钢套管内，GFRP 筋四周绑扎钢丝定位器，密封钢套管外端。配制水灰比 0.5 的水泥浆，掺 4% 膨胀剂，分次注入 GFRP 筋与钢套管之间，确保浆液密实和饱满，GFRP 筋两端注浆长度各为 25cm。水泥浆终凝后，放入温度 $20\pm0.5℃$、湿度 95% 以上的环境中养护 28 天。

本次试验结果显示，$3\phi20$GFRP 筋的极限抗拉强度依次为 448.5MPa、372.5MPa 和 353.5MPa，平均值为 391.5MPa，按应力-应变线性段求得 GFRP 筋弹性模量平均值为 7GPa。

2. 玻璃纤维筋锚固体系现场监测

（1）工程概况

本试验段场地地基土岩性构成及分布如图 1 所示。地下水位位于自然地表下 4.70～12.00m 之间。

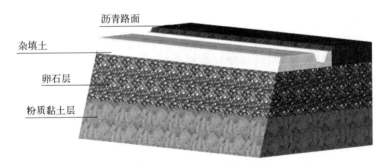

沥青路面

杂填土

卵石层

粉质黏土层

图 1　边坡土层示意图

（2）施工方案

土钉采用 $\phi20$GFRP 筋，成孔孔径为 110mm，角度为 15°，采用梅花布置，水泥浆采用 P·O 42.5 水泥，水灰比 0.65；面层采用直径 8mm 的圆钢编网，网眼规格为 $200\times200mm^2$，喷射混凝土强度等级为 C20，喷射厚度 100mm。土钉墙立面、剖面图如图 2 所示。

（3）GFRP 土钉开挖过程中受力情况现场监测试验

采用分布式光纤光栅传感系统监测土钉受力情况。本次试验采用 $8\phi20$ 的 GFRP 筋作为试验杆件，长度分为 7m、10m 两种。试验仪器选用 NZS-DDS-A02 柜式光纤光栅解调仪。本次试验每排间隔选取 2 根 GFRP 筋安置光纤，共 8 根，分别标记为 G1～G8。采用全套筒锚杆钻机成孔，上两层锚固深度为 9m，下两层锚固深度为 6m，外露 1m。光纤安

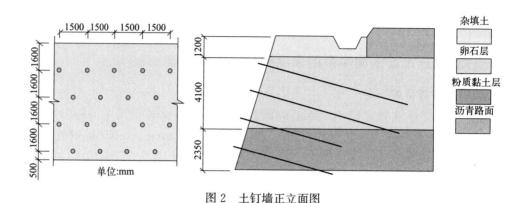

图 2　土钉墙正立面图

装点位图如图 3 所示。

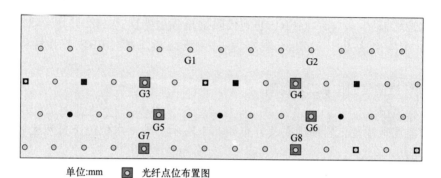

单位:mm　◉ 光纤点位布置图

图 3　光纤点位布置图

3. 玻璃纤维筋锚固系统体系的强度和变形评估

（1）各施工阶段对土钉受力影响的整体评估

应力差是每一次施工过程土钉各处应力变化的直观反映，应力差方差则可直接体现各施工阶段对锚杆应力变化的影响程度。8 根 GFRP 土钉在其全寿命周期各个施工阶段的应力差方差统计表如表 1 所示。

GFRP 土钉在各个施工阶段的应力差方差统计表　表 1

施工过程	G1	G2	G3	G4	G5	G6	G7	G8
注浆	0.356	0.233	0.510	0.263	0.101	1.463	0.019	0.751
二层开挖	0.100	0.038	—	—	—	—	—	—
二层开挖后连续监测（2 天）	3.588 $\times 10^{-3}$	1.011 $\times 10^{-3}$	—	—	—	—	—	—
二层开挖后连续监测（5 天）	3.115 $\times 10^{-3}$	4.968 $\times 10^{-3}$	—	—	—	—	—	—
一、二层喷面	0.089	0.030	0.509	0.172	—	—	—	—
三层开挖	5.722 $\times 10^{-3}$	5.498 $\times 10^{-3}$	9.164 $\times 10^{-3}$	0.050	—	—	—	—

施工过程	G1	G2	G3	G4	G5	G6	G7	G8
三层开挖后连续监测(1天)	1.693×10^{-4}	1.543×10^{-4}	2.079×10^{-3}	0.014	—	—	—	—
四层开挖	4.698×10^{-3}	0.030	0.043	0.025	0.171	0.204	—	—
三、四层喷面	8.897×10^{-4}	3.713×10^{-3}	0.028	6.872×10^{-3}	0.361	0.511	0.149	0.095
吊车加载	4.747×10^{-3}	0.014	0.159	0.040	0.052	0.077	0.089	5.848
管廊搭建完成	7.441×10^{-4}	1.516×10^{-3}	7.832×10^{-3}	0.045	1.231×10^{-3}	0.319	2.649×10^{-3}	6.343×10^{-3}
定期监测(1日)	3.392×10^{-4}	9.992×10^{-5}	8.672×10^{-3}	1.470×10^{-4}	1.372×10^{-3}	0.071	0.012	8.852×10^{-4}
定期监测(14日)	1.189×10^{-4}	5.838×10^{-4}	8.371×10^{-3}	2.861×10^{-3}	2.442×10^{-3}	0.018	3.318×10^{-3}	—
定期监测(46日)	5.724×10^{-5}		4.422×10^{-3}				3.362×10^{-3}	

（2）施工阶段对土钉各部受力影响的评价

①注浆影响：注浆对土钉各点产生的应力大且无规律。

②开挖影响：开挖时锚固系统的应力变化主要由主动土压力产生的土颗粒有效应力变化造成的，且其产生的塑性变形区随着开挖深度增加也逐渐下移。

③喷面影响：喷面时土钉整体应力变化范围为$-0.420 \sim 1.816$MPa，且坡面附近土体应力变化较大，随深度增加，应力逐渐减小，如图4所示。

图4 边坡开挖滑移面应力变化图

（二）螺母-托盘锚具的改进技术

1. 托盘极限承载力试验

托盘极限承载力试验基于现场拉拔试验进行，现场拉拔试验设备安装如图5所示。本次采用ϕ20GFRP筋进行3个顶头托盘的极限承载力试验，对应的试验最大加载压力依次为90kN、96kN和96kN，平均值为94kN，根据卸载后对托盘的观察，3个试验中1个托盘产生了明显裂缝，另外2个破坏不明显，托盘开裂基本沿径向分布。试验中螺母与托盘相对位移10mm左右，托盘中心孔侧壁靠自由面的环面处产生细微裂纹。螺母螺纹面上部螺纹磨损严重，下部螺纹完好，光滑面与托盘连接处有明显磕痕。

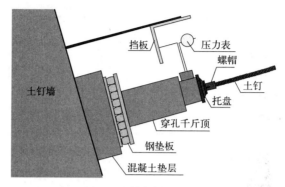

图 5　试件安装示意图

本次试验使用的螺母-托盘规格尺寸，如图 6 所示。托盘一面为平面（以下简称受力面），另一面为锥面（以下简称自由面），受力面与加固体接触，锥面外侧分布六条等宽度的加劲肋，肋宽 10mm。托盘中心有锥形圆孔，较大孔径位于自由面一侧，较小孔径位于受力面一侧，如图 7 所示。

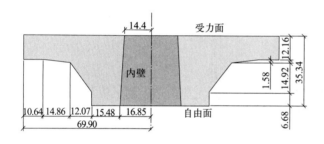

图 6　托盘尺寸　　　　　　　　　图 7　托盘、螺母和 GFRP 筋连接

锥形螺母尺寸如表 2 所示。中心开圆孔，孔壁设置螺纹。螺母外壁一端为六棱状，另一端为圆锥状，圆锥椎体两侧对称开设两条 3mm×30mm 的缝隙。

锥形螺母尺寸（mm）

表 2

长度	内径	六边长度	六边边长	锥形长度
68	20	33	21.11	35
大端外径	小端外径	锥角（个）	缝长	缝宽
36.56	32.378	6	30	3.0

2. 螺母-托盘锚具改进

由上述试验可得 $\phi20$GFRP 筋的极限承载力可达 123kN，而锚头的连接承载力仅为 84kN，是 GFRP 筋的极限抗拉强度的 68%。由此严重降低了玻璃纤维筋-螺母-托盘锚固体系的抗拔承载力。根据现场观测到的锚头破坏情况进行分析，通过多次尝试，提出"增连接、保螺母、固开孔"改进措施，具体如下：

（1）在虎口处刻出深为 2mm 的两道暗纹，令其虎口破坏后在暗纹处产生应力集中，沿横截面断裂，保证螺母下部锚固部分的完整性。

（2）在螺母尾部再增加一个螺母，增长其锚固部位的长度。

（3）在螺母外围箍粗铁丝，增加侧限。

经过改进，最大加载压力可达 108MPa。

（三）变厚度托盘的弹性内力分布和极限强度理论计算方法

1. 托盘理论计算方法

在托盘破坏试验中，施力构件穿过千斤顶作用于托盘，托盘受力面受到垂直于盘面的横向作用，再通过螺母传递到 GFRP 筋，转化为 GFRP 筋轴向荷载。托盘中心孔侧壁对螺母形成环向约束，螺母对托盘中心孔侧壁产生径向挤压。由此，应用弹性力学分析时，将托盘简化为带中心圆孔的等厚度圆形薄板，等厚度圆形薄板在横向荷载作用下产生薄板弯曲，同时螺母对托盘中心孔壁产生径向挤压形成小孔扩张，薄板弯曲和小孔扩张共同作用形成托盘内力，由此，沿对称轴向下为 z 轴，垂直于对称轴沿托盘径向向外为 ρ 轴，分两步建立托盘力学模型，如图 8 所示。

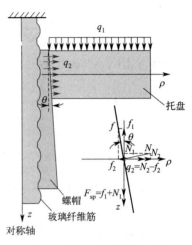

图 8　托盘理论计算模型图

取薄板 A 厚度为 12.16mm，薄板 B 厚度为 35.34mm。小孔扩张作用对托盘受力面和自由面的影响显著，不能忽略小孔扩张对托盘内力的影响。薄板 B 受力面的环向拉应力均大于径向拉应力，自由面的径向压应力均大于环向拉应力，等厚薄板受力面由环向拉应力控制，自由面由径向压应力控制，从数值绝对值进行比较，受力面环向应力高于自由面径向应力，见图 9。

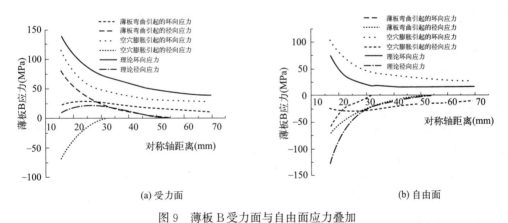

(a) 受力面　　　　　　　　　　(b) 自由面

图 9　薄板 B 受力面与自由面应力叠加

2. 托盘数值模拟校核

通过比较受力面环向应力和自由面径向应力，数值模拟值与薄板 B 理论计算值较为接近，受力面环向拉应力沿径向分布数值模拟与理论计算在数值大小和沿径向变化规律基本一致；见图 10。因此，按照弹性力学的轴对称薄板弯曲理论和小孔扩张理论进行内力叠加分析，可从理论上预测托盘的内力分布和破坏的主控因素。

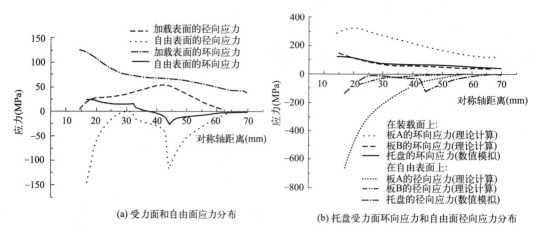

(a) 受力面和自由面应力分布　　(b) 托盘受力面环向应力和自由面径向应力分布

图10　托盘数值模拟应力分布

3. 形状改变比能极限强度理论计算方法

由表3可知，托盘理论计算值与数值模拟值按形状改变比能计算的强度为140.18～207.50MPa，可证明该方法的合理性。

托盘强度计算值　　　　　　　　　　表3

强度计算位置		σ_1(MPa)	σ_2(MPa)	σ_3(MPa)	σ_t(MPa)	σ_t/σ_r(%)
薄板B理论计算	受力面等效孔壁	138.09	8.51	−6.4	171.74	43.87
	自由面中心孔壁	−128.37	75.77	0	207.50	53.00
托盘数值模拟	受力面等效孔壁	124.65	13.03	−6.4	154.21	39.39
	自由面中心孔壁	−146.44	23.67	0	190.98	48.78
	自由面厚度变化处	−120.57	−26.81	0	140.18	35.81

注：表中"−"代表压应力；σ_r为GFRP筋抗拉强度标准值，取391.5MPa。

三、成果技术创新点

（一）采用薄板弯曲和小孔扩张理论叠加计算变厚度玻璃纤维托盘的弹性内力分布，应用形状改变比能理论评估托盘的极限强度，提高了计算精度。

（二）提出玻璃纤维筋锚固体系的强度和变形评估方法，拓宽了玻璃纤维筋锚固体系的应用范围，并用于指导分布式光纤内力测试技术。

（三）提出"增连接、保螺母、固开孔"的九字施工原则与措施，改进了现有的螺母-托盘锚具，玻璃纤维筋锚固体系的承载力提高了28%以上。

四、取得的成效

（一）经济效益和社会效益

1. 经济效益

该技术在昔阳经济技术开发区地下综合管廊项目基坑支护工程中得到了应用，每公里节约钢筋土钉制作及焊接工人12人，每公里施工工期约为90天，每公里节约造价714500元。

该技术也在山西建筑现代化晋中园区边坡支护工程中得到了应用，玻璃纤维筋材料土钉共计 11000 延米，工期为 28 天，节约钢筋土钉制作及焊接工人 5 人，共计节约造价 102500 元。

2. 社会效益

边坡支护施工中，玻璃纤维筋材料的密度应在 $1.9\sim2.2g/cm^3$，为同等规格钢筋重量的 1/4，材料本身成本降低，在运输过程中节省运输成本，降低施工过程中的搬运成本，也减少施工人员劳动强度，提高了劳动效率；可任意裁剪、无需焊接，减少工作量，减轻污染，降低对周边环境及居民的影响。

（二）客观评价

中国化工施工企业协会化工工程建设科技成果鉴定：该技术采用玻璃纤维锚固体系替代传统钢材杆体应用于基坑和边坡支护中，克服了钢材耐腐蚀性差、造价高、劳动强度高、后期开挖不易破除等缺点。从理论研究、数值模拟、现场试验、推广应用等方面展开了系统的研究：采用不同的测试方法找出玻璃纤维筋锚固体系的薄弱环节，引入了分布式光纤内力监测技术，施工控制采用了 BIM 技术。重点针对玻璃纤维筋锚固体系的薄弱点，采用薄板弯曲理论和小孔扩张理论叠加的方法计算了玻璃纤维变厚度托盘的内力，应用形状改变比能理论核实托盘的极限强度，依据理论计算和现场试验找到了螺母-托盘薄弱环节，提出了螺母-托盘锚具的改进措施，并将玻璃纤维筋锚固体系在多个基坑和边坡工程中进行了推广应用，实现了支护材料的更新换代，提高了支护体系的安全性能，降低了施工和运输成本，减轻了劳动强度，提高了劳动效率，缩短了工期。

该技术成果资料齐全，符合鉴定要求，经评审委员会鉴定该技术处于国内领先水平，同意通过技术成果鉴定。

（三）示范引领作用

实现了土钉支护材料的更新换代，提高了土钉支护体系的安全性能，降低了施工和运输成本，减轻了劳动强度，提高了劳动效率，缩短了工期，有利于促进碳达峰、碳减排，具有重大的社会、经济效益。

（四）推广应用的条件和前景

边坡支护被广泛地应用于基础工程、道路工程和采矿工程中，每年全国边坡支护工程不可计数。玻璃纤维筋锚固体系应用在基坑边坡工程中可适用于多种土层环境，能有效节约施工成本，节约钢铁用量，积极响应国家"双碳"和"建设资源节约型、环境友好型"政策，应用前景广泛。

五、总结及展望

（一）GFRP 筋材料生产过程对性能影响大

规范优化 GFRP 筋生产加工，并加强出厂检验，以保证 GFRP 筋质量与性能。

（二）分布式光纤光栅监测系统精度仍有提升空间

目前分布式光纤内传感点位间距为1m，若可加密传感点位布置，可有效提高监测精度，优化目前提出的强度和变形评估方法，甚至可推动边坡稳定性分析相应理论的进步。

（三）变截面托盘理论计算仍有优化空间

变截面托盘中心孔壁径向应力理论值与数值模拟结果接近，环向应力计算结果相对偏差较大。

限高区基坑咬合桩硬岩全回转钻机
与潜孔锤组合钻进施工技术

李洪勋、高子建、雷斌、尚增弟、吴涵、许国兵

深圳市工勘岩土集团有限公司

一、成果背景

在临近地铁高架桥限高区域进行基坑支护咬合桩施工时，一般采用低桩架的小功率旋挖机、冲孔桩机或全套管全回转钻机。但小功率旋挖机的钻孔深度一般为 30m 左右，难以满足深孔施工要求，而深度较大的旋挖咬合施工垂直度控制难度大，容易在底部出现开叉漏水。而冲孔桩机施工时会产生大量的泥浆，且在硬岩中钻进施工效率低，既不经济又不环保；另外，冲孔桩机在地铁设施保护范围内被严禁使用。对于全回转钻机施工咬合桩，采用全套管护壁钻进，桩孔垂直度易于控制，咬合质量好；但对于较深厚的硬岩钻进，采用全回转钻机配合冲抓斗破岩、捞渣斗捞渣，破岩效果差，钻进速度慢。

深圳地铁 14 号线大运站基坑项目位于布吉龙岗大道下，紧邻深圳东站和龙岗高架桥。场地地层主要为填土、砾砂、粉质黏土，下层岩层为角岩。基坑支护设计采用咬合桩支护，荤桩直径为 1.2m、1.4m，素桩直径为 1.0m，采用硬咬合，最大咬合桩深 35m，部分咬合桩入中、微风化角岩超过十米，中等风化角岩实测饱和单轴抗压强度平均值 49.3MPa、微风化角岩抗压强度平均值 104.9MPa。该项目基坑围护结构外轮廓距离地铁 3 号线高架桥桥桩最小净距约为 0.8m，且最低施工净空只有 9m。基坑支护施工的重难点在于超低净空施工、入硬岩钻进，以及施工区域的环境、噪声、安全、文明、卫生等要求高等。

针对上述问题，根据项目现场的环境条件、基坑支护设计、施工要求等，现场研制了一种限高区基坑咬合桩硬岩全回转钻机与潜孔锤组合钻进施工技术（以下简称"本技术"），即在土层段采用全回转钻机全套管护壁施工，钻进至硬岩面后，硬岩段采用经改制的低桩架大直径潜孔锤钻进，并在孔口设置自制的钻渣收集箱，既克服了施工高度的限制，又解决了土层、硬岩钻进和护壁存在的困难，达到了钻进效率高、成桩质量好、文明施工条件好的效果，并形成了施工新技术。

二、实施的方法和内容

（一）工艺原理

1. 限高区作业原理

在限高区环境条件下，本技术全部采用低净空限制条件下的施工工艺，主要包括：全回转钻机短节套管土层钻进、低桩架潜孔锤破岩、短节钢筋笼连接等。

（1）全回转钻机短节套管土层钻进

限高区作业环境高度受限，而全回转钻机机身高度一般为 3.2～3.5m，影响全回转

钻机正常作业的因素主要为套管的单节长度，套管的单节长度决定了全回转钻机作业高度。为此，本技术全部采用定制的2m短节套管（图1），降低全回转钻机的作业高度，使原本受高度限制较小的全回转钻机更加适合在限高区环境作业。

图1　全护筒统一定制短节套管

（2）低桩架潜孔锤钻机及短节钻杆

1）低桩架潜孔锤钻机改造

因传统潜孔锤钻机桅杆较高，不便于在限高区作业环境下进行作业，本技术对多功能潜孔锤钻机桅杆进行改造，降低了桅杆高度以满足限高区施工条件限制。

本技术所采用的钻机原桅杆高度为28m，根据限高区施工场地对桅杆高度进行调整，调整后桅杆高度约8m，钻机其余结构保持不变，主要由底盘、桅杆、随动架、动力头、转杆及固定架组成。具体的潜孔锤钻机改造前后情况，如图2、图3所示。

图2　改造前的多功能潜孔锤钻机

2）潜孔锤钻进短节六方接头钻杆

钻机桅杆高度在一定程度上限制了钻机钻杆的长度，从而影响了钻进深度，不能满足成孔深度要求。本技术放弃了传统旋挖机内嵌键式长钻杆，采用六方接头连接短节钻杆，

图 3　改造后的低桩架潜孔锤钻机

实现钻杆长度有效延伸，达到满足成孔深度要求的施工效果。

钻杆采用单节长度为 2～4m 一节的短节钻杆，通过钻杆接长可以实现成孔深度不受限制，如图 4 所示。

钻杆接头采用六方接头，辅以 2 根固定插销完成接长，潜孔锤钻杆六方接头见图 5；套接完成后基本不留缝隙，可有效减少接头处磨损，接头最薄处不小于 5mm，保证其具有足够的刚度，有效传递钻进扭矩。潜孔锤钻杆六方接头结构示意如图 6 所示。

图 4　潜孔锤短节钻杆

（3）短节钢筋笼连接

受于限高区的高度限制，钢筋笼的单根长度需减小，以便吊装作业时满足限高要求。

限高作业区的吊车采用履带式起重机，该类起重机的大臂由数根桅杆组装而成，只需拆卸一定数量的桅杆便可改装成为低净空作业专用吊车，如图 7 所示。

短节约 4m 左右钢筋笼经低净空作业吊车吊运至孔口，逐节进行对接，形成桩孔深度对应长度的钢筋笼，再由吊车进行下放，完成钢筋笼的安装。短节钢筋笼如图 8 所示。

图 5 潜孔锤钻杆六方接头结构

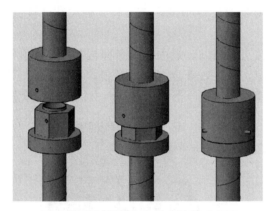

图 6 潜孔锤钻杆六方接头结构示意图

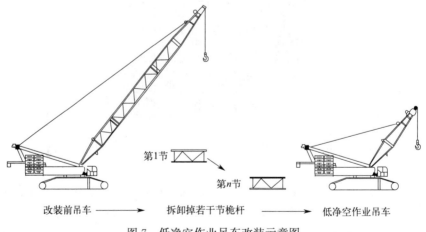

图 7 低净空作业吊车改装示意图

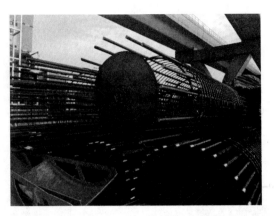

图 8　短节钢筋笼

2. 全回转土层钻进及潜孔锤破岩钻进原理

（1）全回转土层钻进

全套管全回转钻进是利用全回转钻机具有的强大扭矩驱动钢套管钻进，利用套管底部的高强刀头对土体进行切割，并利用全回转钻机下压功能进而将套管下压，同时采用冲抓斗挖掘并将套管内的渣土掏出，并始终保持套管底超出开挖面，这样套管在钻进的同时也为钢护筒全过程护壁。全回转钻机钻进过程如图 9～图 12 所示。

本技术采用全回转钻机施工至岩面后，吊离全回转钻机。埋设在孔中的套管对土层孔段形成了良好的护壁，能有效地阻隔后续潜孔锤施工时高风压对孔壁造成的冲刷。由于套管壁厚、刚性好，钻进时垂直度控制得好。

图 9　钻机就位、套管吊装

图 10　回转钻机、下压套管

（2）潜孔锤破岩钻进原理

潜孔锤钻头在高风压、超高频率振动下凿岩钻进，潜孔锤底部的岩层发生破碎，由局部破碎形成全断面的逐层破碎，破碎的岩渣由高风压气体携带出孔，避免重复破碎，使得岩石的破碎钻进效率更高。

图 11　冲抓斗抓取套管内渣土

图 12　全回转钻土层段全套管护壁

由于潜孔锤破岩对扭矩、回转速度以及轴心压力要求较低的特点，采用小型机械设备与其搭配，降低机械设备的改装难度。

（3）咬合桩全回转钻机与潜孔锤组合钻进原理

1）工序安排

土层采用全回转钻机全套管护壁钻进，至基岩面后移开全回转钻机，潜孔锤钻机就位入岩钻进；潜孔锤完成入岩钻进后，进行清孔、下入钢筋笼、灌注导管、灌注桩身混凝土成桩。

2）分序施工

咬合桩成孔钻进分两步施工，先施工两侧素混凝土桩（A 序桩），完成灌注混凝土后，再对需安装钢筋笼的荤桩（B 序桩）进行成孔灌注。以布吉站施工为例，A 序桩桩径 1000mm，B 序桩桩径 1200mm，具体施工顺序为 A1→A2→B1→A3→B2→A4，以此类推。具体施工顺序见图 13～图 19。

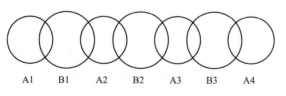

A1　　B1　　A2　　B2　　A3　　B3　　A4

图 13　咬合桩成孔施工顺序示意图

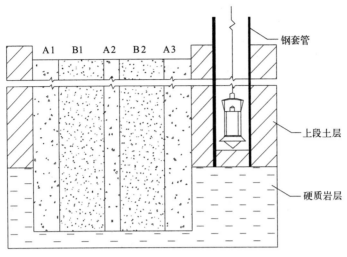

图 14　A 序桩上段土层采用冲抓取土

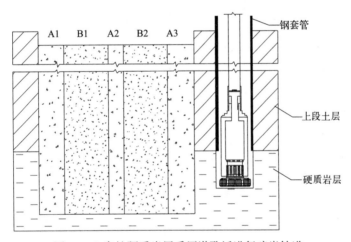

图 15　A 序桩硬质岩层采用潜孔锤进行碎岩钻进

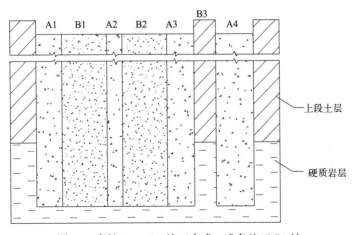

图 16　素桩 A3、A4 施工完成，准备施工 B3 桩

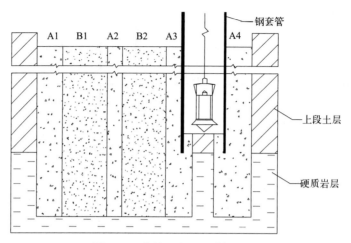

图 17　B 序桩上段土层冲抓取土

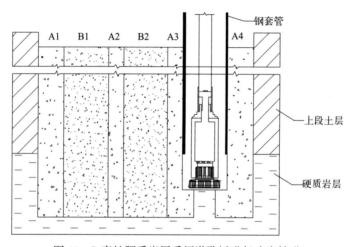

图 18　B 序桩硬质岩层采用潜孔锤进行碎岩钻进

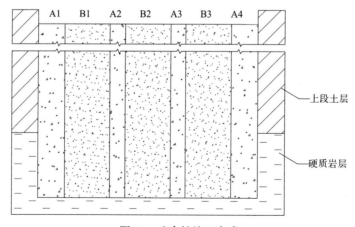

图 19　咬合桩施工完成

三、成果技术创新点

（一）短节套管

为解决受高度限制，全回转钻机无法正常作业的问题，采用了定制的 2m 长短节套管配置，降低全回转钻机的作业高度，使原本受高度限制较小的全回转钻机更加适合在限高区环境作业。

（二）低桩架潜孔锤钻机改造

1. 因传统潜孔锤钻机桅杆较高，不便于在限高区作业环境进行作业，本施工技术对多功能潜孔锤钻机桅杆进行改造，降低了桅杆高度，以满足限高区施工条件的限制。

2. 本技术所采用的钻机原桅杆高度为 28m，根据限高区施工场地对桅杆高度进行调整，调整后桅杆高度约 8m，钻机其余结构保持不变，主要由底盘、桅杆、随动架、动力头、转杆及固定架组成。

（三）潜孔锤钻进短节六方接头钻杆

1. 钻杆采用单节长度为 2～4m 的短节钻杆，通过钻杆接长可以实现成孔深度不受限制。

2. 钻杆接头采用六方接头，辅以 2 根固定插销完成接长；套接完成后基本不留缝隙，可有效减少接头处磨损，接头最薄处不小于 5mm，保证其具有足够的刚度，有效传递钻进扭矩。

（四）防尘收集

潜孔锤钻进过程中，将岩层破碎为碎屑，通过高压气体吹至孔口。为方便收集碎屑防止飞尘，在孔口放置一个防尘收集箱，其四周由钢板焊接而成，中间预留较潜孔锤钻杆直径较大的孔，之间采用橡胶板封堵。气体将碎屑吹至孔口时，受到收集箱防尘圈的阻隔，气流流向收集箱内，收集箱内设置有水流喷雾器，上返气流中携带的粉尘遇水雾沉积存留在箱内，有效防止大气污染。

四、取得的成效

本技术已应用于"深圳地铁 14 号线布吉站支护灌注桩施工项目""深圳地铁 14 号线大运站支护灌注桩施工项目"等限高区基坑工程中，证明了本技术很好地解决了限高区域支护桩成孔及硬岩钻进的难题，大幅度提升钻进效率及节约成本，达到环保节能、绿色施工的目标，为确保限高区支护桩施工提供了一种创新、实用的方法，具有现实的指导意义和推广价值。该技术成果在广东省建筑业协会组织的科技成果鉴定中获评"国内领先"，获得 2021 年广东省土木建筑学会科学技术奖三等奖。

五、总结及展望

本技术实施组合工序，采用全回转钻机下入短节套管接长护壁，潜孔锤桩架进行低净空改造，整体适应能力强，最大限高 5m 区域正常施工，在土层及硬岩层钻进工效高，且其独特的防尘收集箱，有效地避免了潜孔锤破岩钻进时产生的岩屑、粉尘对大气的污染，达到环保节能、绿色施工的目标，整体施工成本降低，有利于大力推广。

深基坑大面积封板多环内支撑结构梁板同步浇筑与拆除施工技术

周杰、李少雄、李磊、彭佳帅、曾文静、游武兼

深圳市建工集团股份有限公司

一、成果背景

目前建筑领域越来越多的深基坑工程采用内支撑的支护形式，如何做到内支撑梁板同步浇筑、并安全快速有效地拆除，是一个值得探索的课题。按照传统的内支撑梁板分开浇筑的施工方法，容易出现内撑梁上部钢筋污染、无法有效凿毛等质量问题；按照传统的采用钢管架作为支撑体系的内支撑拆除施工方法，容易增加内支撑拆除的工作量，并且无法保证拆撑过程的安全性。针对以上问题，"深基坑大面积封板多环内支撑结构梁板同步浇筑与拆除施工技术"（以下简称"本技术"）提出解决内支撑梁板传统施工及拆除方法中不足的设计与施工方案，并通过积累实际施工经验，达到对此类施工方法的标准化和规范化，同时满足业主方的质量、安全要求。

二、实施的方法和内容

（一）施工工艺流程

1. 总体施工工艺流程

深基坑内支撑梁板施工深化设计→内支撑梁板同步浇筑施工→深基坑内支撑梁板拆除方案设计→内支撑梁板构件拆除。

2. 内支撑梁板同步浇筑施工工艺流程

构配件的制作→内支撑梁顶以上土方开挖→支护槽钢及临时挡土钢板插入→梁沟槽土方开挖→梁底垫层施工→梁钢筋绑扎→梁侧模板安装、加固→梁侧土方回填、夯实→临时挡土钢板拔出→浇筑板底垫层混凝土→板钢筋绑扎→梁板混凝土浇筑→回收支撑槽钢→预留洞口、凿毛、混凝土封闭→根据受力开挖底部土方→拆除两侧模板。

3. 多环内支撑梁拆除总体方案工艺流程

环撑拆除方案深化→地下室底板结构施工→底部内支撑拆除→地下室各楼层结构自下而上施工→内支撑梁逐步往上拆除→地下室顶板结构施工。

4. 内支撑梁板构件拆除工艺流程

构配件的制作→地下室结构施工→内撑梁板下钢马镫支撑搭设→梁板构件分段、画线、标识→多环内支撑梁板切割→内支撑梁板构件运离现场。

5. 内支撑立柱构件拆除工艺流程

第一道内支撑梁板拆除→内支撑立柱拆除（自上往下）→立柱构件运离现场。

（二）内支撑梁板同步浇筑施工要点

1. 构配件制作

内支撑梁板同步施工所需构配件主要包括临时挡土钢板及临时支撑槽钢。

临时挡土钢板宜采用 5mm 厚钢板制作，样板的一侧竖向焊接 50mm×50mm 加强肋，如图 1 所示；临时支撑槽钢采用 12 号槽钢制作，长度宜为支撑梁梁高 h＋1.0m，如图 2 所示。

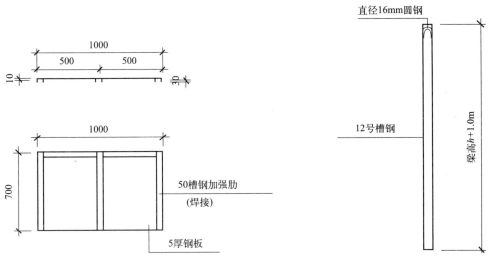

图 1　临时挡土钢板大样　　　　　图 2　临时加固槽钢大样

2. 内支撑梁板顶以上土方开挖

根据图纸标高，首先采用挖掘机将内支撑梁板顶以上的土方挖除，过程控制挖土面标高，考虑预留四周梁边回填的土方量。

（1）深基坑内支撑梁板木模加固混凝土同步施工时，采用型钢＋钢板的临时挡土墙方案。支撑槽钢与梁边间距宜为 200mm，挡土钢板设置在支撑槽钢的内侧进行挡土。

（2）支撑型钢的长度宜为 2000～3000mm，根据挡土钢板土方侧压力选择。支撑型钢的间距按 1500mm 设置，如图 3 所示。

3. 支护槽钢及临时挡土钢板安装

根据图纸沿梁侧面外扩 300mm 测量定位，采用挖掘机垂直插入临时限位钢板及临时限位槽钢，临时挡土钢板插入土方内的深度至梁底标高，并首尾相连；临时限位槽钢插入梁底不少于 700mm，间距 1500mm，拐角处距离梁 500mm，如图 4、图 5 所示。

4. 梁沟槽土方开挖及梁底混凝土垫层施工

钢板及槽钢插入土层后，开始开挖沟槽土方，过程中不要挠动钢板及槽钢，梁底预留 150mm 厚土方采用人工开挖，如图 6 所示。

5. 限位钢筋植筋及梁底铺设隔离层

垫层上对支撑梁测量放线，植入限位钢筋头，同时铺设隔离层（塑料膜、油毛毡或彩条布）等。

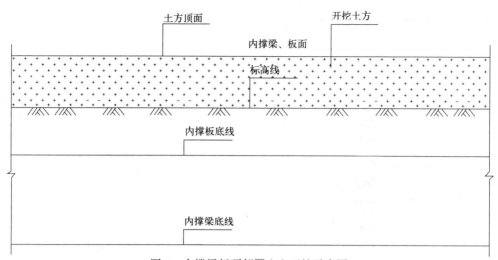

图 3　内撑梁板顶部图土方开挖示意图

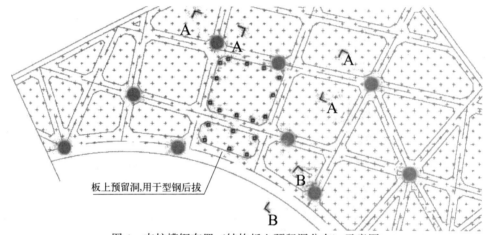

图 4　支护槽钢布置（结构板上预留洞分布）示意图

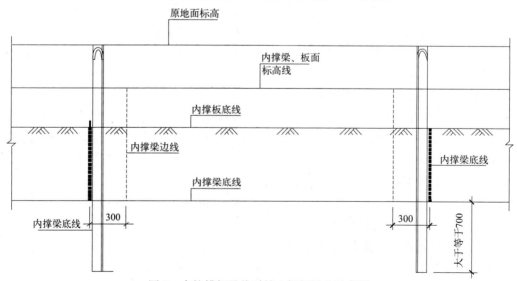

图 5　支护槽钢及临时挡土钢板插入示意图

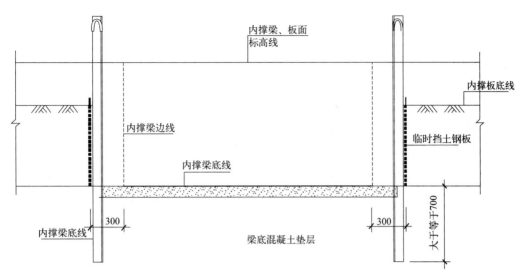

图 6　梁沟槽土方开挖及梁底混凝土垫层施工示意图

6. 梁钢筋绑扎

按常规方法绑扎梁钢筋，梁钢筋绑扎时应注意考虑梁侧只有 300mm 的工作面，梁钢筋的箍筋绑扎应注意由下至上。

7. 梁侧模板安装、加固

钢筋安装完毕后开始梁侧模板安装，梁侧模板安装分为两种情况：梁两侧均有结构板与梁一侧有结构板。安装技术要点具体如下：在梁侧模板外侧设置通长木方，木方间距不宜超过 250mm，需要加固的部位采用 300mm 长短木方加固。使用成品单头圆环螺杆（图7），穿过模板与木方，外侧采用钢板＋螺母固定；圆环设置在内侧，根部设置 50mm×50mm 规格木方垫片（图 8）。梁内侧采用花篮螺杆＋两端带弯钩的钢筋拉钩进行内侧螺杆加固，防止混凝土浇筑时模板变形。内支撑板下部的梁截面位置设两道花篮螺杆均匀分布、内支撑板面标高上 50mm 处设置第三道花篮螺杆拉结；水平方向间距同支护槽钢间距 1500mm，如图 9 所示。人工可通过站在梁钢筋面上利用钢筋等作为工具进行搅动、旋动，以此对花篮螺杆进行加固。

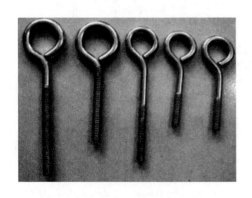

图 7　成品圆环螺杆大样

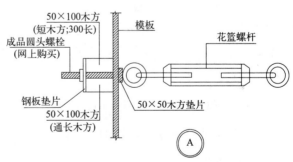

图 8　梁内侧加固细部大样图

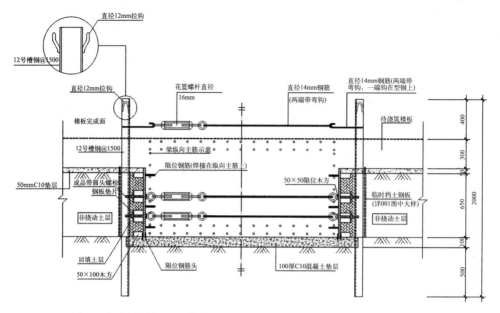

图9　内支撑梁板施工模板节点大样图（适用于梁两侧均为楼板部位）

如图10所示，环撑无板一侧或内侧梁空洞一侧，型钢梁下口可插入土方内，上部可采用花篮螺杆＋钢筋拉钩的方向进行限位加固。

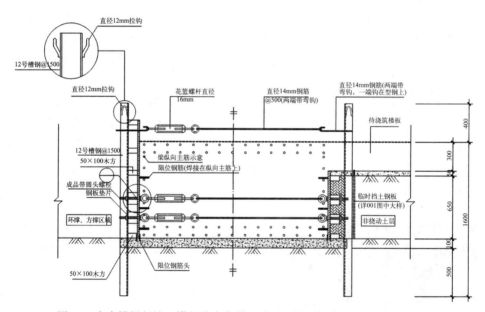

图10　内支撑梁板施工模板节点大样（适用于梁一侧为空洞或环撑内部）

8. 梁侧土方回填夯实及临时钢板拔出

待梁侧模板安装加固完毕后，进行梁侧的土方回填（图11），回填土方优先考虑内撑梁合围内的预留层土方，采用小型挖机回填、配合人工夯实。过程中拔出临时挡土钢板，回收利用。

9. 浇筑板底混凝土垫层、板底铺设隔离层及槽钢四周埋设木盒子

待土方回填完成后，在槽钢四周埋设木盒。然后浇筑板底混凝土垫层，待混凝土凝固后，在垫层表面铺设隔离层。

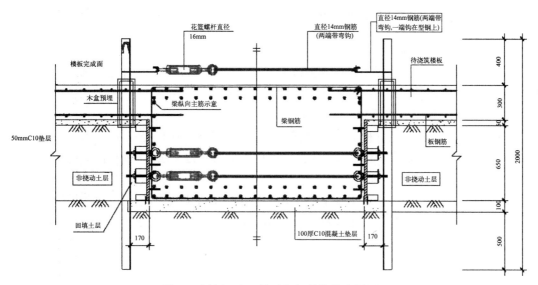

图 11　梁侧土方回填及板钢筋绑扎大样图

10. 板钢筋绑扎及梁板混凝土一次性浇筑

待板钢筋绑扎完成后，梁板混凝土同步一次性浇筑完成，如图 12 所示。

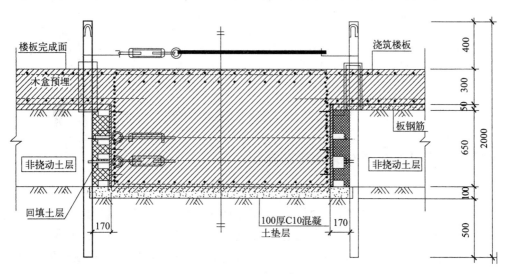

图 12　梁板混凝土浇筑完成示意图

11. 支撑槽钢拔出及预留洞口封闭

混凝土终凝后，使用垂直吊装机械将临时加固槽钢拔出，并对楼板预留洞口分别进行人工凿毛、浇筑混凝土将洞口封闭。

12. 底部土方开挖及梁侧模板拆除回收

单内撑梁混凝土结构强度达到要求后，对内撑梁板底部的土方进行挖掘，过程中把梁侧模板、支撑槽钢及临时挡土钢板拆除回收，节约施工成本。

（三）多环内支撑梁拆除总体施工要点

1. 环撑拆除方案深化

针对深基坑大面积封板多环内支撑体系，结合其结构特点进行内支撑拆除深化设计，从环撑受力、传力形式分析卸荷顺序和切割方位。

2. 最底部一道内支撑拆除

底板土方开挖达到设计标高后，根据后浇划分区分块，底板浇筑完成后，混凝土换撑强度达到100%，拆除最底部一道内支撑，然后自下而上施工地下室外墙。

3. 其余层内支撑拆除施工

随着地下室各楼层结构自下而上施工，每层结构楼板浇筑完成且达到设计要求强度后进行换撑结构的施工，待混凝土换撑强度达到100%，逐步拆除楼板上一层内支撑梁板，如图13所示。

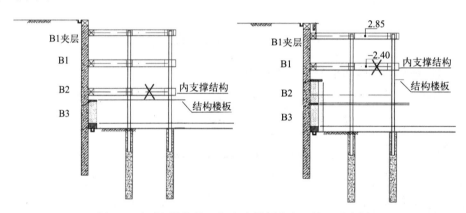

图13　地下室结构施工与内支撑拆除交叉施工示意图

（四）内支撑梁板构件拆除施工要点

1. 构配件的制作

结构楼板施工完成并达到强度要求后，采用移动式钢马镫搭设支撑架。槽钢马镫由上横梁（[14槽钢）、中横梁（[12槽钢）、下横梁（[12槽钢）、纵梁（[12槽钢）、两侧八字立柱（工12工字钢）组成，槽钢规格根据搭设高度确定，场内预焊接成整体的槽钢马镫，如图14所示。

2. 地下室结构施工

结构楼板施工完成并达到强度要求后，开展支撑架搭设，支撑架采用移动式钢马镫。每道内支撑拆除前，需要利用该道内支撑底部较近位置的地下室结构楼板作为支撑基底。待地下室结构楼板混凝土强度达到设计要求再进行换撑，需待整层换撑完成后方可开始进行内支撑拆除工作。

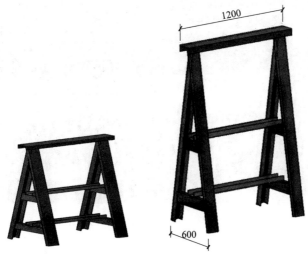

图 14　移动式钢马镫制作大样图

3. 内撑梁板下钢马镫搭设

内支撑切割前，沿支撑梁梁长方向，在梁下部放置槽钢马镫托架，根据分段切割长度，每块支撑梁至少放置两个支撑马镫，每个可承载 12t，两个支撑马镫并排放置，放置距离切割位置边缘为 200～300mm，如图 15 所示。

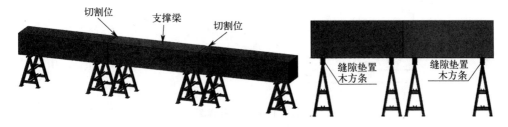

图 15　移动式钢马镫搭设图

4. 梁板构件分段、画线、标识

根据设计图纸要求、整个基坑及内支撑受力分析，施工前进行每跨梁板分段和画线，如图 16 所示。对内撑梁按照"单独受力，独立拆撑；整体受力，对称拆撑"的原则划分区域。对内撑板部分，沿板短方向，不大于 2m 分一段，首道画线距支撑两边约 200mm，原则上每段板总质量不得超出 5t。

5. 多环内支撑梁板切割

在待切割的内支撑梁板上，沿画线方向，采用直径 100mm 钻孔机在每个分段的加腋板四周进行钻孔，每个分段至少有四个钻孔，用于切割块短轴方向绳链安装，如图 17 所示。

多环内支撑梁拆除：根据整体受力情况，采用先单后整对称式拆撑法，先对环撑进行受力分析，将单独受力的角撑拆除，后对内支撑完成全部换撑再进行分布卸荷、分区拆除。整体拆除过程中，先将非单独受力的环撑卸荷，再将端部八字撑与围檩断开、对撑对称同步卸荷，如图 18、图 19 所示。

图 16　内撑梁分段、画线现场实例图

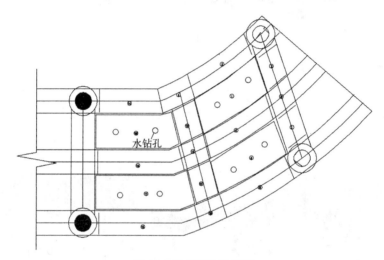

图 17　封板钻孔示意图

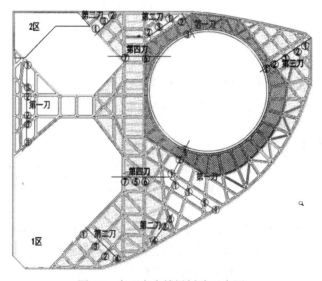

图 18　多环内支撑梁拆除示意图

图 19　内撑梁拆除现场实例图

内撑板拆除：沿画线方向，在每个分段的加腋板四周进行钻孔，每个分段至少有四个钻孔，用于切割块短轴方向绳链安装。沿分段长方向安装切割机，并沿长方向进行切割，如图 20 所示。

图 20　板切割现场实例图

6. 内支撑梁板构件运离现场

待该区段切割作业完成后，统一采用叉车在场内把切割好的板转运至基坑边汽车式起重机吊点位置，在汽车式起重机中心 8m 范围内的板可直接采用汽车式起重机吊运，如图 21 所示。

图 21　叉车转运现场实例图

内支撑切割之前根据不同支撑尺寸所规定的长度进行画线，切割时保留端部四根主筋，梁段采用吊车进行吊装，为保证内支撑梁段吊装时绑扎牢固，在内支撑梁段与吊车吊绳接触处采用人工开凿凹槽，凹槽宽度为50mm。深度取30mm与"内支撑梁外排钢筋保护层"中的较小值。为防止对吊车吊绳的磨损，在凹槽内采用橡胶片进行保护，吊装如图22、图23所示。

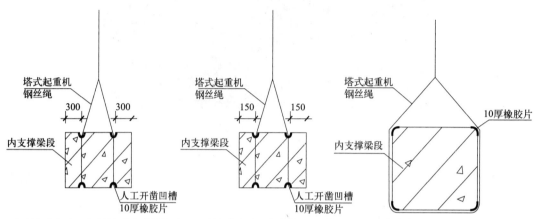

切割长度大于1m内支撑梁段吊装侧立面图　切割长度小于1m内支撑梁段吊装侧立面图　内支撑梁段吊装正立面图

图22　拆除的混凝土块体吊装示意图

图23　吊运现场图

7. 内支撑立柱构件拆除

所有梁板拆除后方可拆除支撑立柱。将距离楼板上下面标高各0.5m处钢柱切除200mm宽钢管外皮（在截面范围内对称保留50mm宽钢管外皮），使内部混凝土露出。人工手持风钻对钢立柱的露出混凝土柱芯进行挤压，使其受力断裂，最后焊断最后保留的钢管外皮，实现钢立柱高效快速的拆除施工，如图24所示。

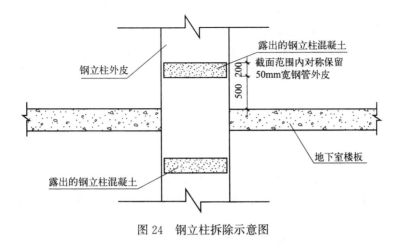

图 24 钢立柱拆除示意图

三、成果技术创新点

1. 设计了一种梁板混凝土同步浇筑施工时模板的加固方法

采用型钢＋钢板的临时挡土墙方案，减少内撑梁内侧土方挖除方量；在梁侧安装模板，模板在梁内侧采用单头带圆环螺栓＋花篮螺杆＋两端带弯钩的钢筋拉钩进行加固，利用型钢防止混凝土浇筑时模板变形，提高了施工效率。

2. 研究了一种深基坑内支撑梁板混凝土结构非砌体砖胎模施工技术

采用型钢＋钢板的临时挡土墙及非砌体砖胎模方案，只在梁侧安装木模板。在梁板区域的土面上施工垫层混凝土和隔离层，实现梁板混凝土一次性同步浇筑。

3. 研究了一种移动式槽钢马镫临时支撑体系内支撑拆除施工技术

内支撑拆除施工过程中，通过在支撑梁下方放置槽钢马镫托架，利用可周转重型移动式钢马镫替代传统钢管支撑架对支撑梁进行临时支撑，减少人工及材料的费用。

4. 研究了一种内支撑钢立柱挤压式拆除施工技术

地下室结构楼板施工完成、内支撑梁板拆除后，利用人工手持风钻对钢立柱的混凝土柱芯进行挤压，使其受力断裂，实现钢立柱高效快速的拆除施工。

四、取得的成效

1. 经济效益

本技术旨在缩短施工工期，提高施工效率，以此节省施工费用。深圳清华大学研究院新大楼建设项目缩短工期 45 天，人工费、材料费及机械费节约 61.34 万元；增城区人民医院改扩建项目缩短工期 23 天，人工费、材料费及机械费节约 15.86 万元；留仙洞公司返还用地项目缩短工期 9 天，人工费、材料费及机械费约 7.68 万元。

综上，通过上述三个项目应用本技术，累计节约工期 77 天，节约施工成本约 84.88 万元，经济效益可观。

2. 社会效益

本技术通过对大面积封板多环内支撑梁板同步施工及对支撑体系拆除的施工过程进行

设计、试验、实施及总结，研制出了在内支撑施工阶段保证内支撑梁、板混凝土整体稳定性及观感的技术与方法，有效防止模板加固不牢、混凝土漏浆等质量缺陷；在内支撑拆除阶段，实现内支撑梁拆除流水施工、工序简单，解决了内撑梁、板一次性浇筑混凝土以及快速拆除内支撑的技术难题。加快了施工进度、提高了施工效率，为类似条件的施工提供了相应的理论支持和成功范例。

施工技术的成功实施得到了建设、监理单位及同行业兄弟单位的好评及认可，提高了企业技术水平，增强了员工解决实际问题的能力，对企业的品牌建立有积极的影响。

3. 客观评价

2021年8月28日，广东省建筑业协会组成鉴定委员会，在广州市组织召开了"深基坑大面积封板多环内支撑结构梁板同步浇筑与拆除施工技术"科技成果鉴定会，经认真讨论，鉴定委员会认为该成果达到了国内领先水平，一致同意通过科技成果鉴定。通过进一步完善相关技术研究，目前已形成了广东省省级工法和深圳市市级工法，并荣获中国施工企业管理协会举办的"首届工程建设企业数字化、工业化、绿色低碳施工工法大赛"二等奖。

五、总结及展望

1. 不足之处：本技术在应用过程中受到场地条件限制等因素的影响，在节能、节地方面还有待改进之处。

2. 发展方向：本技术将在应用过程中不断总结和改进，争取适用于各类不同的工况，在节约施工成本、施工工期等方面更进一步。

逆作法钢管柱后插法钢套管与液压千斤顶组合定位施工技术

鲍万伟、杨静、雷斌、廖启明、申小平、袁伟

深圳市工勘岩土集团有限公司

一、成果背景

(一) 研究背景

当深基坑支护工程采用逆作法施工工艺时，上部钢管结构桩加下部灌注桩为常见的支护形式之一。深圳市城市轨道交通 13 号线深圳湾口岸站开挖平均深度 21m。场地范围内地层自上而下分布为：素填土、粉质黏土、砾砂、粉质黏土、全风化粉砂岩及强、中、微风化花岗岩层，中风化花岗岩层以上覆盖层厚度超过 60m；车站开挖设计采用盖挖逆作法，围护结构采用地下连续墙，竖向支撑构件为灌注桩内插钢管结构柱。钢管结构柱作为主体结构的一部分，设计采用后插法工艺。钢管结构柱桩基设计为扩底灌注桩，桩端持力层为强风化岩，直孔段桩径 2500mm、扩底直径 4000mm，平均孔深 55m，其中钢管结构柱平均长 25m，设计钢管桩直径 1300mm，上部钢管桩底部嵌入下部灌注桩顶 4m。设计钢管结构柱中心线与基础中心线允许偏差为 ±5mm，钢管结构柱垂直度偏差不大于长度的 1/1000 且最大不大于 15mm。深基坑逆作法大直径钢管结构柱施工垂直度控制要求高，钢管结构柱定位施工难度极大。由于钢管结构柱超长且直径大，钢管结构柱采用后插法插入灌注桩顶面混凝土后，一旦钢管结构柱出现偏差，受钢管结构柱截面大的影响，进行钢管结构柱的底部纠偏调节难度大，需要反复起拔、重新插入来完成定位，耗时耗力。

因此，为解决钢管结构柱定位难度大的问题，以确保钢管结构柱的精确定位，急需在现行施工方法中进行改进创新，从施工工艺、技术措施等方面寻找突破口，并利用新型工艺的推广，使施工决策更科学有效，进一步推动技术进步，达到定位准确、操作便利、安全高效、经济性好的效果。后通过现场试验、总结、优化，研究形成了"逆作法钢管柱后插法钢套管与液压千斤顶组合定位施工技术"（以下简称"本技术"）。

(二) 国内外研究现状

目前针对后插法钢管结构柱施工定位的问题，传统的方法多采用定位环板法、HPE液压垂直机安插钢管柱法。

1. 定位环板法

该方法是以孔口安放的深长钢护筒为参照，在安放的钢管结构柱上分段设置多层定位钢环板实施定位；采用此方法定位时，预先按设计精度要求设计下入的护筒和钢管结构柱定位环板的直径，只要带有定位环板的钢管结构柱能下入至设计位置，就表明钢管结构柱的安放满足设计精度要求。但由于受护筒安放过程中的偏差影响，往往超长的钢护筒会出

现垂直度超标，导致定位环板卡位使钢管结构柱无法安放到位，造成进度和质量受到影响。

2. HPE 液压垂直机安插钢管柱法

该施工方法根据二点定位的原理，通过 HPE 液压垂直插入机机身上的两个液压垂直插入装置，在支承桩混凝土浇筑后、混凝土初凝前将底端封闭的永久性钢管结构柱垂直插入支承桩混凝土中，直到插入至设计标高。钢管结构柱垂直吊起到液压插入机上，由液压插入机将钢管结构柱抱紧，同时复测钢管结构柱的垂直度。然后由上下两个液压垂直插入装置同时驱动，通过其向下压力将钢管结构柱垂直向下插入。液压定位器将钢管结构柱抱紧后，按照从下到上的顺序依次松开液压定位器，再由两个液压垂直插入装置同时将钢管结构柱向下插入，重复上述步骤，直至插入到设计深度。HPE 液压垂直插入技术可以保证较高的垂直精度，但是由于 HPE 垂直液压机不能旋转钢管结构柱，不能对钢管结构柱方位角进行定位，所以其不适用于高层房屋建筑基坑逆作法钢管结构柱施工。

二、实施的方法和内容

以深圳市城市轨道交通 13 号线深圳湾口岸站基坑支护工程项目为例。

（一）工艺原理

1. 技术路线

为了有效实施钢管结构柱纠偏，我们拟定以下技术设想：

（1）设计液压千斤顶调节偏差

当出现钢管结构柱下插灌注桩内发生定位偏差后，由于安插在灌注桩顶部混凝土内的钢管结构柱直径大，钢管结构柱的位置调节需要克服较大的阻力，采用对钢管结构柱顶部调节的方法难以对钢管结构柱底部进行纠偏。因此，设想在钢管结构柱的中下部设置一套液压纠偏系统进行偏差调节定位。

（2）设置千斤顶回顶钢套管支撑

由于钢管结构柱定位时其处于钻孔的覆盖层内，土层孔壁无法提供液压千斤顶系统回顶力。为此，拟在钢管结构柱部分的钻孔段设置护壁钢套管，以便为液压千斤顶对钢管结构柱纠偏时提供回顶支撑点。

（3）采用全回转钻机安放钢套管

由于钢套管作为千斤顶回顶支撑，钢套管安放的垂直度将直接影响回顶时的精度，施工过程中对钢套管安放的垂直度要求高。为此，拟采用全回转钻机实施钢套管安放，确保护壁钢套管的垂直度满足要求。

（4）实时测控纠偏

当液压千斤顶、钢套管纠偏系统工作时，需要提供实时的精准定位偏差数据。为此，设想在钢管结构柱顶部设置一套超声波检测仪，对钢管结构柱中心点位置偏差进行实时监控，并与液压千斤顶、钢套管纠偏调节系统协同工作、同步纠偏、反复校核，直至定位精度满足要求。

2. 后插钢管柱钢套管与液压千斤顶组合定位系统

本技术所述的综合定位系统由钢套管、液压千斤顶、超声成孔检测仪三部分组成，可有效进行钢管结构柱的纠偏和精确协调定位。

（1）钢套管

钢套管的作用主要表现为两方面，一是作为千斤顶对结构柱纠偏时的千斤顶的回顶支撑，二是钻进过程中起钻孔护壁作用。

钢套管为钢管结构柱的定位纠偏垂直度提供导向定位，为保证结构桩垂直度，钢管结构柱施工采用全套管全回转钻机安放，套管内采用抓斗或旋挖钻机取土，分节下入、孔口接长、安放到位。为保证钢套管在完成钢柱结构柱定位后顺利拔出，钢套管的底部按置于灌注桩设计顶标高以上 1.0m 控制，钢套管长度约 20m，以避免钢套管底部埋入灌注桩顶混凝土内而导致钢套管起拔困难，如图 1 所示。

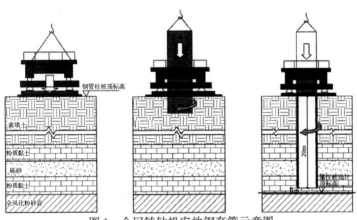

图 1　全回转钻机安放钢套管示意图

（2）液压千斤顶

①千斤顶位置设计

为确保千斤顶回顶效果，根据现场试验、优化，将千斤顶安放在钢管结构柱中部偏下位置，即安装在钢管结构柱 15m 左右位置，如图 2 所示。

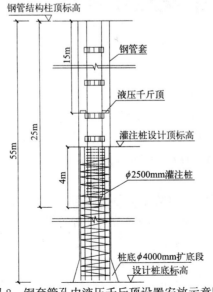

图 2　钢套管孔内液压千斤顶设置安放示意图

②千斤顶结构设计

千斤顶对称设置共 4 组，单个装置由 1 个钢板焊接而成的独立长方形卡槽及 1 套液压千斤顶组成，长方形卡槽焊接在法兰盘上，液压千斤顶放置在卡槽内，千斤顶随钢管结构柱下放至预定位置，千斤顶连接铁链、液压管连接千斤顶引至地面的操作箱。千斤顶安装如图 3 所示；千斤顶实物如图 4 所示。

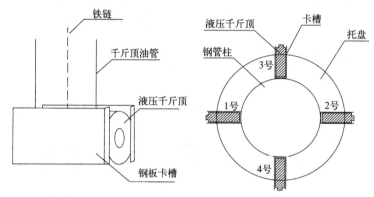

图 3　液压千斤顶安装设置示意图

图 4　液压千斤顶实物图

（3）超声波检测仪

①超声波检测仪设置和选择

钢管结构柱下放到设计标高后，将超声波检测仪架设在和钢管结构柱连接的工具柱顶上，并从工具柱中心孔内下放实施探测。选用 UDM100WG 检测仪，其测量精度 0.2% FS，测量最大孔径 4.0m。超声波仪器如图 5 所示。

②超声波检测原理

将超声波传感器沿充满泥浆的钻孔中心以一定速率下放，在探头下放过程中，接收并记录四个方向（或两个方向）的垂直孔壁的超声波脉冲反射信号，可以直观对孔内 X、X'、Y、Y' 四个方向同时进行孔壁状态监测，通过屏幕显示孔径、垂直度等参数，检测数据可以随时回放或打印输出，便于数据资料的分析和管理。为液压千斤顶回顶钢套管，调节钢管结构柱垂直度，提供实时的动态监控数据，具体如图 6 所示。

图 5　超声波成孔检测仪实物

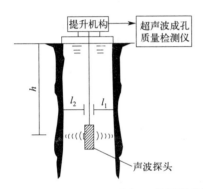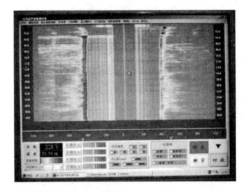

图 6　检测仪检测示意平面图及数据显示屏

3. 钢管柱、液压千斤顶、超声波检测仪协同测控定位原理

当钢管结构柱后插入灌注桩顶混凝土后，在钢管结构柱顶设置超声波检测仪测定钢管结构柱垂直度，同时在孔口根据测量的钢管结构柱偏差数据，操作液压千斤顶调节 4 个千斤顶缩放，并通过钢套管为液压千斤顶提供支撑点和调节点，对钢管结构柱垂直度进行实时动态调节定位；通过反复数据测量、自动回顶调节操作，直至钢管结构柱中心点与钢套管中心点重合。具体的钢管结构柱中心点偏差调节定位过程如图 7～图 9 所示。

（二）技术创新点

1. 后插钢管柱钢套管与液压千斤顶组合定位系统

为了能够精确地对钢管结构柱进行协调定位，采用钢套管、液压千斤顶及超声成孔检测仪三部分组成的综合定位系统。

为保证钢管结构柱垂直度、防止钻孔坍塌及给千斤顶提供回顶支撑，护壁采用钢套管，钢套管采用全回转钻机安放。

钢管结构柱安放到位出现定位偏差后，由于钢管结构柱直径大，调节钢管结构柱阻力及难度大，费时费力，为此在钢管结构柱中下部位置设置一套液压纠偏系统对钢管结构柱进行纠偏调节定位。

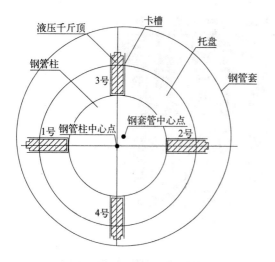

图 7　钢管结构柱后插垂直度、
中心点偏差状态示意图

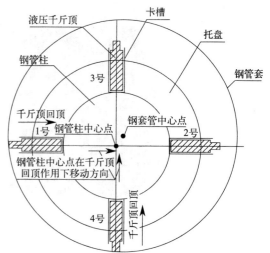

图 8　千斤顶回顶套管调节钢管
结构柱垂直度、中心点示意图

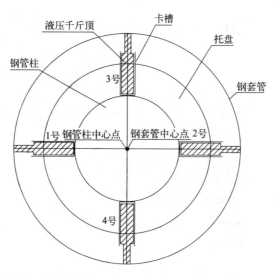

图 9　钢管结构柱垂直度调节后中心点重合示意图

2. 钢管柱、液压千斤顶、超声波检测仪协同测控定位

当钢管结构柱安放到设计标高后，在钢管结构柱顶利用超声波成孔检测仪对钢管结构柱的垂直度进行实时动态监测，并根据测得的偏差值，通过操作 4 个液压千斤顶回顶钢套管，对钢管结构柱进行偏差调节，经过反复测量数据、操作千斤顶进行回顶调节，最终完成后插法钢管结构柱定位，使得钢管结构中心点与钢套管中心点重合。

三、取得的成效

（一）社会、经济、环保效益

本技术在现场操作、成本和工期控制等方面都突显出了独特的优越性，通过调整施工工艺、优化工艺流程，利用全回转钻机配合旋挖机成孔，依托超声波检测仪测钢管结构柱的实时垂直度，液压千斤顶对钢管结构柱垂直度进行实时调节定位的工艺技术，精准下放钢管结构柱，有效地保证了施工质量，大幅缩短施工工期，节约了成本，为钢管结构柱的施工提供了一项创新、实用的工艺技术，得到建设单位、设计单位和监理单位的一致好评，取得了显著的社会效益。

经济效益主要以本技术与传统的后插法调节定位工艺进行经济效益比较。在成孔和钢管结构柱灌注完成后的工艺相同，因此只需要对钢管结构柱安装环节进行对比分析。以深圳市城市轨道交通 13 号线深圳湾口岸站基坑支护工程项目进行分析，钢管结构柱直径 1300mm，钢管结构柱共 89 根。对采用本技术和采用传统的后插法调节定位工艺进行经济效益对比。

1. 工期比较

（1）传统的后插法调节定位平均按 3 小时计算，则总安装时间为 3 小时×89 根＝267 小时。

（2）本技术调节定位平均按 1 小时计算，则总安装时间为 1 小时×89 根＝89 小时。

（3）节约时间为 267－89＝178 小时，共节约工期约 8 天。

2. 成本比较

本技术与传统的后插法调节定位工艺，安装环节都需要 200t 的履带式起重机 1 台，吊车台班费按 7000 元/台班计算，吊车费节约 7000×（178/8）＝15.57 万元。

3. 经济效益综合比较

综合工期和成本比较，本技术在工期上比传统的后插法调节定位工艺节省 8 天，费用节省 15.57 万元。

（二）成果推广应用的条件和前景

本技术在基坑逆作法钢管结构柱施工过程中，通过采用后插钢管柱钢套管与液压千斤顶组合定位系统和钢管柱、液压千斤顶、超声波检测仪协同测控定位的原理，较好解决了逆作法中钢管立柱垂直度精准定位难的问题，既满足了作为结构柱的钢管结构柱对平面位置精度与垂直度的要求，还保证了桩体质量及垂直度，是一种安全、高效、经济的施工工艺，具有现实的指导意义和推广价值。

四、总结及展望

（一）本技术中放置液压千斤顶的钢板长方形卡槽是焊接固定在托盘上的，不可随液压千斤顶重复使用。

（二）钢板卡槽不焊接在托盘上，改用活动卡销固定，以达到钢板卡槽回收、重复使用的目的。

三、隧道与地下工程

城市地下大直径竖向掘进成套技术

郑立宁、胡熠、胡怀仁、巫晨笛、刘永权

中建地下空间有限公司

一、成果背景

随着我国城市更新进程的推进，城市地下空间开发利用进入了快速增长阶段，大量的地下停车、地下轨道交通、地下粮库、地下油库、地下储能、深隧竖井等地下空间竖井工程不断涌现，对地下空间竖向建造技术提出了更高的要求。目前，城市竖井工程施工大多仍采用传统基坑支护辅以人工井下开挖，不但工作效率低、经济性差，而且人员安全隐患巨大，已不能满足现代化工程建设的需求。目前，深部竖井建造已经逐步走向装备施工的阶段。

国外企业在大直径竖井掘进装备方面研究较早，技术实力较强，主要以德国海瑞克的VSM竖井掘进机和SRB竖向切削装备以及日本鸿池的SOCS工法为代表。目前上述工法已在全球有超过100项的工程实例，主要应用于地铁、地下车库和军工行业。国外竖井掘进装备虽然技术成熟，但产品价格昂贵且技术封锁，难以适应国内建筑工程市场的特点。

国内企业在城市竖井掘进装备方面研究起步较晚。上海隧道股份公司购买海瑞克VSM的装备进行工程施工；中铁、中铁建自行研发出竖向掘进装备，应用于上海地下停车库等项目。

总的来说，目前市场上的竖井掘进装备大多存在应用场景单一、体积庞大、自重较重、价格昂贵等缺点，不能很好地满足城市施工环境和市场要求。

中建地下空间有限公司自主研发的城市地下大直径竖向掘进装备（SECM，以下简称为竖井掘进装备），采用全新的双刀盘自转＋主臂公转的包络切割破碎掘进原理，大幅减少掘进装备的体积与重量，满足城市运输及安装的要求（图1）。该套技术可在地下井筒车库、地铁工程、地下仓储、深隧、地下物流、军事工程等领域广泛应用，能够积极推动地下空间产业发展，解决当前城市因停车、物流运输、内涝和交通拥堵带来的民生问题，优化城市结构，改善市民生活环境，具有良好的社会效益。

竖井施工成套技术相关成果通过河南省机械工程学会鉴定，鉴定结果为创新性强，具有自主知识产权，整体技术达到国际先进水平。竖井掘进装备被认定为2022年度四川省重大技术装备省内首台套产品。沉井可控下沉施工工法获评2021年度四川省工程建设省级工法。

二、实施的方法和内容

针对背景中拟解决的问题，介绍成果应用的具体技术方案。

（一）竖井掘进机（图2）采用全新的双刀盘自转＋公转的包络线切割破碎掘进原理（图3），结合深部泥浆渣土外排及处理技术，可全水下施工。

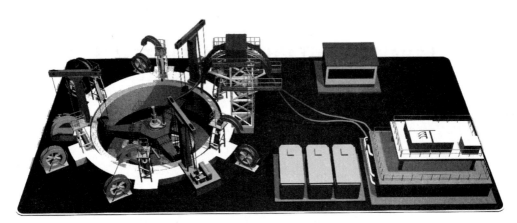

图 1　SECM 竖井掘进机施工布置示意图

图 2　竖井掘进机主机

图 3　包络线切割刀具轨迹图

（二）井壁下放系统（图 4）根据控制系统中位移和倾斜传感器的反馈并结合特有的纠偏算法可及时调整井壁的提放距离和倾斜角度，保证井壁结构随竖井开挖同步可控式下沉，能够有效地防止井壁突沉、倾斜和超沉等突发问题发生。

（三）优化了沉井施工技术，包括井壁快速制作技术及壁后减阻技术，使得井壁下放

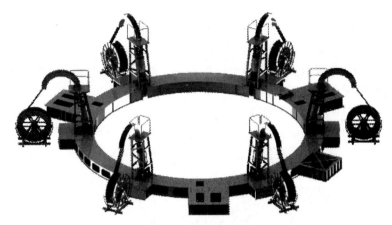

图4　井壁下放系统

系统能够与沉井工艺良好协同。

三、成果技术创新点

下面介绍成果的技术创新点以及成果的研发费用投入情况等。

（一）技术创新点

1. 该技术中的掘进主机采用了一种全新的小刀盘自转＋公转切割原理进行设计，相比过去采用全断面切割原理的竖井钻机，可大幅度"瘦身"，该装备拆卸后的单个部件体积和重量都可满足城市吊运施工。

2. 在传统的沉井施工中，沉井主要依靠井壁自重下沉，常出现下沉过快、突沉、倾斜和超沉等事故。为了使沉井工艺能匹配竖向掘进装备施工，分别针对沉井井壁和掘进主机研发出两套可视可控智能提吊系统，利用该系统对竖井和掘进主机姿态进行控制来减小施工误差、保证施工安全。

（二）研发费用投入情况

中建地下空间有限公司已投入超过5000万元用于研发垂直掘进成套施工装备及相关配套工艺。另外，获得以下课题专项科研经费支持：中国建筑城市更新与智慧运维工程研究中心（地下空间竖向建造装备课题）2300万元、中建股份"城市大直径竖井机械掘进成套技术及产业化应用研究课题"1000万元、四川省科技厅"城市地下大直径竖向掘进成套技术研究课题"100万元。

四、取得的成效

该技术成果已顺利实施于成都、苏州、驻马店等地多个地下停车、地下仓储类竖井项目。

（一）地下筒仓式抗浮实验室项目

本项目位于成都市成华区青龙路527号。实验室主体为地下圆形筒仓式结构，外直径

9.7m，内直径 9.0m，壁厚 0.35m，深 15m，采用 C30 钢筋混凝土现浇施工。

技术难点：场地内沉井穿越土层为硬塑黏土，无法采用传统沉井法施工。

本项目采用可控沉井施工工法，通过布置在井口的 6 台井壁下放系统，提吊住已施作的沉井结构，以保证井壁及其周围岩土体的稳定，然后采用挖掘机继续掏挖刃脚下部土体，同时壁后配合泥浆润滑工艺，成功实现了沉井的可控式下沉，如图 5～图 7 所示。沉井结构自 2020 年 5 月 16 日开始施工，至 2020 年 8 月 3 日完工，持续时间 79 天，与传统工法相比，节省工期 40 天（占比 33%）。这是成都硬塑黏土地区首次成功应用沉井工艺，整个施工过程安全可靠，施工便捷、科学，质量有保障，并且节省了传统工法中开挖深基坑的支护费用等共计 67 万，节省费用 36%。

图 5　沉井开挖

图 6　井壁可控下沉

（二）昆山森林公园筒仓式地下智能车库项目

本项目位于江苏省昆山市，为森林公园配套停车库。该车库地上一层、地下四层，占地面积约 375m²，地下室总深度 14.15m。

车库地下主体结构为筒仓式钢筋混凝土结构，外直径 22.0m，内直径 21.0m，结构高度 16.65m。

图 7　沉井施工完成照片

技术难点：场地地层为富水粉土、粉砂，自稳性差。沉井开挖及姿态控制难度大，周边环境控制难度也大。

本项目采用不排水开挖辅以本工法中的沉井可控式下沉施工工艺，于井口布置一套（6台穿芯式油缸）井壁下放系统。通过该工艺，沉井成功下沉17m后至设计标高，终沉后倾角小于0.1°，沉井结构姿态控制良好，未发生突沉、超沉等质量及安全问题，得到了业主的高度评价，为公司赢得了品牌效应，同时收获了很好的社会效益如图8～图12所示。

图 8　地下车库沉井结构鸟瞰图

图 9　井壁下放系统安装调试

图 10　井壁施工

图 11　封底施工

图 12　车库建成实景图

（三）平舆县地下生态油库项目

本项目位于河南省驻马店市平舆县坝道工程医院综合试验基地东北角。项目占地面积约 150m^2，油库井筒竖井设计为外直径 14.3m，内直径 13.6m，深 23m，设计可储存食用油 2460m^3。

技术难点：场地地层为硬塑黏土并含钙质结核，竖井开挖、排渣及沉井难度大。场地地下水为第四系松散岩类孔隙潜水，水量丰富，地下水位高。

传统施工方案为钻孔灌注桩＋三轴搅拌桩止水帷幕＋五道混凝土支撑（对撑＋角撑）。经测算基坑围护工程造价约 400 万元。

为节省工程造价，项目竖井采用 SECM 竖井掘进机开挖辅以沉井可控下沉施工技术，沉井顺利下沉 23m 后平稳到达设计标高，周边土体变形均控制在规范允许范围内。采用竖井掘进成套方案省去了基坑围护费用和降水费用，整个施工过程安全可靠，施工便捷、科学，质量有保障，获得了各参建方一致好评，施工过程如图 13～图 16 所示。

图 13　安装调试

图 14　竖井掘进

图 15　井壁浇筑

图 16   竖井建成

五、总结及展望

　　该技术成果的实施改变了竖向建造工程传统的施工模式，为城市竖向建造工程施工提供了更新更优的选择，有助于推动建筑产业转型升级。通过开展示范性项目进行技术的宣传与推广，在国内地下竖向建造工程市场中逐步形成机械掘进施工的主流生产模式，实现企业在竖向掘进装备和机械竖向施工的产业化发展与应用，逐步推动工程建设行业朝着机械化、智能化施工方向发展，具有很强的研究意义和推广应用价值。

　　该技术成果介绍的城市大直径竖井掘进装备成套技术，施工周期短、竖井成井质量好、对周边环境影响小。通过工程应用，验证了此项施工技术的成熟性、可靠性。该技术具有广泛良好的应用前景，将在地下停车、地下轨道交通、地下粮库、地下油库、地下储能、深隧竖井等地下空间竖井工程中发挥作用。

　　针对使用场景，如何采用经济合理的掘进装备设计方案、土建结构的设计方案及施工措施是后续研究的重点。

基于 BIM 技术隧道与地下空间支护关键技术研究和产业化应用

童景盛、张伟强、赵丽萍、张祎、沈胤霖、赵国锐

中国市政工程西北设计研究院有限公司

一、成果背景

（一）技术成果基本情况

基于 BIM 技术隧道与地下空间支护关键技术研究和产业化应用成果（以下简称"成果"）属于原创性基础计算理论与产业化工程应用，其关键技术创新点如下：

1. 研究并明确了隧道与地下空间围岩承载机理和有效承载范围，补充了隧道衬砌支护在共同承载力学分析中采用的方法和机理的不足，使围岩承载有效范围更接近于工程实际。

2. 建立了围岩压力计算分析空间立体模型，修正了多因素围岩基本计算通式，使该计算理论参数更加完善并更符合实际工况。

3. 采用信息化智能监控技术，创新了"蜂巢"支护施工工艺，将 BIM＋3S 技术应用于地下空间支护安全智能监测，可视化指导施工，保障施工安全。

4. 首次采用数值模拟＋监控量测方法，研究和探讨了应力-渗流场多场耦合对围岩压力的影响作用，为合理计算并分析隧道与地下空间在外荷载作用下的受力变形和判断稳定安全创造了新的研究思路。

5. 改进发明构件并拓展应用于大跨度深基坑支护中，支护合一，解决常规基坑因采用横向支撑的设置而干扰施工的问题，创新了基坑支护采用预制拼装构件进行施工的工法。

本技术成果适用于各种地质结构和围岩级别情况下的围岩压力分析计算和围岩稳定分析判断，能够可视化智能监测和指导设计和施工；可在公路与城市道路隧道、地下深隧、人防通道、地下综合管廊、深基坑支护等领域广泛使用；为产业化和标准预制生产提供了一种新的构件和施工工艺，能显著提高工程施工效率、施工质量和安全。

（二）技术成果基本来源

本技术成果在总结国内外对围岩压力计算理论研究成果的基础上，采用统计实测数据与数值模拟分析相结合的方法，建立多因素围岩压力计算理论分析模型，研究并提出围岩压力计算理论和隧道衬砌支护技术。该研究理论和计算方法建立在客观多因素基础上的围岩压力理论之上，通过对岩土数据的离散性、深浅埋分界深度进行合理计算，以及对围岩承载范围、围岩变形和破坏机理等问题进行研究，推算并建立了一种符合工程实际的多因素围岩压力设计计算方法，客观解决了目前工程计算中围岩压力计算参数不足这一难点问

题；同时，产生成套发明专利，采用新材料标准化构件，首创"蜂巢"状"双曲支护"系统，改进目前隧道与地下空间常用的施工工艺，拓展应用于大跨度深基坑支护中，扩大和简化了施工范围和工艺；另外，将 BIM 技术及智能可视化监测系统应用至地下空间设计和施工中，能够有效指导地下空间衬砌支护施工技术难题；同时，进一步研究和探讨应力-渗流场多场耦合对围岩压力的影响作用，为更加合理地计算并分析隧道与地下空间在外荷载作用下的受力变形和判断稳定安全提出新的研究思路。

（三）国内外应用现状

本技术成果已在国内多个隧道与地下空间工程中得到应用，对隧道与地下空间的设计、施工及大跨度深基坑支护工程起到了指导作用，获得了显著的经济、社会、环境效益，与现有技术相比较，在安全、质量和施工速度等方面都有明显改善。

（四）技术成果实施前所存在的问题

目前，国内外围岩压力计算公式以普氏理论、太沙基理论和公路、铁路隧道设计规范公式使用最多，普遍存在参数少、关键影响因素（如洞长、衬砌承载长度等）未考虑、主观经验参数偏多等问题，概括如下：

1. 国内外围岩压力计算普遍存在参数少、关键影响因素未考虑、主观经验参数多等问题；按平面压力计算围岩压力，未考虑洞室纵向承载长度空间的影响；《公路隧道设计规范》（以下简称《规范》）计算公式在深、浅埋处不连续，围岩压力出现"突变"情况，与实际不符。

2. 比尔鲍曼公式计算的围岩压力曲线为"抛物线"形，存在随着深埋增大而围岩压力逐渐减小并出现负值的情况，因此该公式并不科学。太沙基理论的 K 值（弹性抗力系数）定义为岩层水平应力和垂直应力的比值，积分计算中按常数处理，但是在实际应用中按照变量考虑，因而概念含糊；另外，该理论计算并未考虑垂直围岩压力向两侧传递而引起侧压力增大问题。其次，该理论认为侧压力与洞室形状无关，无洞室尺寸影响参数，因而其计算侧压力值一般均比实测侧压力值偏小。另外，该计算理论也未考虑拱形对结构受力的影响及未反映地质因素和施工方法、时间等对围岩压力的影响等因素，所以计算结果并不客观。

3. 数值模拟分析法的弹塑性假设对软岩来说，在计算变形时往往出现结果失真现象，与实测值存在较大偏差，因而存在使用范围和假设条件的局限。

4. 在围岩压力承载机理的研究中，对围岩自承作用、承载范围、边界条件、荷载作用等方面仍然存在认识和计算方法上的不统一，使得计算结果与具体工程实测值存在一定的差距。

5. 目前，传统的隧道与地下空间支护和施工，是将传统的压浆加固围岩、管棚、管幕临时支护、深井降水、水控制安全保障技术等技术，其支护以横向支撑为主，影响了施工机械的进入，造成了因施工工作面狭窄而难以开展施工的问题。

（五）拟解决的问题

1. 通过对多因素围岩压力计算理论与支护承载机理的研究，需要明确研究理论的承载机理和围岩有效承载范围，并与当前常用围岩压力计算方法进行分析和比较，指出当前各理论概念特点和计算方法的局限性。

2. 建立围岩压力计算分析空间立体模型，修正多因素围岩压力基本通式，使该计算理论参数更加完善并更符合实际工况；在综合因素影响分析中，采用最佳拱轴线求解方法，对三心圆拱形优化前后的内力进行分析和对比。

3. 采用信息自动化监控量测技术，结合数值力学模拟，对初始应力、各工况开挖阶段的应力和内力、塑性区及围岩压力、隧道整体位移、支护管片内力等云图和计算结果进行分析比较和研究，并对数值模拟结果与试验段实测值进行比较，研究预支护构件对围岩的变形控制、稳定性和安全性等方面的支护优势。

4. 按照直接检验法和间接检验法，对大量工程实例实测数据进行统计、分析和研究；从塌方高度、实测荷载、已建工程总体、天然洞室稳定等 5 个方面进行对比和验证，研究计算值与工程数值模拟值、实测值（荷载、位移、变形及破坏情况）等方面的结论均是否一致。

5. 对关键技术在全过程施工安全计算和分析指导施工方面的应用进行工程实例和实测值的对比分析研究；对拓展应用至深基坑支护中的关键技术在支护原理与全过程实施步骤等方面进行解读，分析研究技术在施工开挖支护过程中的变形和应力是否在可控制安全范围之内。

6. 进一步研究和探讨应力-渗流场耦合对围岩压力的影响作用，分析应力大小和渗流参数是否存在一定的数值对应关系、耦合效应作用下围岩应力的变化等，为更加合理地计算并分析隧道与地下空间在外荷载作用下的受力变形和判断稳定安全提出新的研究思路。

二、实施的方法和内容

（一）技术方案

本技术成果采用统计实测数据与数值模拟分析相结合的方法，建立多因素围岩压力计算理论分析模型，研究并提出围岩压力计算理论和隧道衬砌支护技术。

本技术计算理论依据土力学和岩土工程理论，综合考虑地层的空间受力作用，对围岩承载影响范围洞室周边 1D 范围围岩承载拱，建立轴对称结构模型，推导围岩压力计算通式。模型如图 1 所示。

本技术计算参数由目前国内外理论的 3～7 项增加至 10 项，并考虑了其他 6 项隐含参数。主要影响因素包括 4 项洞室参数（埋深、毛洞跨度、毛洞计算高度、毛洞长度）；4 项地层、岩体物理力学参数（地层内摩擦角、地层黏聚力、重度、侧压力系数）；2 项综合型参数（黏聚力折减系数、侧荷载系数）；6 项隐含参数（围岩的层理、裂隙、节理、水害、施工振动和围岩暴露时间）。修正理论计算推导通式如式（1）所示。

$$\delta_{\mathrm{H修}} = \frac{100(1+k)}{K_{\mathrm{C}} \cdot E \cdot S'} \gamma H \left[1 + \frac{1+2n}{2a_1 n} \left(\frac{H}{2} \xi \mathrm{tg}\varphi + \frac{c}{\gamma} \right) \right] \tag{1}$$

式中：K_{C} 为黏聚力折减系数；E 为变形模量（GPa）；k 为弹性抗力系数（MPa/m）；S' 为围岩级别（按 6、5、4、3、2、1 整数取值）。

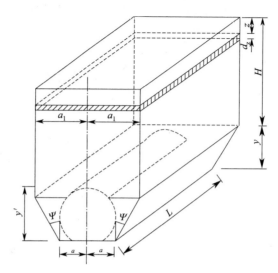

图 1　隧道围岩压力空间分析模型图

（二）支护承载机理

1. 围岩承载计算范围

围岩是产生荷载的主要来源，又是承载结构的一部分，围岩与支护共同承载，围岩承载是洞室横断面方向 1D 范围的围岩承载拱承载；空间立体荷载的主要影响因素是初期支护的承载长度，初期支护只承担二次衬砌施作前的围岩压力，并不承担全部极限压力，如图 2 所示。

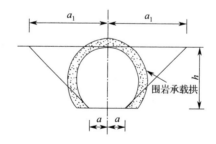

图 2　围岩承载计算范围图

2. 真收敛机理

在真收敛状态下，一衬和二衬共同有效承载，方能确保工程安全，如图 3 所示。

3. 合理支护时机与强度

提前支护对变形控制比较有利，但是对支护构件的强度要求较高，而通常在支护初期，支护结构难以满足支护强度的要求。支护和开挖对应的强度与位移曲线如图 4 所示。

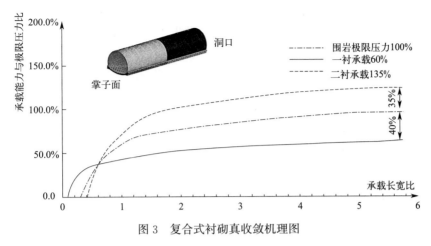

图 3 复合式衬砌真收敛机理图

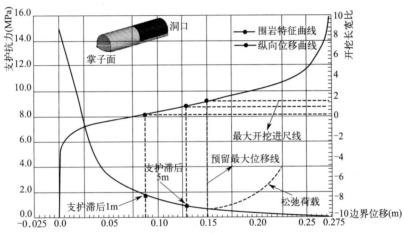

图 4 支护与开挖对应的强度与位移曲线图

(三) 监控量测及数值模拟

1. 传感器布设

根据试验段在区间不同断面布设传感器采集监测各项数据，对多因素围岩压力计算研究通式进行验证，并与数值模拟进行比较，用来指导实际工程。安装监测传感器对应编号如图 5 所示。

2. 数据监测

选具有代表性的桩号断面，对预埋好的传感器近 50 天的监测数据进行分析，获得其围岩压力时态曲线和分布，如图 6 所示。

从监测数据来看，该断面压力盒所测轴力值基本在一个量级并且比较稳定，除拱顶和两拱脚部位的压力值变化较大之外，拱腰压力变化并不明显。拱顶最大压力值达到 1080kPa，最终稳定值约 860kPa；拱腰处最大压力值达到 680kPa，最终稳定值约 600kPa；从时态曲线可知，围岩应力在监测初期增长较快，但经过 40 天左右后基本趋于稳定。

图 7 所示为拱顶竖向围岩压力-沉降曲线图，为了清晰表示围岩压力与沉降关系，仅

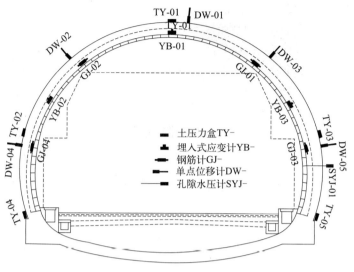

图 5   传感器布设图

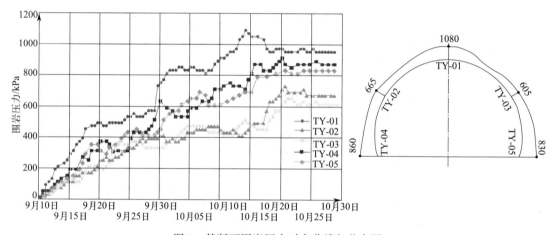

图 6   某断面围岩压力时态曲线与分布图

选用开挖段第三节反映开挖起始端、中间端与结束端关系曲线。

图中显示，起始端开挖后，围岩应力与沉降迅速增大，变形明显；随着开挖和支护进行，中间端与第三节结束端围岩应力与沉降趋于缓和，最终拱顶围岩应力稳定在 820～920kPa 之间，沉降变形趋于 14.2～16.2mm 之间。

3. 数值模拟

数值模拟分析采用 GTS NX 岩土通用有限元分析软件，模型采用三角形网格划分（图 8），模型边界均约束平动和自由度，岩体本构关系采用 Mohr-Coulomb 本构模型对不同工况下的隧道围岩压力、初支和预制构件内力、隧道整体位移等方面进行数值模拟分析。

（1）围岩压力模拟结果

根据初始地应力云图（图 9），围岩压力在三个轴 X、Y、Z 方向的有效应力均为压应力，分别为：

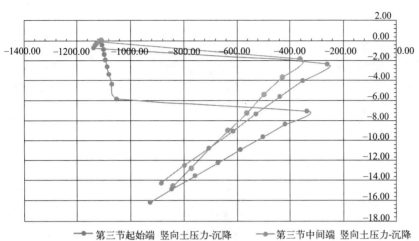

图 7　第三节开挖段竖向围岩压力-沉降曲线图

第三节起始端 竖向土压力-沉降　　第三节中间端 竖向土压力-沉降
第三节结束端 竖向土压力-沉降

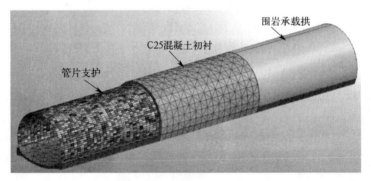

图 8　有限元模型及网格划分图

S-XXmax ＝ － 16.08kPa，S-XXmin ＝ － 1290.39kPa；S-YYmax ＝ － 15.23kPa，
S-YYmin＝－1290.46kPa；S-ZZmax＝－32.12kPa，S-ZZmin＝－2760.49kPa。

深埋隧道在隧道水平方向、前进开挖方向围岩压力较小且均衡，在垂直方向围岩压力较大。研究试验段拱顶监测值最大压应力 1080kPa，最终稳定值 860kPa，在此模型有效范围之内，与研究方法计算值 892.78kPa 非常接近，如图 9 所示。

（2）整体位移模拟结果

图 10 为隧道开挖整体位移云图，各开挖步骤在三个轴 X、Y、Z 方向的位移分别如下：

开挖-1：$TX_{max}＝+13.07mm$，$TX_{min}＝-13.18mm$；$TY_{max}＝+1.55mm$，$TY_{min}＝-136.67mm$；$TZ_{max}＝+45.83mm$，$TZ_{min}＝-26.31mm$；

从数据可以看出，整体位移在第一阶段与第二阶段受开挖影响，前进方向向反方向位移明显较大，最大达到－136.67mm；等挖至第三阶段，已开挖并支护部分基本达到稳定，因而能够抵抗第三阶段开挖引起的变形，向内位移很小；整体位移在垂直 Z 轴方向向内最大位移为－20.94mm，与现场监控量测最终稳定值－19.52mm 相符。

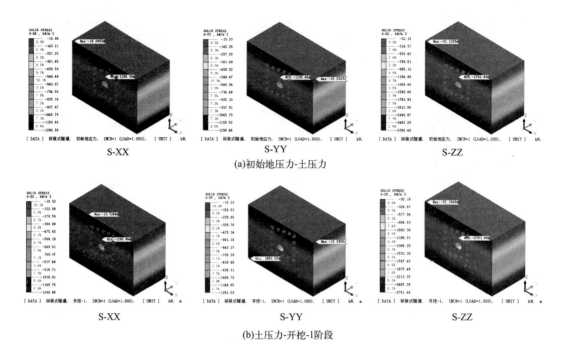

S-XX   S-YY   S-ZZ

(a)初始地压力-土压力

S-XX   S-YY   S-ZZ

(b)土压力-开挖-1阶段

图 9 初始地应力与分段开挖应力-土压力云图

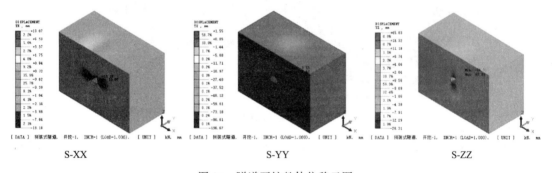

S-XX   S-YY   S-ZZ

图 10 隧道开挖整体位移云图

（3）围岩压力结果对比分析

根据试验段监测数据所得围岩压力及其分布规律，对数值模拟取值、实测围岩压力、研究计算公式结果与《规范》公式计算围岩压力值进行对比，如表 1 所示。

围岩压力结果对比表

表 1

序号	监测断面桩号	围岩类别	实测拱顶围岩压力值（kPa）	有限元数值模拟有效取值（kPa）	《规范》计算值（kPa）	研究公式计算值（kPa）
1	AK16＋550	V	860.0	920.0	344.45	909.27
2	AK16＋660	IV	790.0	835.0	149.76	820.12
3	AK16＋760	IV	780.0	825.0	149.76	820.12
4	AK16＋820	V	865.0	930.0	344.45	909.27

序号	监测断面桩号	围岩类别	实测拱顶围岩压力值(kPa)	有限元数值模拟有效取值(kPa)	《规范》计算值(kPa)	研究公式计算值(kPa)
5	AK16+980	V	862.0	920.0	344.45	909.27
6	AK17+100	Ⅳ	795.0	830.0	149.76	820.12
7	AK17+220	V	850.0	920.0	344.45	909.27

由上表对比数值可以看出，研究计算公式基本大于实测围岩压力值，但是非常接近实测值；但比《规范》计算值大很多，且在有限元模拟云图有效数值范围之内。

(四) 正确性检验与验证

课题对多年来国内外大量工程实例的实测数据进行了汇总统计和分析，逐项进行计算和验证，先后进行直接检验、间接检验，分别采用实测塌方高度、实测荷载、实测承载力、自建试验工程、他建试验工程、实测变形检验等进行了多种不同的验证工作；结合 36 项具体工程，采用试验工程实测数据和文献资料统计数据，进行该研究的整体计算验证，并与实测荷载值比较，最大误差 13.17%，最小误差 -22.02%，相关系数达到 0.998，证明多因素围岩压力计算理论值与实测值非常接近，相关系数高，满足工程设计与实际应用要求。

(五) 关键技术拓展应用

研究计算理论衬砌支护关键技术除了在隧道工程衬砌支护中应用外，还拓展应用至深基坑支护中。采用研制的隧道支护构件，拼装成"蜂巢"状结构形式并应用至深基坑支护中，是计算理论在工程中的拓展应用体现，能够简化深基坑支护横向支撑的设置，优化并改进目前深基坑支护工艺，具有很好的研究与产业化推广应用价值。基坑开挖与支护模型如图 11 所示。

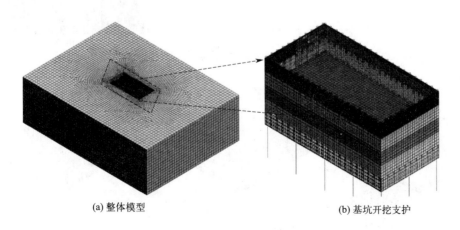

(a) 整体模型　　　　　　　　　　　(b) 基坑开挖支护

图 11　基坑开挖与支护模型图

该支护施工过程可通过开发应用软件，计算出每次开挖范围内基坑的安全稳定系数、侧向水平力和安全开挖的深度、长度，以及基坑可以稳定的时间等数值，限时采用有效衬砌等施工控制措施，达到优化设计和指导施工的目的。根据上述条件进行施工开挖与支护的分析与计算，步骤如下：

步骤 1：按照基坑长度、宽度放线，确定基坑四个角点位置，先将工字型钢板桩沿未开挖基坑土体的四个角点竖直打入，然后沿基坑长度方向两侧各打入同样规格的工字型钢板桩。

步骤 2：采用开发的软件，计算并分析合理开挖方案，假定开挖深度并试算。

步骤 3：根据拟订方案，综合对比分析，考虑施工安全、便于施工、节约时间等因素，推荐采用本方案分多次开挖达到符合工程施工工艺要求和实际情况。

步骤 4：预制支护构件按照每 5m 一个单元横向拼接，单元两端通过螺栓固定在工字型钢板桩上，由下至上、逐排拼装、逐排固定，直至完成第一层土体开挖高度范围内的全部拼装。拼装过程中，由下至上第 3 排是加劲肋板构件单元层的设置位置。加劲肋构件的设置增加了支护墙体的横向整体刚度。

步骤 5：第一层开挖范围内支护构件整体完成后，须及时采用防水混凝土灌注支护构件与基坑墙体之间的空隙并捣实，由灌注水泥和构件拼装形成的防护墙可立即受力，起到基坑支护和止水的双重作用。

步骤 6：重复以上步骤，直到基坑开挖至设计底要求的标高并全部完成支护为止。

支护及施工完成后，预制拼装构件可作为基坑永久性防护，也可作为主体结构外墙应用在地下室、地下停车场等工程中，还可以逐层拆除、重复利用，达到节能环保的效用。深基坑分步开挖 1～3 阶段云图如图 12 所示。

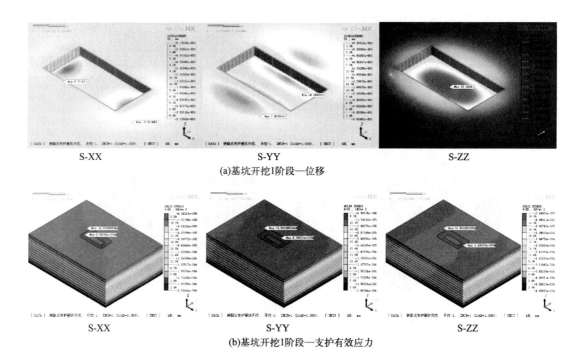

图 12　基坑开挖 1～3 阶段内力云图（一）

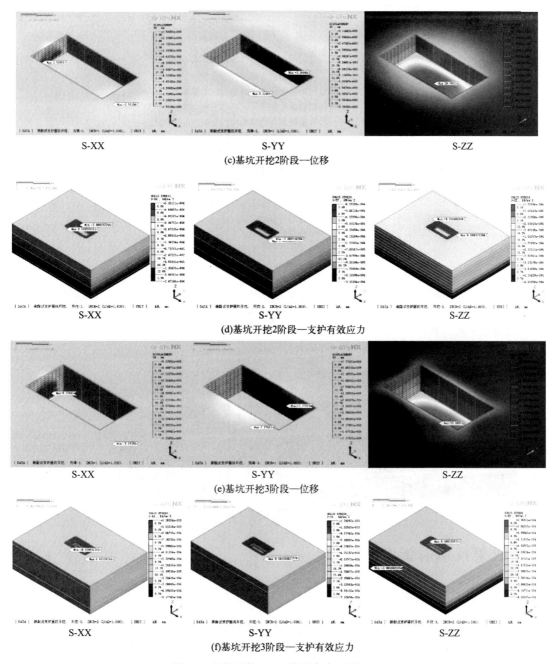

S-XX   S-YY   S-ZZ

(c)基坑开挖2阶段—位移

S-XX   S-YY   S-ZZ

(d)基坑开挖2阶段—支护有效应力

S-XX   S-YY   S-ZZ

(e)基坑开挖3阶段—位移

S-XX   S-YY   S-ZZ

(f)基坑开挖3阶段—支护有效应力

图12　基坑开挖1~3阶段内力云图（二）

（六）BIM 技术及深基坑支护安全智能监测

1. 系统架构设计

系统架构图如图 13 所示。

2. 智能监测设计

建立深基坑支护三维模型，将施工现场自动采集感应模块与 BIM＋3S 模型关联，实

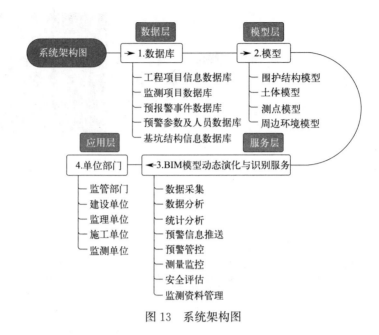

图 13　系统架构图

现基坑支护施工的可视化，如图 14 所示。

图 14　BIM 可视化三维模拟图

三、成果技术创新点

（一）总体技术水平

该技术成果经甘肃省科技厅组织行业设计大师组成的专家组进行成果评价，整体技术水平达到国际先进水平（部分成果达到国际领先水平），并在省科技厅进行了相关成果登记。

（二）创新点

1. 基础型创新

（1）研究并明确了围岩承载机理和有效承载范围，补充了支护在共同承载力学分析中采用的方法和机理的不足，使围岩承载有效范围更接近于工程实际。

（2）建立了围岩压力计算分析空间立体模型，修正了多因素围岩基本计算通式，使该计算理论参数更加完善并更符合实际工况。

2. 复合型创新

采用信息化智能监控技术，创新了"蜂巢"支护施工工艺，将 BIM＋3S 技术应用于地下空间支护安全智能监测，可视化指导施工，保障施工安全。

3. 改进型创新

首次采用数值模拟＋监控量测方法，研究和探讨了应力-渗流场多场耦合对围岩压力的影响作用，为合理计算并分析隧道与地下空间在外荷载作用下的受力变形和判断稳定安全提出了新的研究思路。

（三）成果研发费用投入情况

本技术课题经费总计 300 万元，其中中建总公司资助经费 100 万元，本企业自筹 200 万元。

四、取得的成效

本技术成果已获得"第六届联合国工业发展组织全球科技创新大会奖银奖、2022 年度中国产学研合作促进会工匠精神奖、第十一届中国技术市场协会金桥奖、甘肃省土木建筑学会科技进步一等奖、甘肃省科学技术进步三等奖、甘肃省技术发明三等奖"等 20 多项科学技术奖励，在行业中具有技术领先优势。本技术成果经甘肃省科学技术厅鉴定，达到"国际先进（部分成果达到国际领先）"水平，具有较强的示范引领和辐射带动能力，能够促进隧道与地下空间设计与施工的技术改造与升级，对行业的发展起到积极促进作用。

目前国内正大力提倡地下空间的综合开发与利用。本技术成果采用标准化装配式结构，绿色低碳、环保节能，能够在施工的便利和工艺技术的改进上发挥更大的潜力，尤其在相关的 EPC 总承包项目上可广泛使用，施工方便、能够节约大量工程投资，能显著提高工程施工效率、施工质量和安全，具有良好的社会效益和经济效益。

五、总结及展望

（1）进一步研究能够实时、动态、智能的监控量测技术，方能准确提供施工过程中围岩应力和应变真实情况，从而更准确地指导实施，确保施工安全。

（2）进一步研究多场设计理论与施工阶段可视化三维效应对设计与施工控制精确的指导作用。

（3）修正了围岩压力计算通式，能够比较客观进行围岩压力的理论计算，但未能与目前使用《规范》对接与衔接，在应用与推广上存在一定的局限性，亟需与现行《规范》对接并编写地方及行业标准。

超小净距多洞立体交叠隧道建造关键技术

刘永福、苏井高、李星、龙廷、任利军、王磊

中国建筑土木建设有限公司

一、成果背景

(一) 成果基本情况及来源

该成果属于基础设施建设隧道施工技术领域。成果依托重庆红岩村大跨小净距立体交叠隧道群（1 坑 4 层 7 隧）工程，针对洞群"理论研究少、设计经验缺、相互干扰大、开挖及支护工艺复杂、同步力学行为难以把握"等特难点开展研究。在充分分析大跨小净距立体交叠隧道群设计理论与方法、复杂隧道群开挖技术、地层加固与支护方法、复杂隧道群高效监测等施工特点、难点的基础上，通过理论分析、数值模拟、现场试验、工艺创新、技术集成等手段，对设计、技术方案进行优化，解决工程建设中的技术难题，为工程实施提供质量与安全保障。

(二) 国内外应用现状

超小净距多洞立体交叠隧道建造关键技术所涵盖的大跨小净距立体交叠隧道群开挖一支护技术、大跨小净距立体交叠隧道群地层加固与支护技术、隧道群同步实时信息化监测施工技术等关键施工技术在解放碑地下停车场改造工程、敦白铁路项目、红云路市政旋转立交工程等项目获得成功应用，具体如下：

1. 解放碑地下停车场改造工程。新建主通道与轨道交通 1 号线隧道之间的设计高差为 12m，结构净距为 4.5m，该主通道为浅埋小净距隧道。工程建设过程中应用了大中孔秒雷管微振控制爆破施工技术、大跨小净距蜂窝状平行隧道群夹岩加固技术、无线自组网监测技术，解决了施工过程中近接隧道开挖的施工难题，保证了工程质量、安全及施工进度。

2. 重庆轨道交通九号线红岩村站。重庆轨道交通九号线红岩村站为地下两层暗挖车站，全长为 262.3m，开挖净宽为 24.24m，开挖高度为 21.23m。工程建设过程中应用了基于无线自组网监测系统的隧道洞群安全控制技术，保证了施工安全及施工进度。

3. 敦白铁路项目。该项目位于吉林延边朝鲜族自治州，沿线主要为林区，全长 32.69km，隧道共 2 座、全长 3877m。工程建设过程中应用了大中孔秒雷管微振控制爆破施工技术、无线自组网监测技术。

4. 红云路市政旋转立交工程。该工程位于重庆市渝中区高九路附近，原始地貌为构造剥蚀丘陵沟谷地貌，地形总体为南西侧高、北东侧低，基坑开挖深度达 50m。施工过程中采用了挖孔桩垂直度及平整度激光导向技术，对抗滑桩开挖过程中的平面尺寸进行实时控制，提高了抗滑桩的施工质量，保证了基坑开挖安全。

超小净距多洞立体交叠隧道建造关键技术相关成果后续可推广应用于全国范围内类似条件下的高密度隧道群施工，当前我国大力发展基础设施建设，该成果具有良好的市场应用前景与社会效益。

（三）实施前存在的问题及选择原因

重庆红岩村隧道群位于嘉陵江畔山坳中，隧道进口端采用公路与轨道交通 4 层 13 隧立体叠加设计，形成空间结构极为复杂的地下立体交通网。隧道群最大隧道断面面积达 $392m^2$，而平行隧道最小净距仅 2.03m，国内外实属罕见。红岩村大跨小净距立体交叠隧道群施工过程中主要面临以下难点。

1. 隧道群设计理论与方法不成熟

按照 2D 效应原理，红岩村隧道洞群空间效应明显，单洞——群洞围岩压力如何分布，洞间受力如何转换，洞群"围岩-支护-结构"稳定性如何判定等尚无成熟经验可以借鉴。

2. 隧道群近接形式复杂，开挖难度大

红岩村隧道群空间关系复杂多样，在83m 小范围内密集分布平行近接、垂直上跨、T形交叉等不同的近接形式，群洞效应明显，如何确定合理的"开挖—支护"顺序，以最大限度地降低洞群应力多次重分布带来的风险，保证施工过程中洞群及周边高陡边坡的稳定性，是必须认真加以研究的问题。

3. 地层加固形式如何选择

隧道群洞口整体坐落于约 60m 的高陡边仰坡之下，紧邻危崖、文保单位、10kV 高压电缆、燃气管线等，下穿 10 余座百米高层住宅，周边环境复杂，场地狭小，隧道群开挖对陡坡围岩扰动大，需采取合适的支挡形式进行加固方能满足隧道进洞安全需求。在隧道掘进过程中，如何保证 2.03m 厚夹岩的承载能力，提高支护结构的支护能力，满足洞群开挖变形及稳定性控制要求，也是洞群支护设计与施工的重点。

4. 隧道群监控量测点位多，同步性、实时性差

隧道群施工监测项目多达 15 项，除常规变形外，还需对支护结构的受力情况进行监测。传统应力监测中传感器线路过长且易损坏，导致数据连续性难以保证，人工数据采集效率低下，数据同步性及实时性差，还存在监测结果无法实时、直观展示等问题，这些限制了对隧道群施工的指导作用。

为保证工程质量安全，提高工效，确保工程顺利实施，项目针对以上特难点开展系统研究，并组织中建总公司、中建八局进行科技研发项目立项，以期形成技术成果与总结经验，为后续类似工程建设提供借鉴。

二、实施的方法和内容

（一）大跨小净距蜂窝状隧道群设计理论与方法

1. 推导获得倒品字形叠层隧道洞群围岩压力计算公式

通过理论分析首次获得了倒品字形叠层隧道洞群竖向与水平围岩压力在不同开挖状态

下的计算公式，提升了洞群理论研究高度，为指导复杂洞群衬砌结构的设计与施工提供了重要的理论指导依据。

$$q=\frac{\gamma H'}{B}(B-\lambda H'\tan\theta-\xi_1 d_1-\xi_2 d_2)+\frac{1}{2B}\gamma h\lambda_1\tan\beta_2\tan\theta\left(\frac{2h}{\tan\beta_2}-d_1-d_2\right)$$

2. 明确了复杂隧道群围岩压力分布形式及特点

数值计算与模型试验研究表明，下层隧道所受围岩压力随隧道群的开挖逐渐增大，最大围岩压力出现在左右拱腰处，其次为拱顶处，如图1、图2所示。

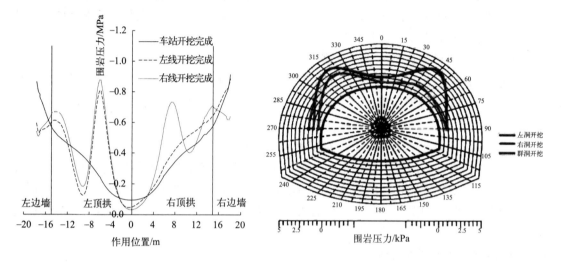

图1　下层隧道围岩压力分布（数值计算）　　　图2　下层隧道围岩压力分布（模型试验）

3. 揭示了不同支护条件下复杂隧道群的破坏机理

研究表明，隧道群的破坏机理是与支护形式息息相关的，当围岩强度逐渐折减时，隧道群首先破坏处（最薄弱处）是与支护参数及支护形式有关的。在没有支护时，隧道群最薄弱处为夹岩处，如图3、图4所示；而当施作二衬以增加足够的支护力时，隧道群的稳定问题则转移为仰坡的稳定性问题。

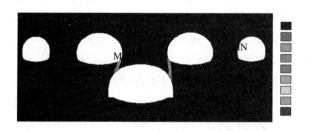

图3　洞群塑性区分布（无支护）

（二）大跨小净距立体交叠隧道群开挖-支护技术

1. 平行隧道洞群联合开挖技术

（1）在数值模拟获得其受力变形特点的基础上经工序优化提出了一种大跨小净距立体

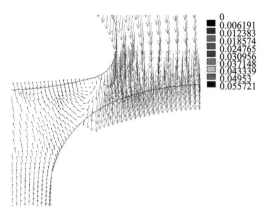

图 4　左侧夹岩部位位移矢量分布

交叠层隧道洞群上、下层隧道联合交叉施工步序，即首先施工上层两侧非核心区的较小断面隧道，其次开挖初支核心区下层暗挖车站，然后开挖上层红岩村左、右线隧道上导坑，接着施工下层暗挖车站二衬，最后开挖上层红岩村隧道下导坑。

（2）大中孔秒雷管微振控制爆破施工技术。针对上层红岩村隧道上台阶开挖，研发了大中孔秒雷管微振爆破施工技术。利用机械大中孔掏槽形成爆破临空面，取代传统爆破掏槽，如图 5 所示，并在掌子面周边密布钻孔形成隔振层，结合秒雷管延时爆破、错峰减振，减小爆破振动对下层暗挖车站及其他先建隧道的影响，以代替传统机械开挖方法，获得合理的上台阶爆破参数。

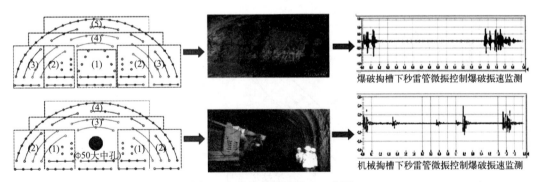

图 5　大中孔秒雷管施工工艺图

2. 大断面隧道 T 形交叉施工技术

（1）T 形交叉隧道进洞安全控制技术

针对由暗挖车站（392m²）进入大断面水平风道（162m²）施工的 T 形交叉节点，研发了由门式加强支架、双拼型钢拱架与超前大管棚相结合的 T 形交叉隧道进洞安全控制技术，如图 6 所示，保证了大断面交叉隧道的进洞安全。

（2）T 形交叉口结构加强技术

通过交叉洞口处设置加强圈梁，洞口上方设置加强纵向暗梁，提高 T 形交叉口处结构强度，满足上层红岩隧道掘进时的衬砌承载要求，如图 7 所示。

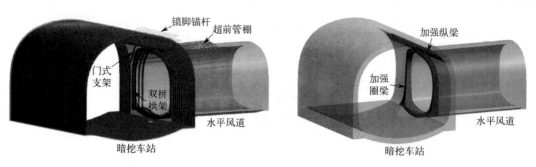

图 6　进洞构造　　　　　　　　　　图 7　交叉口加强梁设置

（3）小导洞中线重合扩挖进洞技术

针对由车行横通道掘进至红岩村主线隧道 T 形交叉节点，研发了小导洞中线重合扩挖进洞技术，如图 8、图 9 所示。首先开挖车行通道至主线隧道轮廓线，并在交叉口施作加强支护；然后由车行通道转弯续挖小导洞，使得小导洞与正洞中线重合；正洞中线与拱顶重合后，逐步扩挖形成正洞隧道断面，之后掌子面可正常推进；最后进行反向开挖。该技术大大降低了变断面隧道施工难度及开挖风险，与传统直线大包法、连续挑顶法相比，可显著减少超挖工程量，提高施工效率。

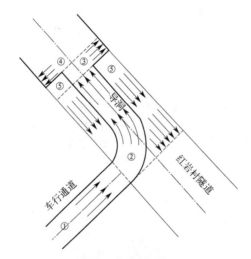

图 8　扩挖步序图

图 9　小导洞扩挖示意图

3. 竖向小净距立体交叉隧道群施工技术

以红岩村双线隧道 0.33m 小净距上跨既有轨道环线隧道节点为核心，结合 5 号线暗挖车站 1.3m 小净距上跨既有梨菜铁路隧道节点，形成竖向小净距立体交叉隧道群施工技术，具体介绍如下。

（1）隧道分区微扰动开挖技术

针对小净距上跨的工程特点，经数值计算（图 10～图 11），结合设计施工经验，提出上跨隧道分区微扰动开挖技术。将传统的轨道保护区进一步划分为核心保护区和一般保护区。在一般保护区及核心保护区上台阶采用短进尺、秒雷管微振爆破施工；核心保护区中台阶以下部位采用机械组合开挖方法。

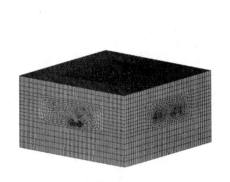 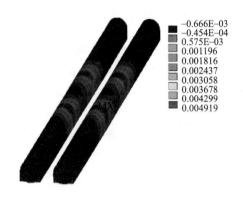

图 10　上跨施工三维有限元模型　　　　图 11　既有隧道竖向位移云图

（2）上跨隧道底板综合开挖加固技术

在上层隧道底板机械开挖前对上、下层隧道间岩柱进行注浆加固，提高岩体的强度与整体性，充分利用其自身承载能力承担上层隧道部分荷载。

该技术创新提出在上层隧道底板部位加设上跨梁板结构，如图 12、图 13 所示。梁板结构跨越下层既有隧道，将上层隧道结构荷载、运营荷载与部分围岩荷载经纵梁传递至跨越段影响区域外，减小对下层隧道的直接作用，提高小净距隧道的整体安全。

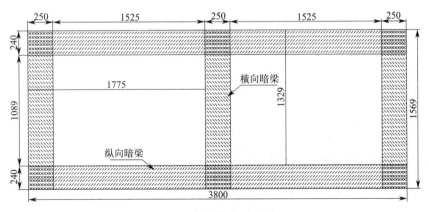

图 12　梁板结构平面图

图 13　梁板结构现场钢筋绑扎

（三）大跨小净距立体交叠隧道群地层加固与支护技术

1. 隧道群洞口多台阶陡坡危崖综合加固技术

（1）在隧道群洞口约 200m 范围内多台阶高陡边坡支挡工程中，结合场地布置与地质条件，提出了预应力锚索桩板墙＋锚杆桩桩板墙＋锚杆框架梁＋板肋式锚杆挡土墙＋板肋式预应力锚索挡土墙 5 种支挡结构相结合的渐变分段分节联合支挡施工方法，如图 14 所示，解决了复杂环境条件下高陡边坡施工工程量大、经济性差和边坡易失稳产生大变形的问题，保证了隧道群进洞安全。

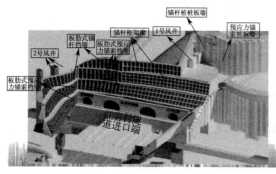

图 14　综合支挡结构示意图和实景图

（2）发明了一种挖孔桩垂直度及平整度激光导向装置（图 15），通过在定位支架和滑槽上设置可移动和可环向旋转的激光导向笔装置，可对抗滑桩开挖过程中的平面尺寸进行实时控制，提高深大抗滑桩的施工质量。

（3）研制了一种长锚索（杆）定位隔离支架装置（图 16），通过纵向 1～2m 设置一道支架可起到均匀分布锚索（杆）的作用，有效减小其下挠度，解决了传统长锚索（杆）安装过程中的变形、扭曲、破坏钻孔、注浆保护层厚度不足的问题。

2. 隧道群洞口超前大管棚精准钻进施工技术

研发了一种超前大管棚精准钻进导向技术：通过加长导向墙控制初始钻进角度；沿钻杆外侧焊接钢块，以减小钻杆与孔壁间隙，如图 17 所示，从而降低钻进过程中钻杆的抖动力度；在导向管位置加设激光测量装置，如图 18、图 19 所示，通过激光测距与钻杆钻进长度的对比，以判别钻孔角度偏差，便于实时纠偏。

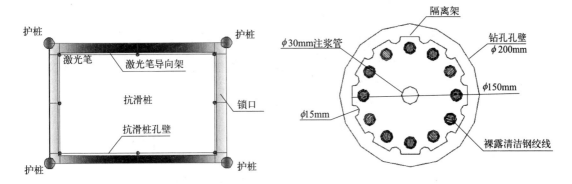

图 15 导向控制平面图   图 16 隔离支架图

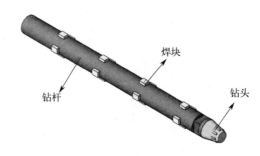

图 17 钻杆定位装置示意

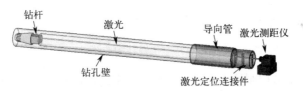

图 18 激光测距示意（钻孔不偏斜）

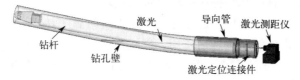

图 19 激光测距示意（钻孔偏斜）

3. 大跨小净距立体交叠隧道群夹岩加固技术

（1）隧道洞群间夹岩互锚施工技术

在夹岩受力特点、稳定性分析及夹岩加固措施对比的基础上研发了双层管棚＋对拉锚杆＋W型钢带夹岩组合加固体系。对拉锚杆由下层隧道向上穿越夹岩及双层管棚进行打设与固定，同时将对拉锚杆沿隧道纵向通过 W 型钢带相连，以增强其整体性，由此形成夹岩组合加固体系，如图20、图21所示。

（2）隧道群支护结构施工质量控制技术

为提高支护结构施工质量，使支护结构与围岩密贴，增强其对夹岩的支护能力，研发了

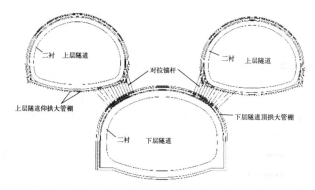

图 20　双层管棚＋对拉锚杆＋W 型钢带夹岩加固体系示意图

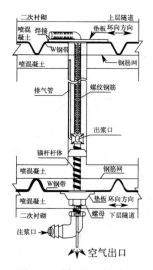

图 21　对拉锚杆构造图

隧道群支护结构施工质量控制技术，采用二衬混凝土浇筑标高实时动态监测仪，解决了传统依靠人工判断拱顶混凝土浇筑程度的问题，避免了拱顶脱空，保证了二衬拱顶的密实度。

4. 基于隧道群稳定性的长锚杆索拉悬吊施工技术

在下层大断面暗挖车站施工中提出长锚杆索拉悬吊施工技术，如图 22、图 23 所示，利用 T51 型自进式长锚杆的索拉悬吊作用，以减小下层隧道拱顶沉降，满足洞群交叉作业中下层隧道的拱顶沉降控制要求。同时，利用其取代传统临时支撑，变下层隧道多导坑临时支撑开挖法为多台阶法，实现了大断面隧道安全快速施工。

（四）隧道群同步实时信息化监测施工技术

红岩村隧道群结构复杂，群洞效应明显，除常规变形监测外，有必要对施工过程中各洞室支护结构的应力变化进行监控量测，以实现洞群施工过程的动态调整，满足隧道群施工安全控制需求。主要有以下难点：

1. 传统应力监测传感器导线过长、易损坏，数据连续性难以保证；

2. 洞群应力监测点位多，人工采集数据工作量大、效率低，数据密度难以保证，隧道群各洞室数据采集的同步性、实时性差；

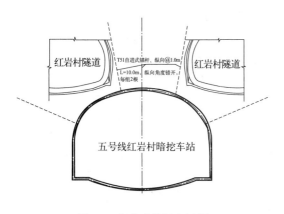

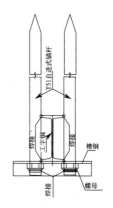

图 22　自进式锚杆布置图　　　　　图 23　自进式锚杆锁定节点图

3. 洞群应力监测数据处理时间过长，无法实时、直观地进行展示。

为解决以上隧道群应力监测难题，研发了由传感器、监测终端、中继器、集中器与云服务平台组成的隧道群振弦式传感器无线自组网监测系统，如图 24、图 25 所示。用户便可通过 PC 端、手机端登录相关云服务平台进行数据查看与分析（自动图表展示）。且该监测终端可自行设置数据采集频率，并可实现非数据采集阶段的自动休眠，有效节约电池用电，满足长时间监测需要。而信号的组网式传输保证了一定的冗余度，解决了局部中继器损坏造成的信号中断问题。此技术实现了复杂隧道群各洞室应力监测数据的高密度同步实时自动采集、传输与快速分析，满足了洞群施工监测反馈需求，提高了洞群施工信息化水平。

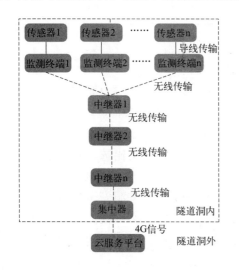

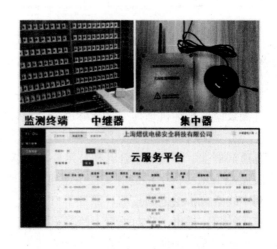

图 24　监测系统逻辑架构　　　　　　图 25　监测系统组成

三、成果技术创新点

（一）国内外同类技术比较

本项目部分关键技术与国内外同类技术比较见表 1。

本项目部分关键技术与国内外同类技术比较 表 1

关键技术	技术经济指标	与国内外同类技术比较
大跨小净距蜂窝状隧道洞群联合开挖与支护技术	提出一种平行隧道洞群联合交叉施工工序,结合长锚杆悬吊施工技术与大中孔秒雷管微振控制爆破技术,实现了洞群安全、快速施工;提出了 T 形交叉隧道进洞安全控制技术与交叉洞口结构加强技术,保证了 T 形交叉隧道施工安全;首次推导获得倒品字形叠层隧道洞群围岩压力的计算公式;创新采用钢管混凝土初支拱架替代传统型钢支护,在满足承载能力的前提下实现节材的目的;研发了复杂隧道群多头掘进联合通风降尘技术,解决了复杂长大隧道洞群洞内环境恶劣的问题	大跨小净距蜂窝状隧道洞群联合开挖与支护技术未见相同报道,具有新颖性和创新性
竖向小净距立体交叉隧道群施工技术	研发了上跨隧道分区微扰动开挖技术,实现了安全、快速小净距上跨施工;研发了上跨既有隧道梁板托换施工技术,保障了下层既有隧道结构安全	未见相同报道,具有新颖性和创新性
大跨小净距蜂窝状叠层隧道群夹岩加固技术	研发了双层管棚、对拉锚杆、W 型钢带组合形成的隧间夹岩互锚加固体系,提高了隧道间夹岩承载力;采用了隧道二衬混凝土浇筑高度自动监测仪,实现了浇筑过程的可视化管理	未见相同报道,具有新颖性和创新性
邻陡坡危崖隧道群洞口加固技术	提出 5 种支挡结构相结合的渐变式综合支挡施工技术,保证了高陡边仰坡的稳定性;研发了挖孔桩垂直度及平整度激光导向装置,解决了深大抗滑桩挖孔尺寸控制难题;研制了圆形带孔支架,提高了受力杆件施工质量;研发了管棚精准钻进技术,解决了长管棚施工质量控制难题	未见相同报道,具有新颖性和创新性
基于无线自组网监测系统的隧道洞群安全控制技术	研发了由传感器、监测终端、中继器、集中器与云服务平台组成的无线自组网监测技术,满足了隧道群信息化监测需求	未见相同报道,具有新颖性和创新性

(二) 成果技术创新点

1. 大跨小净距蜂窝状隧道群设计理论与方法:通过理论分析、数值模拟、物理试验,推导获得倒品字形隧道群围岩压力计算公式,明确了围岩压力分布特点,揭示了隧道群的群洞效应及破坏机理,为复杂隧道群的设计施工提供了重要的理论支撑。

2. 大跨小净距蜂窝状隧道群开挖技术:通过数值模拟及方案比选,研发了 5 种平行隧道洞群上、下交叉联合开挖技术,辅以大中孔延时可控秒雷管微振爆破技术,实现了爆破振速 1cm/s 内的隧道群安全快速建造;研发了 T 形交叉隧道进洞安全控制技术与小导洞中线重合扩挖进洞技术,保证了 T 形交叉隧道的施工安全;通过数值分析,结合设计施工经验,提出了竖向垂直上跨隧道分区微扰动开挖方法,并研发了上跨隧道底板综合开挖加固技术,保证了下层既有隧道的结构安全。

3. 大跨小净距蜂窝状隧道群地层加固与支护技术:在短距离多台阶高陡边坡支护工程中,研发了隧道群洞口 5 种支挡结构相结合的渐变式综合支挡施工方法,辅以研发的深大挖孔桩垂直控制及锚索定位装置,解决了高陡边坡受力不均而引起的变形坍塌等问题;研发了超前大管棚精准钻进导向装置,解决了钻进中钻杆抖动引起精度低的问题,实现了超前大管棚上翘不超过 10cm、下沉不超过 1cm 的设计精度要求,保证了隧道的安全进洞;研发了由双层管棚、对拉锚杆、W 型钢带组合形成的隧间夹岩互锚加固体系,提高了隧群间夹岩承载力,保证了小净距隧道洞群施工及后期运营安全;采用了隧道二衬混凝土浇筑高度自动监测仪，实现了浇筑过程的可视化管理，并采用 PVA 纤维喷射混凝土技术，提高了小净距隧道结构承载能力及对夹岩的支护能力；研发了一种自进式长锚杆索拉悬吊施工技术，变大断面隧道传统多导坑临时支撑开挖法为台阶法，实现大断面隧道安全快速施工；创新采用钢管混凝土初支拱架替代传统型钢支护，在满足承载能力的前提下实现节材的目的。

4. 隧道群同步实时信息化监测施工技术：研发了由传感器、监测终端、中继器、集中器与云服务平台组成的隧道群振弦式传感器无线自组网监测系统，解决了传统监测反馈不及时及频率低的问题，实现了复杂隧道群各洞室应力监测数据的同步、实时、自动采集、传输与快速分析，以及隧道全过程的信息化监测，保证了隧道洞群施工安全。

四、取得的成效

（一）经济效益（表2）

经济效益（单位：万元）　　　　　　　　　　　　　　　　　　　　表2

自然年	经济效益指标	
	新增销售额	新增利润
2019 年	8756	1117.73
2020 年	12961	1885.13
2021 年	10298	1482.87
累计	32015	4485.73

主要经济效益指标的有关说明：

2019～2021 年，本技术成果先后应用于红岩村桥隧项目、解放碑地下停车场改造工程、敦白铁路项目、红云路市政旋转立交工程等多个工程的建设，新增销售额 32015 万元，利润 4485.734 万元。

（二）社会效益

1. 技术成果为城市小净距多洞立体交叠隧道建造关键技术支撑

本技术成果包含多项城市大跨小净距立体交叠隧道群施工技术，技术内容系统、全面，打破了复杂结构隧道群施工技术瓶颈，通过系统研发，获国家授权专利 34 项，其中发明专利 6 项，获省部级工法 8 项，发表论文 16 篇。为复杂立体叠加隧道群工程提供关键技术支撑。

2. 技术成果为基础设施城市隧道群施工领域起到了推动作用

本技术成果依托工程接待肖绪文院士、郑颖人院士、周绪红院士、中建八局、中国土木工程学会、海峡两岸隧道与地下工程学术研讨会、国企开放日活动、中国人民解放军后勤工程学院、西南交通大学、重庆交通大学等观摩数十场，参观 8000 万余人次。该技术成果的研究丰富了我国在复杂环境条件洞群开挖的技术和经验，为类似项目提供了成功案例。

3. 技术成果为城市隧道群施工领域的发展起到示范和引领作用

研发出的"大跨小净距立体交叠隧道群设计理论与方法、大跨小净距立体交叠隧道群开挖技术、大跨小净距立体交叠隧道群地层加固与支护技术、隧道群同步实时信息化监测施工技术"解决了城市隧道群施工领域难题，加快了我国城市隧道群施工领域的发展，促进了建筑行业的科技进步。

4. 技术成果提升了我国基础设施领域城市隧道群建设技术总体水平

研发的小净距多洞立体交叠隧道建造关键技术，经科技成果评价，成果整体达到国际先进水平，多项子技术达到国际领先水平，解决了城市小净距隧道群施工难题，保证了工程质量、安全、施工进度，提高了工效，降低了成本，取得了良好的经济效益和社会效益，为我国城市隧道群施工领域发展起到了引领和示范作用，提升了我国建筑行业的建筑技术总体水平。

（三）成果技术评价

1. 鉴定意见

（1）2017年12月7日，由北京市住房和城乡建设委员会组织召开"山地城市多台阶高陡边坡综合支挡施工技术"科技成果鉴定会，鉴定组委员听取了课题组的汇报，审查了相关技术文件，经过质询和讨论，鉴定委员会一致认为该项成果整体达到国际先进水平，通过鉴定。

（2）2018年11月20日，北京市住房和城乡建设委员会组织召开了由中国建筑土木建设有限公司、中国建筑第八工程局有限公司完成的"竖向小净距大断面交叉隧道施工技术"科技成果鉴定会，鉴定组委员听取了课题组的汇报，审查了相关技术文件，经过质询和讨论，鉴定委员会一致认为该项成果整体达到国际先进水平，通过鉴定。

（3）2019年11月21日，由北京市住房和城乡建设委员会组织召开了由中国建筑土木建设有限公司、中国建筑第八工程局有限公司完成的"大跨小净距蜂窝状叠层隧道群洞关键施工技术"科技成果鉴定会，鉴定组委员听取了课题组的汇报，审查了相关技术文件，经过质询和讨论，鉴定委员会一致认为该项成果整体达到国际先进水平，其中"双层管棚、对拉锚杆、W型钢带组合形成的隧道间夹岩互锚加固体系"该项技术达到国际领先技术水平，通过鉴定。

2. 权威查新

（1）科学技术部西南信息中心查新中心关于《城市隧道小净距穿越既有建（构）筑物秒雷管微振爆破施工技术》查新结论：本项目所述综合技术特点相同的城市隧道小净距穿越既有建（构）筑物秒雷管微振爆破施工技术，在所检文献以及时限范围内，国内外未见文献报道。

（2）科学技术部西南信息中心查新中心关于《竖向超小净距近接隧道双层二衬梁板结构施工技术》查新结论：涉及综合本项目所述技术特点的"竖向超小净距近接隧道双层二衬梁板结构施工技术"，在所检文献以及时限范围内，国内外未见文献报道。

（3）教育部科技查新工作站（G14）关于《山地城市大规模高密度隧道群建造关键技术》查新结论：经检索并对国内相关文献分析对比结果表明，均未见：该委托项目完全相同的施工技术在近距离跨越既有隧道大规模密集隧道群（洞间最小距离1.3m）的施工。

（4）科学技术部西南信息中心查新中心关于《大跨小净距蜂窝状层叠隧道洞群开挖施工技术》查新结论：在所检文献以及时限范围内，国内外未见文献报道。

（5）科学技术部西南信息中心查新中心关于《山地城市多台阶高陡边坡综合支挡施工技术》查新结论：在所检文献以及时限范围内，国内外未见文献报道。

（6）科学技术部西南信息中心查新中心关于《城市大跨小净距层叠隧道群夹岩加固施工技术》查新结论：在所检文献以及时限范围内，国内外未见文献报道。

（7）科学技术部西南信息中心查新中心关于《城市超大断面隧道初期支护钢管约束混凝土施工技术》查新结论：在所检文献以及时限范围内，国内外未见文献报道。

（8）科学技术部西南信息中心查新中心关于《城市高密度隧道群无线监测技术》查新结论：在所检文献以及时限范围内，国内外未见文献报道。

3. 应用评价

通过项目研究取得的"大跨小净距立体交叠隧道群设计理论与方法、大跨小净距立体交叠隧道群开挖技术、大跨小净距立体交叠隧道群地层加固与支护技术、隧道群同步实时信息化监测施工技术"解决了工程施工难题，取得了良好的经济效益和社会效益。

本技术成果后续可推广应用于全国范围类似条件下的高密度隧道群施工，当前我国正大力发展基础设施建设，该成果具有良好的市场应用前景与社会效益。

五、总结及展望

该成果以我国大力推行基础设施建设为背景，着力于建立健全国内外群洞设计与建造技术，以复杂隧道结构工程为载体，进行了系统研发，攻克了设计复杂、结构复杂、施工精度及品质要求高等一系列技术难关，实现四层七隧复杂结构的完美呈现，取得了一系列自主知识产权的研究成果。以"超小净距多洞立体交叠隧道建造关键技术"为核心，针对红岩村桥隧项目四层七隧群洞隧道，邻近国家一级文物保护区等周边环境极其复杂条件下的施工技术展开研究，研发了"大跨小净距立体交叠隧道洞群联合开挖与支护技术"，解决了复杂群洞同步施工要求高的难题；研发了"大跨小净距立体交叠隧道群开挖技术"，解决了群洞开挖安全稳定性差的难题；研发了"大跨小净距立体交叠隧道群地层加固与支护技术"，解决了软弱围岩地质小净距隧道开挖稳定性不易控制的难题；研发了"隧道群同步实时信息化监测施工技术"，解决了复杂洞群全寿命周期全面监测的难题。

该成果的成功实施为超小净距多洞立体交叠隧道建造提供了技术保障，促进了我国基础设施隧道建设领域的高水平发展，对小净距群洞建造技术起到推进作用。成果经专家评审鉴定整体达到国际领先水平，取得了显著的经济效益和社会效益，可为今后类似工程的施工提供了良好的借鉴。

城市主干道下方先盾构隧道后扩挖地铁车站施工技术

上经卫、李宝宝、林华、王琳凯、宋庆友、郭超

中铁一局集团有限公司

一、成果背景

（一）成果基本情况

本技术成果以广州地铁十三号线马场站工程项目城市主干道下方先盾构隧道后扩挖地铁车站施工技术为依托，提出了一种城市主干道下方盾构隧道内扩挖车站施工技术，通过盾构管片环形支撑加固装置保证了施工过程盾构隧道的安全稳定；采用门架为横通道与正线隧道交叉段施工提供充足的作业空间；扩挖隧道端头加固及横通道墙体受力体系的转换施工，保证了隧道扩挖施工的安全稳定；采用三台阶法进行盾构隧道内车站扩挖施工，减少了隧道扩挖施工时间，降低了围岩收敛、周边土体沉降，施工质量和施工安全得以保证。

（二）国内外应用现状

在繁华城市地段征地、拆迁存在着很大的难度，往往导致地铁车站不能按期开工，盾构始发后不能按期过站，造成时间和资源的浪费。为了解决限制盾构工期的难题，国内外相关研究机构、工程技术研究单位一些专家学者提出"先隧后站"或者"先隧后井"的施工方案。

该施工技术已在"北上广"、粤港澳大湾区等多个城市的明挖地铁车站工程中得以应用，并取得了理想效果。暗挖先盾构隧道后扩挖地铁车站施工技术应用案例相对较少，尚处于初步阶段。

（三）技术成果实施前存在的问题

本技术成果实施前存在一定"痛点"，给现场组织施工带来一定困扰。

1. 隧道多位于城市主干道下方，埋深浅、断面大，周边环境敏感，施工沉降控制要求高。

2. 隧道地质条件差，围岩裂隙发育，以沉积土或强风化泥质粉砂岩为主，遇水易软化、自稳能力差，开挖安全风险大。

3. 先盾构隧道后矿山法扩挖施工工艺复杂，为目前国内少有；存在管片拆除、洞内扩挖等多工序转换，扩挖施工导致围岩二次扰动，施工控制难度大。

（四）选择此技术成果的原因、拟解决的问题

在实践的基础上对该技术进行理论与实践创新，形成改进新型的创新成果，提出了一种城市主干道下方盾构隧道内扩挖车站施工技术，通过盾构管片环形支撑加固装置保证了施工过程盾构隧道的安全稳定；采用门架为横通道与正线隧道交叉段施工提供充足的作业空间；扩挖隧道端头加固及横通道墙体受力体系的转换施工，保证了隧道扩挖施工的安全

稳定；采用三台阶法进行盾构隧道内车站扩挖施工，减少了隧道扩挖施工时间，降低了围岩收敛和周边土体沉降，以保证施工安全并提高了施工效率。

二、实施的方法和内容

采用环形支撑加固装置进行紧邻拆除段两侧盾构管片的加固，通过环形支撑架＋千斤顶为盾构管片提供环向支撑力，通过拉节钢条为盾构管片提供轴向拉结力，保证临近盾构管片拆除过程中其他管片的稳定。在竖井横通道与站台隧道接口处，将横通道临时支撑荷载一次转换至中隔墙门式架及置换的临时横撑上，通过站台隧道范围内横通道的加密锁脚锚管、施作洞门超前支护、密排加固洞口钢架形成二次受力体系转换，有效控制地面沉降，采用上台阶开挖的洞渣回填中台阶、上下台阶贯通后左右倒边循环跟进施工下台阶的三台阶扩挖施工技术，最终完成站台隧道开挖施工，具体工艺原理如图1所示。

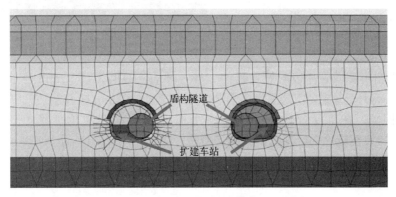

图1　先盾构隧道后扩挖地铁车站示意图

（一）从已施工的盾构区间隧道进入，对横通道范围的待拆管片两侧各3环进行纵向拉结、环向支撑加固，对待拆管片内部进行砂浆回填，回填至管片一半高度。

1. 纵向拉紧。纵向联系条采用槽14b，全环设置6根，联系条与管片间通过吊装孔采用M55螺栓连接，纵向间距3m，如图2所示。

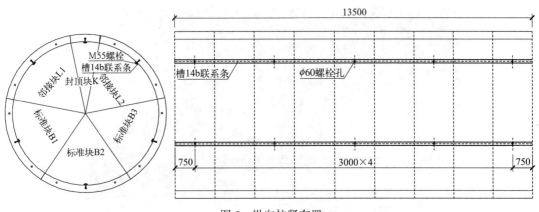

图2　纵向拉紧布置

2. 环向支撑。环向采用双拼共18支撑，每环8个单元，相邻单元采用6.8级M24螺栓连接，每榀环向支撑加设 3 个 50t 螺栓千斤顶，并施加预顶力，确保环向支撑受力均匀，支顶牢固，如图 3 所示。

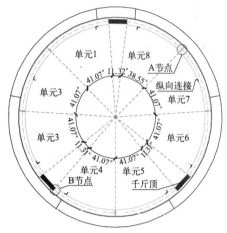

图 3　环向支撑布置

加固位置自拆除段管片边向外各延伸 3 环，环向支撑间采用 80mm 等肢角钢纵向连接，每个单元不少于 3 根，支撑和管片间隙间加装若干个 2mm 橡胶垫。

3. 管片回填。在待拆管片开挖轮廓线外 0.5m、区间开挖轮廓线 1m 范围内回填 M7.5 砂浆，回填至管片一半高度，如图 4 所示。

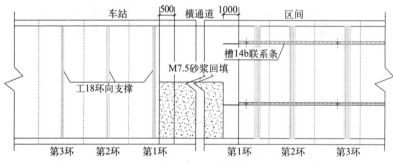

图 4　待拆管片内部回填

（二）破除横通道范围内管片，进行正线范围内横撑置换，拆除门架范围内竖向临时支撑，安装中隔墙门式架，完成横通道临时中隔墙支撑体系的受力转换，如图5所示。

图5　门架范围内支撑体系转换

（三）施作站台隧道超前支护管棚，破除隧道上台阶范围内横通道初期支护，采用三台阶法扩挖施工，洞门采用3榀钢架密排，完成横通道与站台隧道支撑体系的受力转换，如图6所示。

图6　横通道与站台隧道支撑体系转换

（四）正线站台隧道采用三台阶法扩挖施工，上台阶2.61m采用机械开挖，洞渣通过挖机趴渣回填至中台阶管片内，上、中台阶（中台阶3.01m、下台阶4.67m）紧跟，相互错开1.5m，循环进尺1.5m，支撑体系转换如图7所示。

（五）待上、中台阶贯通（图8）后进行下台阶施工（图9），下台阶按左右倒边错开5m循环进尺，完成站台隧道开挖施工。

三、成果技术创新点

（一）技术创新点

1. 首次采用竖井横通道与站台隧道接口二次受力体系转换技术

在竖井横通道与站台隧道接口处，将竖井横通道临时支撑荷载一次转换至中隔墙门式架及置换的临时横撑，通过站台隧道范围内横通道加密锁脚锚管、施作洞门超前支护、密

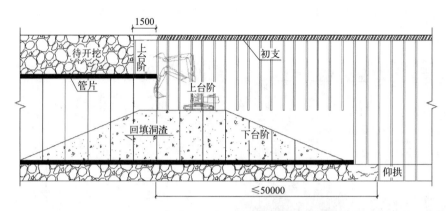

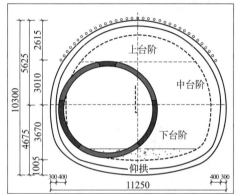

图 7 支撑体系转换

排加固洞口钢架形成二次受力体系转换，有效控制地面沉降，提升施工作业空间，保证施工安全。

图 8 上、中台阶贯通　　　　　　图 9 下台阶开挖完成，进行防水施工

2. 开发了复杂情况下先盾构后矿山法洞内扩挖三台阶施工新技术

在城市主干道下方，针对先盾构后矿山法洞内扩挖施工特殊工况，采用上台阶开挖洞渣回填中台阶、上中台阶贯通后左右倒边循环跟进施工下台阶的三台阶施工技术，实现上台阶渣土二次利用，节约成本，缩短工期，实现上台阶快速封闭，降低施工风险。

3. 自主研制一种盾构管片环形支撑加固装置

通过竖井横通道待拆段管片两侧设置环形支撑加固装置，为盾构管片提供环向支撑力以及轴向拉结力，保证管片拆除过程中相邻结构的安全稳定。

4. 首次提出基于群智能优化算法的土层参数反演及路面沉降分析技术

结合少量沉降实测数据及路面、土体、站台隧道数值模型，建立土层参数反演目标函数；引入准对立学习原则，首次提出一种改进的经验学习群智能优化算法，利用该算法全自动搜索各个工况的最优土层参数；结合三维数值模型，首次得到基于散点式沉降实测数据的施工区域城市主干道全局沉降云图，揭示不同施工工况的城市主干道沉降规律，指导现场施工。

（二）研发费用投入情况

研发费用统计见表1。

研发费用统计表 表1

项目	型号规格	数量	单位	单价（万）	费用（万）
泥浆泵	3PN	2	台	0.5	1
潜水泵	7.5kW	2	台	0.4	1.4
监测设备及人员	全站仪	1	套	6万/月	6
方案评审				1.5	1.5
体系转换及管片加固材料	钢材	35	t	0.6万/t	21
其他材料		1	项	2万/月	2
				合计	32.9

（三）取得的成效

1. 经济效益

通过城市主干下方先盾构隧道后扩挖地铁车站施工技术的应用，提高了施工效率，保证了隧道施工质量与安全，提前工期40d，共节省施工成本202.13万元，效益显著，为今后类似工程的施工提供借鉴。

2. 社会效益

基于对城市主干道下方盾构隧道内扩挖车站施工技术，马场站地铁车站采用三台阶法进行城市主干道下方先盾构后扩挖地铁车站施工，解决了施工过程中管片拆除、洞内扩挖、围岩二次扰动和多工序转换等一系列技术难题，缩短了隧道扩挖施工时间，实现了隧道快速封闭成环，降低了周边土体的沉降和收敛，保证了施工安全，并提高了施工效率，提前40d实现业主节点工期目标，受到业主、监理等单位一致好评，提升了企业美誉度，取得较好的社会效益。

3. 实施效果的客观评价

施工过程中，隧道开挖进度加快，作业空间扩大，机械化作业效率明显提升，扩挖期间，道路及洞内各项监测数据稳定，周边建（构）筑物及地下水位无明显变化，未发生监测数据预警情况，隧道扩挖安全、质量状态全面受控，得到监理、业主、市政监督等单位的一致认可。

4. 示范引领作用及辐射带动能力

城市主干道下方先盾构后扩挖地铁车站施工技术在马场站地铁车站的成功应用，获得建设单位高度认可；并在广州地铁十三号线同类工程条件下推广应用。具有带头示范引领作用和辐射带动能力，有效地促进了先盾构隧道后扩挖车站地铁施工技术在城市主干道下方的应用转型升级，对地铁施工行业发展作出了重要贡献。

5. 推广应用条件及前景

基于对城市主干道下方先盾构后扩挖地铁车站施工问题的研究，凝练出盾构隧道内扩挖车站施工技术，通过该技术的应用，解决了施工过程中管片拆除、洞内扩挖、围岩二次扰动和多工序转换等一系列技术难题，保证了盾构隧道内扩挖车站施工安全，提高了施工效率，并保证了施工质量，取得较好的效益，为相邻线路类似工程的施工提供借鉴意义，具有一定的推广应用价值。

四、总结及展望

针对城市主干道下方先盾构后扩挖地铁车站施工技术，结合以往的施工经验，在实践的基础上对该技术进行理论与实践创新，形成改进新型的创新成果，提出了一种城市主干道下方盾构隧道内扩挖车站施工技术，保证隧道扩挖施工的安全稳定，减少隧道扩挖施工时间，加快围岩收敛，降低周边土体的沉降，提高施工效率，取得较好的经济效益与社会效益，为类似工程的施工提供借鉴意义，具有一定的推广应用价值。

（一）存在的问题

在隧道扩挖过程中，上、中台阶沉降、收敛控制至关重要，按原设计方案，锁脚锚管控沉效果不佳，经现场总结改进，需在原有锁脚锚管的基础上每榀钢架再增加 4 根，同时钢架拱脚采用混凝土预制块支垫密实，这样控沉效果才明显提升。

（二）发展方向

本技术在先盾构隧道后扩挖地铁车站的应用，通过管片加固、受力体系转换、三台阶法应用和信息化指导施工，能够满足城市主干道下方盾构隧道扩挖的安全稳定要求，解决了施工过程中管片拆除、洞内扩挖、围岩二次扰动和多工序转换等一系列技术难题，保证了盾构隧道内扩挖车站施工安全，提高了施工效率。本技术在北京、上海、广州等城市拆迁征地困难地段应用效果明显，具备很高的推广应用价值。

高寒地区铁路隧道成套施工技术

刘斌、余超红、李刚、刘岩、姚天赐、崔文博
中国建筑土木建设有限公司

一、成果背景

敦白铁路项目属于基础设施建设隧道施工技术领域。该项目全长 32.69km，是"十三五"规划的路网通道，是东北东部地区快速客运和"两横五纵"的重要组成部分。其中隧道全长 3.9km，地理环境复杂、围岩破碎、水下渗路径广、施工难度大。

以敦白铁路项目为依托，针对高寒地区隧道成套技术展开研究，形成如下创新成果。

(一) 高寒地区隧道衬砌防空防裂预控快速施工技术

针对项目地质条件复杂等特点及类似项目运营后期质量病害频发等情况，通过对隧道病害产生的机理入手进行分析研究，并根据研究成果对衬砌施工机械设备施工工艺进行改造升级，主要针对衬砌台车及水沟电缆槽台车等。通过新工装及新技术的应用，大大提高了施工质量，并实现了衬砌的快速施工。

(二) 高寒地区隧道防排水施工技术

由于项目地质构造发育，破碎带内岩体呈角砾状，透水性强，同时同类项目运营后期衬砌渗漏水情况严重，项目通过采用自动化防水板台车进行施工，同时对防水板、土工布、止水带等质量薄弱地方加强研究，采用新技术成功解决衬砌防水效果差、衬砌渗漏水等难题。

(三) 高寒地区隧道保温施工技术

针对项目位于高寒地区、衬砌易受季节性严寒气候的影响，项目通过对多种保温材质及不同厚度的保温层进行温度场建模分析研究，研发了隧道保温板高效敷设技术，解决了原有施工工艺不易控制、材料消耗量大、施工效率低及施工过程中无效成本高等问题。

二、实施的方法和内容

(一) 高寒地区隧道衬砌防空防裂预控快速施工技术

1. 概述

相比普通地段隧道工程建设而言，高寒地区隧道建设面临的困难与挑战更加严峻，从目前修建的高寒地区隧道工程后期运营情况来看，部分隧道会出现衬砌开裂、背后脱空及冻害等不同病害问题，上述问题主要是工装工艺陈旧落后，难于满足现行质量标准，以此亟需开展隧道衬砌防空防裂方面的研究。

2. 关键技术

（1）针对高寒地区隧道冻害频发、冻害原理复杂等特点，为更好地掌握冻害发生机理，本项目进行了冻害机理分析及数值模拟分析（图1），提出了隧道各种冻害产生的根本原因及影响冻害的各项因素，从而有利于采用针对性措施对隧道冻害进行预防。针对无砂混凝土保温排水效果不佳、衬砌混凝土质量不佳及经济不合理的难题，本项目进行了混凝土配合比等方面的研究，优选出确保隧道质量最佳及经济效益最大化的混凝土原材及配合比，并加强了无砂混凝土在现场的应用，配制出孔隙率大、抗压强度高、最佳水灰比的无砂混凝土，提高了中心水沟排水保温效果。

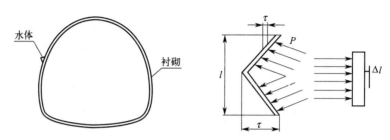

图 1　积水冻胀模型

（2）针对现场施工过程中发现的初支混凝土回弹量不易把控、忽大忽小，毫无规律可循，现场初支混凝土喷射过程中由于回弹量无法精准把控导致混凝土喷射后出现掉落情况，以及现场喷射混凝土使用量大大超过设计量，造价昂贵等问题，本项目针对初支混凝土经过研究形成初支喷射混凝土三维激光扫描回弹量控制技术，即运用三维激光扫描技术对隧道初支断面进行量测，通过后期数据计算，准确地计算混凝土回弹量，此项技术保证了初支的平整度，进而间接提高衬砌施工质量，减少病害的产生，同时大大节约材料，降低工程造价，形成利益最大化。

针对隧道衬砌施工整体性差、振捣不充分、衬砌易存在蜂窝麻面，导致混凝土强度不满足要求等难题，本项目通过对衬砌台车工作窗口、主料斗等进行改进、优化，实现混凝土逐层浇筑，逐层振捣，提高衬砌施工的整体性，使得衬砌混凝土强度得到保证。衬砌台车开窗布置，如图2所示。

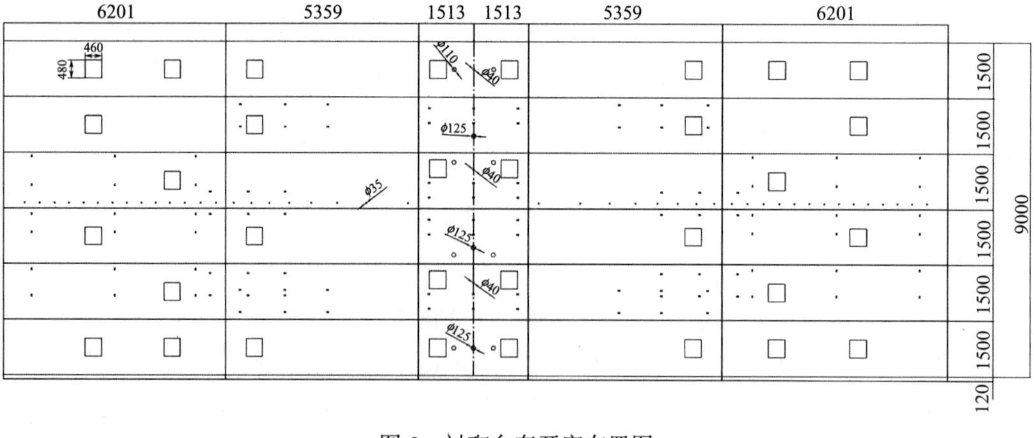

图 2　衬砌台车开窗布置图

由于施工工艺、施工水平有限，导致衬砌混凝土质量存在缺陷。本项目通过对衬砌台车工装进行改进，在衬砌台车拱顶中心线位置沿纵向方向设置注浆口，并安装 RPC 注浆管（图 3），用专用注浆机带模高压注入微膨胀注浆（图 4），有效地解决了二衬拱顶空洞、脱空等问题。

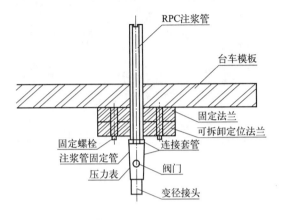

图 3　衬砌台车注浆管安装示意图　　　　图 4　拱顶注浆施工效果图

（3）针对隧道仰拱施工过程中二衬矮边墙部位施工质量及外观无法控制、仰拱无法实现分层浇筑、施工效率低下及栈桥无法自行前进等难题，通过对工装设备及工序流程方面进行研究，创新采用自行式液压仰拱栈桥带仰拱曲模机械施工，同时在施工中研发出隧道仰拱曲模自动收缩施工技术，从而解决了因曲模收缩困难，矮边墙无法一次成型的问题，通过自动走行系统实现栈桥的自行移动，以及仰拱的分层浇筑，在提高现场施工效率的同时也提高了仰拱整体的施工质量。

针对隧道水沟电缆槽施工过程中遇到的施工线型控制差、原有工装设备的施工质量无法保证、施工中存在工序交叉、施工效率低下等难题，本项目通过采用轨行式液压水沟电缆槽台车，现场电缆槽一次浇筑成型，浇筑后的混凝土线形顺直，沟槽尺寸位置准确。通过机械化的手段在保障施工质量的同时，实现了水沟电缆槽的快速施工，大大提高了现场施工效率，同时也节约了劳动力资源。

（二）高寒地区隧道防排水施工技术

1. 概述

由于传统的简易防水板台车施工导致现场防水板施工质量不易控制，导致后期衬砌防水作用减弱，增大衬砌渗漏水风险，同时施工效率低下，大大浪费人力、物力。因此，在防排水施工过程中对施工设备的改进及对施工工艺的提升工作刻不容缓。

2. 关键技术

（1）针对本项目隧道区域内地质构造较发育，断层及岩层节理裂隙发育，破碎带范围内岩体呈角砾状，具有较强透水性，是富水区同时也是地下水的良好通道。雨季裂隙水易于下渗和施工中由于防水板铺设不平整、施工质量把控不严等原因导致衬砌发生渗漏水病害及传统施工工艺施工效率低下等难题，本项目通过采用自动防水板台车进行防水板铺设，防水板铺设过程中通过台车上的卷扬机提升系统，使得防水板铺设小车沿着环向轨道运动一周从而带动防水板铺设,可实现土工布、防水板等工序的机械化施工,同时保证了土工布、防水板的施工质量,如图5、图6所示。

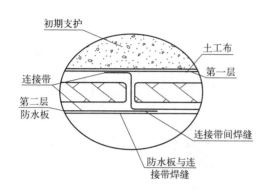

图5　防水板连接带细部放大图　　　　　　图6　防水板现场施工图

　　针对隧道保温层施工过程中,传统人工量测土工布锚固间距由于人为误差较大导致土工布铺设精度控制较差,同时由于土工布铺设精度较差导致土工布铺设不平整,进而影响后续防水板施工精度及衬砌防水效果,并且采用人工定位的施工方法效率低下,本项目通过研究形成红外激光辅助锚钉精准放样技术,即通过防水板台车红外定位装置确定土工布上锚钉固定点的间距及位置,采用射钉枪将热熔垫片纵横向有序排列并固定好土工布到预定的位置,解决了土工布布设不合理、间距不统一等问题,实现了土工布的精准定位并大大提高了现场的施工效率。

　　针对隧道防水板焊接过程中焊接质量不易控制、施工效率低下、易发生火灾事故等问题,本项目在隧道防水板施工过程中,通过电磁焊机焊接防水板和电磁热熔垫圈(图7),解决了防水板施工质量不易控制、施工效率低下等问题,实现了防水板的精准、快速铺设。

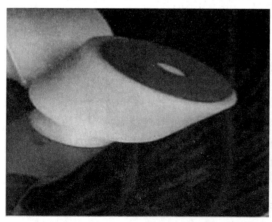

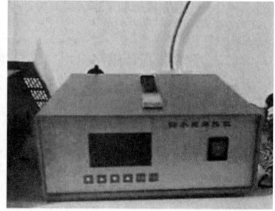

图7　防水板电磁焊枪

　　(2)在中埋式止水带施工过程中,针对其安装及定位不准确、止水带在长向上松松垮垮、线型不顺直、高低不齐及不利于夹持钢筋现场调整和现场重复周转利用等问题,项目通过对止水带安装进行研究，形成隧道中埋式止水带夹具施工技术，即将组装好的止水带夹具（图8）一端固定在仰拱曲模上，间距2m。通过夹板紧固螺栓调节夹板的松紧度来确保止水带的稳定。这解决了止水带在长向上松松垮垮、线型不顺直、高低不齐等问题，保证了止水带安装及定位准确，提高了衬砌的防水效果，此外，方便现场调整使用。

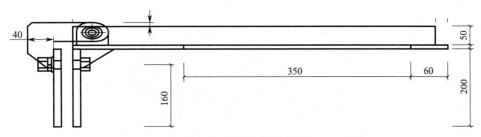

图8　止水带夹具示意图

针对二衬施工过程中二衬台车端头封堵中出现的封堵质量差、条木模板长度参差不齐、封堵不严密、易出现漏浆、工作效率低、条木模板重复利用率低、中埋式橡胶止水带安装质量差、衬砌钢筋定位不准、条木模板封堵时，容易对衬砌背后的防水板产生破坏，致使隧道产生漏水的隐患等问题，本项目通过模板主体、与台车顶端法兰连接的基座、连接基座与模板主体的肋板，以及设置在模板主体上的连接板和模板顶升组件等共同作用，解决了现有施工方法中止水带的固定效果差、端头封堵模板拼接性差、模板条的重复利用率低、衬砌钢筋定位不准等问题，提高了止水带的固定质量及模板条的利用率。

（三）高寒地区隧道保温施工技术

1. 概述

目前隧道衬砌保温工序施工过程中常遇到隧道施工过程中选用不同的保温材料大大影响隧道的保温效果，隧道原有保温层施工过程中施工效率低、安装质量差、保温效果差等难题，同时通过其他工程实例得知，目前高寒地区隧道运营后保温效果较差，冬季极易发生冻融情况，极大地危及列车的运营安全。

2. 关键技术

针对隧道保温效果较差、保温材料种类多及保温厚度不统一的问题，本项目通过对隧道不铺设保温层和分别铺设不同厚度及不同种类保温材料的保温层等情况进行对比分析研究，优选出5cm厚聚氨酯保温板进行隧道保温施工，大大提高衬砌的保温效果，现场保温效果最好，同时对其他工程隧道保温层设计具有较大的指导作用。

针对保温板施工过程中铺设施工难度大、施工质量差、材料消耗量大、效率低、施工过程中无效成本高，难以满足高寒地区隧道防水、保温的施工效果等问题，本项目通过采用热熔垫圈固定防水板与保温板，电磁焊枪进行焊接，单个仅需2s，解决了原有施工工艺引起的施工质量差、材料消耗量大、施工效率低及施工过程中无效成本等问题。

三、成果技术创新点

总体技术水平与国内外同类先进技术相比，处于国际领先水平，主要是研发了高寒隧道混凝土配比控制技术、衬砌台车逐窗分层浇筑及带模注浆技术、自动防水板铺设台车红外激光辅助锚钉精准放样技术等关键技术，大幅度提高了施工效率。

成果的研发费用投入情况约 80 万元。

四、取得的成效

（一）鉴定意见

该项目主要创新技术经北京市住房和城乡建设委员会鉴定，成果整体达到国际领先水平。包括以下 3 项关键技术：

（1）研发了高寒地区隧道衬砌防空防裂预控快速施工技术，主要针对衬砌台车及水沟电缆槽台车等，通过新工装及新技术的应用，极大提高了施工质量，并实现了衬砌的快速施工。

（2）研发了高寒地区隧道防排水施工技术，成功解决衬砌防水效果差、衬砌渗漏水等难题。

（3）研发了高寒地区隧道保温施工技术，解决了原有施工工艺不易控制、材料消耗量大、施工效率低及施工过程中无效成本高等问题。

（二）技术、经济及社会效益

通过高寒地区隧道衬砌防空防裂预控快速施工、高寒地区隧道防排水施工及高寒地区隧道保温施工技术的综合运用，在保证隧道施工与运营安全的前提下，可显著加快施工进度，减少材料消耗，实现了高寒地区隧道的快速建造。

本项目多次组织省级、沈阳局级、股份公司级先进工装施工观摩会，同时项目在 2020 年上半年沈阳局信用评价中荣获"A"级评价，创中建集团铁路系统信用评价历史最好成绩。

敦白铁路项目和吉图珲铁路项目的成功应用，取得了显著的经济效益，累计增加效益 4442 万元。

敦白铁路项目工程建设中通过科技攻关和技术创新，大大提升了工程科技含量，在隧道工程建设方面推动了科学技术进步。具有很大的推广应用价值，社会效益显著。

（三）应用情况

本综合技术推广应用于"敦白铁路项目"和"吉图珲铁路项目"，应用单位均为长吉城际铁路有限责任公司（表1）。其中，敦白铁路项目隧道工程全长 3.9km，地理环境复杂、围岩破碎、水下渗路径广、施工难度大。吉图珲铁路项目全长 33.848km，其中隧道全长 12.3km，地理环境复杂、围岩破碎、地表水易于下渗、现场施工难度大。

主要应用单位情况表　　　　　　　　　　　　　　　表 1

应用单位名称	应用技术	应用起止时间	应用单位联系人/电话	应用情况
长吉城际铁路有限责任公司	高寒地区铁路隧道成套施工技术研究	2018 年 4 月 1 日—2020 年 2 月 28 日	—	隧道工程全长 3.9km，地理环境复杂、围岩破碎、水下渗路径广、施工难度大

应用单位名称	应用技术	应用起止时间	应用单位联系人/电话	应用情况
长吉城际铁路有限责任公司	高寒地区铁路隧道成套施工技术研究	2011年6月1日—2015年9月1日	—	隧道全长12.3km,地理环境复杂、围岩破碎、地表水易于下渗、现场施工难度大

本综合技术依托敦白铁路项目隧道工程的施工难点和核心施工技术展开研究,主要针对衬砌防空防裂、隧道防排水及保温等关键技术进行攻关和创新,均取得了一定的研究成果及结论。

通过本综合技术研究成果的应用,对加快隧道工程施工进度、降低施工难度、保证施工质量和安全起到了很大的保障作用。通过科技攻关、施组优化、方案比选,施工过程中采用针对性措施,优质、高效、安全地完成了项目建设,对类似项目施工具有重要的指导意义,具有很好的推广应用价值。

五、总结及展望

该项技术研究内容较为单一,所属领域为土木建筑工程领域,且限于高寒地区隧道施工技术的研究,研究内容的推广领域为高寒地区隧道施工,所以在科技创新方面具有一定的针对性,也存在局限性。

今后的研究方向与研究内容应拓广至不同地域、不同环境的隧道施工技术研究,研发改进工装及工艺,总结和完善相关技术经验,为今后隧道工程高质量、高水准建设提供更加可靠的技术支持。

隐蔽型岩溶隧道安全快速智能施工动态调控技术

张志鸿、周杰、史春宇、康飞、岳星辰、张卫凡

中交一公局第八工程有限公司

一、成果背景

由于溶洞的隐蔽性、复杂性和不可预见性，目前对岩溶隧道的施工力学行为和支护作用效果认识还不够清楚，且在岩溶隧道的安全快速施工方面，目前国内外还缺乏比较系统和完善的施工技术与方法，无法满足岩溶地区隧道建设的实践需要。因此，有必要对隐蔽型岩溶隧道安全快速智能施工动态调控技术（以下简称"本技术"）展开深入研究。

二、实施的方法和内容

本技术主要针对岩溶隧道的施工特点与工程难点而展开，技术成果直接服务于高速公路的隐蔽性岩溶隧道（周盘沟隧道和彭家庄隧道）的安全快速施工。

（一）实施方法

1. 对岩溶区域工程地质情况进行广泛调研；采用统计分析方法，归纳整理现场实测资料；同时，对岩溶隧道施工方法、支护措施及处置技术进行深入调研与归纳整理。

2. 通过采用广泛调研、大量现场实测以及室内试验等手段，基于岩体中波速传播理论，深入研究不同爆炸荷载作用下围岩的力学性质、破坏机理、损伤范围及程度等。

3. 在上述文献调研成果基础上，结合现场监控量测、试验研究与数值模拟等手段，研究岩溶隧道的不同支护措施（初期支护、二衬等）对围岩的支护效果，并与已有实际工程案例进行对比，评估不同支护措施对围岩的实际作用。

4. 结合隧道现场超前地质预报数据和成果，建立隐蔽型岩溶隧道的安全评价标准。

5. 运用目前的人工智能技术，基于隧道围岩中的岩溶工程地质特征与现场监测结果，建立相应的优化理论模型，对不同安全等级岩溶隧道的施工开挖方案和支护措施组合方案进行最优匹配，实现岩溶隧道施工过程的智能、实时监控量测，实现施工期隧道拱顶下沉、地表沉降和周边收敛数据的自动计算与分析，结合岩溶隧道施工期支护安全标准，及时判断岩溶隧道施工风险，并对岩溶隧道的支护参数进行动态调整。

所采取的技术实施路线，如图1所示。

（二）关键技术内容

1. 通过不同结构面角度下岩石的SHPB动力冲击试验，揭示了爆破振动下岩石中振动波在不同结构面角度下的传递规律，提出了不同损伤试样最大振速与结构面角度的计算公式；建立了岩溶隧道围岩不同结构面角度、爆心距与围岩最大振速关系的理论计算方法。

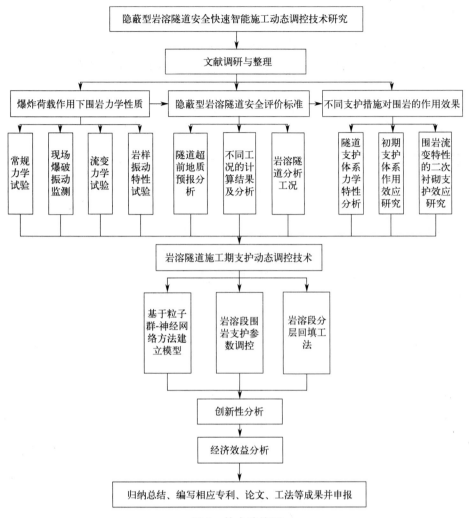

图 1　技术路线图

2. 采用收敛-约束法对初期支护体系的作用效果进行评价，并采用岩体基本质量指标 BQ 值量化分析了初期支护后不同围岩质量的提高程度。基于数值计算方法，通过比选，确定了保证不同岩溶条件与不同围岩质量（Ⅲ、Ⅳ和Ⅴ类）下围岩安全的支护措施组合（如混凝土喷层＋钢筋网＋锚杆、混凝土喷层＋钢筋网＋锚杆＋钢格栅、混凝土喷层＋钢筋网＋锚杆＋钢拱架＋超前小导管等）。

3. 构建了包含不同岩溶溶腔直径（2～6m）、溶腔距隧道洞壁的不同距离（0～1.5倍的洞径）、溶腔位于隧道的不同部位（拱顶、拱肩及拱腰）、不同围岩级别（Ⅲ、Ⅳ和Ⅴ类）以及安全支护措施的数据库；采用粒子群-神经网络算法（PSO-BP），建立了岩溶隧道施工期支护动态调控神经网络模型，最终形成岩溶隧道施工期支护动态调控技术。

4. 通过采用一种可以分层注浆的改进袖阀管，对拱部溶腔进行分层注浆回填，并结合现场监控量测及相应的动态防护措施等手段可确保拱部大体积溶腔注浆回填体的施工质量，保障围岩稳定性与施工安全，节约施工支护成本，形成了岩溶隧道初期支护下拱部大体积溶腔回填施工工法。

三、成果技术创新点

与国内外同类先进技术相比，技术创新点主要有：

1. 构建了不同岩溶条件与围岩质量下隐蔽型岩溶隧道安全快速智能施工动态调控技术。

2. 提出了隧道初期支护体系作用效果的量化评价指标。

3. 制定了岩溶隧道初期支护下拱部大体积溶腔分层回填施工工法。

四、取得的成效

（一）经济效益

采用本技术进行施工后，保障了岩溶隧道的施工质量与施工安全，节省了溶洞支护的工程材料。周盘沟隧道、彭家庄隧道施工中，遭遇了多次岩溶洞段，其中比较严重的岩溶洞段有 9 个，采用本技术节省工程材料费用累计约 200.25 万元。周盘沟隧道施工中，遭遇比较严重的岩溶洞段有 7 个，采用本技术节省工程材料费用累计约 167.65 万。合计共计节省工程材料费 367.9 万元。

（二）社会效益

采用本技术成功解决了岩溶地区隧道施工时易遭遇的各种施工地质灾害问题，有效控制了岩溶隧道严重岩溶洞段对工程围岩稳定性与施工成本控制带来的不利影响，确保了岩溶隧道的施工安全与成本控制，最大限度地降低了施工对于周边环境的影响，创造了良好的施工作业社会环境，社会效益明显。

（三）客观评价

本技术通过动态调控、量化评价、方法制定等有效手段最大限度地解决了岩溶地区隧道易遭遇的各种地质灾害给隧道施工带来的不利影响，保障施工安全，提高施工速度，保护生态环境，节能减排效果显著，具有巨大的经济效益和社会效益。河南省公路学会评价成果总体上达到国际先进水平。

（四）应用及推广

本技术在河南省西淅高速彭家庄岩、周盘沟溶隧道施工中得到应用。隧道施工期遇到了若干大小不等的岩溶，大部分岩溶溶腔尺寸宽 2~6m，深 3~10m，隧道施工中遇到的岩溶溶腔给隧道的围岩稳定和施工安全构成极大威胁。隧道开挖过程中，随着掌子面的推进，拱部岩溶位置多次出现了溶腔充填物坍塌、岩块掉落等情况。采用本技术对岩溶段围岩支护形式进行组合优化，对溶洞进行回填，最大限度控制了因岩溶地质灾害给隧道施工带来的不利影响，确保岩溶隧道实现安全快速的施工，并最大限度地降低了施工对于周边环境的影响，创造良好的施工作业社会环境，社会效益明显。这为后续施工提供了可靠的技术保障，也为今后类似邻近基坑工程建设积累了成功的实践经验。获得了业主、监理单位的高度认可，具有广泛的推广应用价值。

五、总结及展望

我国岩溶地质分布广阔,岩溶环境地质面积占到了我国国土面积的约 1/3。随着我国国民经济的发展以及基础建设中心逐渐向地质环境极端复杂的中西部山区转移,岩溶区域的公路和铁路隧道工程越来越多。而岩溶区域隧道的施工地质灾害给岩溶地区隧道工程的安全快速施工提出了重大挑战,成为制约岩溶隧道建设发展的瓶颈问题之一。提出的岩溶隧道安全快速施工智能动态调控技术,可以很好地满足岩溶地区隧道工程安全快速建设的需求,有效解决岩溶地区隧道施工时易遭遇的各种施工地质灾害问题,最大限度控制因岩溶地质灾害给隧道施工带来的不利影响,经济效益和社会效益明显,相关技术成果具有广阔的市场应用前景。

隧道混装乳化炸药爆破开挖施工技术研究

李唐军、胡波、张渊、刘淋、卫家华、李进
中交一公局集团有限公司

一、成果背景

目前，国内露天开采的矿山，由于下部矿体向深处延伸，变薄或有盲矿体存在，若继续以露天开采回收这部分矿产资源，不仅在技术上存在一些问题，在经济上也不尽合理，因此需要转入地下开采。

地下矿山使用钻爆法进行开采，面临包装炸药和雷管使用量大、作业环境复杂、一次作业量小、作业频繁和劳动强度大等问题，在民爆物品的运输、使用、储存等方面存在较大的安全管理风险，而现场混装炸药不仅确保了地下爆破施工的安全性，还有效提高了钻孔利用率和减小了岩石破碎块度，提升了挖装效率。

中交一公局集团有限公司经过长期现场混装炸药爆破实验以及装药设备选型和自主优化，成功将现场混装炸药应用于隧道爆破，形成了隧道混装乳化炸药爆破开挖施工技术，其原理是：采用38mm钻孔直径的台车或手工钻按设计打孔，现场混装乳化炸药装药使用金能科技BQPR型乳胶基质装药车，配备有敏化液箱、乳胶基质箱和两套泵送系统，现场使用亚硝酸钠和水按一定比例配置乳化炸药敏化液加入敏化液箱，将乳胶基质加入乳胶基质箱，启动泵送系统将两种物料通过静态混合的方式以一定比例充分混合，经过质量检验合格后通过输送管路打入装有起爆药的炮孔，等待10min后完全敏化后起爆。

本技术为爆破行业地下矿山、隧道工程使用混装炸药提供坚实的理论和实践基础，开创地下矿山爆破现场混装炸药机械化作业模式。隧道混装乳化炸药爆破开挖施工技术安全高效，有效降低作业人员劳动强度，为后续铲装挖运提供良好的作业条件，装药模式技术先进，具有明显的社会效益和经济效益。

二、实施的方法和内容

针对背景中拟解决的问题，以下介绍成果应用的具体技术方案。

(一) 施工工艺流程

工艺流程图如图1所示。

(二) 操作要点

1. 钻孔施工

作业面的大小和轮廓根据施工工艺、施工需求、设备选型和岩石条件等因素确定，掘进作业面可为矩形、拱形直墙或曲墙等。视情况可采用全断面或分部开采施工，钻孔施工工艺如图2所示，施工中的具体要求有如下：

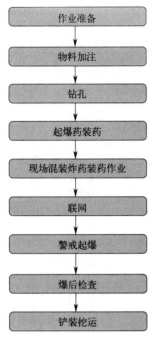

图 1　工艺流程图

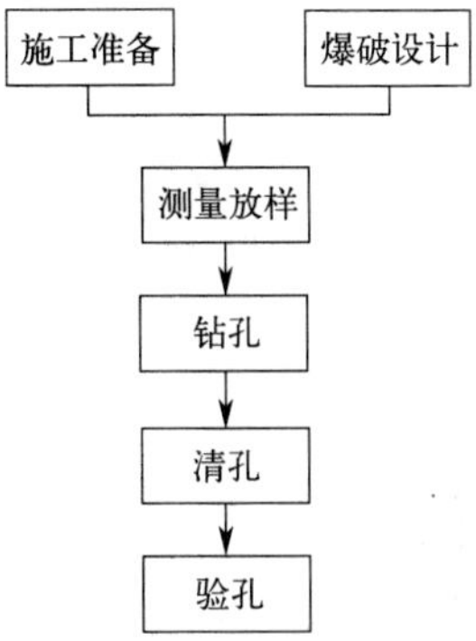

施工准备　　爆破设计

测量放样

钻孔

清孔

验孔

图 2　钻孔施工工艺流程图

（1）必须将工作面浮渣、松动石块清理到位，满足钻孔及后续作业条件。

（2）爆破设计应符合现场实际情况，根据岩石情况选择适当的钻孔孔深，岩石性质决定一次掘进开采深度。

（3）尽量避免将孔布置在浮渣较厚、岩石松动、节理裂隙发育或岩性变化大的地方。

（4）除掏槽孔和底孔外，设计孔深必须满足所有孔孔底都在同一设计水平面上。

（5）严格按设计参数验孔，允许的钻孔误差为：孔深为±0.2m，间距为±0.2m，方位角和倾角为2%；发现不合格钻孔时应及时处理。

（6）爆破施工及时反馈结果，改善钻孔质量。

2. 现场混装乳化炸药的制备

混装乳化炸药制备作为钻爆施工的重要环节，该作业岗位人员必须身心健康，无犯罪记录，必须经"三级"安全教育、安全生产技术及设备操作技能培训，并经生产作业操作考核合格，符合行业对炸药生产资格各项要求后，方可上岗操作。

现场生产作业技术要求如下：

（1）敏化剂配制温度：≤40℃。

（2）乳胶泵出口基质温度：≤40±5℃；装药温度：≤40±5℃。

（3）乳胶泵出口压力：≤1.6MPa；敏化液出口压力：＞0.3MPa，≤1.6MPa。

为防亚硝酸钠过快分解，配制发泡剂时水温不得高于40℃，发泡剂宜现配现用，每天中班结束后应放掉罐内余料，不得使用隔夜存放的发泡剂。

发泡剂组成应符合表1的规定。

<table>
<tr><th colspan="3">发泡剂组成</th><th>表1</th></tr>
</table>

序号	组分名称	质量百分比
1	亚硝酸钠	12%～15%
2	冷凝水	85%～88%

现场混装乳化炸药制备工艺如图3、图4所示。

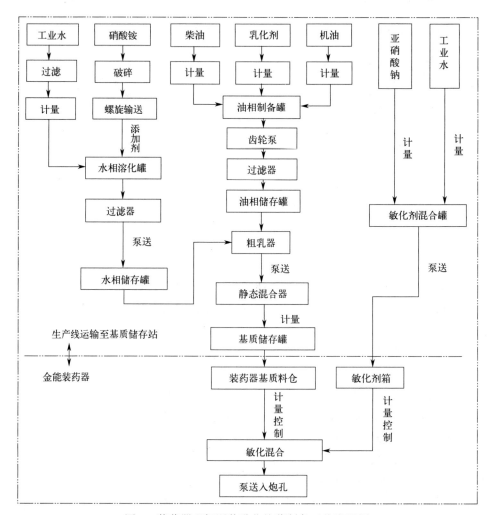

图3 装药器现场混装乳化炸药制备工艺流程图

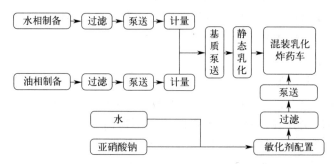

图4 现场混装车乳化炸药制备工艺流程图

制备过程应该注意：

（1）严格控制各原材料配方配比。

（2）装药车终端基质炸药必须每班作业前进行检测发泡，合格后方可作业。

（3）所有溶液必须过滤干净后加入料箱。

3. 起爆药加工与装药

乳胶基质炸药安全性较高，无雷管感度，故每个炮孔内必须装入成品起爆药包，起爆药包由雷管和200g的2号岩石乳化炸药加工，可以在基质装药入孔后加工并装入起爆药（正向起爆），也可以在装入起爆药后再进行基质作业（反向起爆），两种作业模式如图5、图6所示。

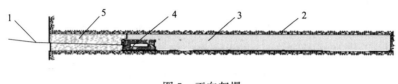

图5　正向起爆

1—脚线；2—孔壁；3—混装乳化炸药；4—雷管；5—填塞

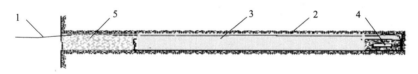

图6　反向起爆

1—脚线；2—孔壁；3—混装乳化炸药；4—雷管；5—填塞

（1）施工方法

正向起爆：将混装乳化炸药输药管插入孔底，根据装药设备的装药效率和装药孔径合理控制输药管抽出速度，达到设计装药长度时停止混装炸药装药，并装入起爆药。反向装药：先装入起爆药，后将混装乳化炸药输药管插入孔底，根据装药设备的装药效率和装药孔径合理控制输药管抽出速度，达到设计装药长度时停止混装炸药装药。混装乳化炸药从施工工艺方面杜绝了成品包装炸药无法耦合装药的缺点，装药结束后用炮泥将炮孔封堵，等待10min后联网起爆。

（2）施工要求

采用两种装药模式，必须将成品药的加工和装药车乳化炸药装药两道工序分开进行，不得同时开展。

三、成果技术创新点

经鉴定，本技术查新结果为国内未见，本技术处于国内领先水平。成果技术创新点包括以下内容：

第一条　应用现场混装炸药装药实现了地下矿山耦合装药，有效解决了深部开采矿岩的可爆性、可钻性较差等引起钻爆效率低的问题。

第二条　采用现场混装乳化炸药实现了作业现场精细化装药，能精确控制单孔、单炮装药量；采用动态控制原则及时优化装药结构；通过爆破试验调节合适孔网参数，达到最优装药爆破。

第三条 现场乳化炸药对孔壁要求低，解决了深部开采钻孔质量差，包装药入孔时出现的卡孔、堵塞和拒爆等问题，提高了装药效率，降低了盲炮率。

第四条 机械装药将作业面作业时间从原来的2h缩小到20min左右，减轻了地下矿山作业人员的劳动强度，减少了暴露在危险作业环境的时间。

四、取得的成效

（一）经济效益

采用隧道混装乳化炸药爆破开挖施工技术研究，可以显著提高炸药能量利用率，从而减少炸药用量，节约炸材成本，可以提高装药施工效率与改善爆破效果，从而提高工程施工效率与施工质量，可以通过机械化施工以提高安全性。根据本技术在多个地下工程爆破施工项目中的应用情况，该技术可使单炮循环进尺较传统工作方法提高0.5m左右，由此累计共计节约成本约588.42万元，使工期时间缩短了约53个工作日。该施工方法效果好、技术适应性好，可以在全国各种地质条件下的露天深孔台阶爆破中推广使用。

（二）社会效益

1. 本技术为地下矿山开采和隧道施工提出了乳胶基质远程配送和现场混装装药技术两种施工方法，利用机械装药减轻了地下矿山作业人员的劳动强度，减少了作业人员暴露在复杂危险环境中的作业时间，对矿山开采由露天向地下转变，提供了可靠的混装药作业方案，为以后地下工程类似项目的建设规划提供了可靠的决策依据和技术指标，新颖的混装炸药装药技术将促进地下工程施工技术进步，社会效益和环境效益明显。

2. 新技术解决了传统地下钻爆施工无法实现耦合装药而造成的炸药能量利用率低的问题，显著提升了炮孔利用率，提高了单炮循环进尺。爆后炮堆集中、岩石破碎块度小而均匀，有利于挖装铲运及选矿，减少了后期挖运和机械破碎的生产投入。

3. 本技术与传统的地下工程技术相比，更符合高危行业"机械化减人、自动化换人"的发展趋势，加快了地下矿山机械化发展进程。

（三）环保效益

本技术使用的炸药不产生新的固体废物，环保、绿色同时能减少炸药的使用量，增强爆破效果，最大限度地节约材料、节约资源。

（四）节能效益

混装炸药能实现装药的绝对耦合，最大限度地利用爆破能量，同时爆破产生的岩块破碎度较高，能极大地便于铲车一次装运，节约设备能源消耗。

五、总结及展望

本技术存在两个问题：一是该技术采用了金能装药器等新设备新工艺，施工队伍需要花费一定的时间进行教育培训；二是施工中使用混装乳化炸药装药时，施工人员在装药过程中对混装炸药装药技术要求的执行不够严格，影响了炸药的利用率。

根据存在问题，后续加大作业人员的技能培训以及对本技术使用过程的进一步完善。

城市复杂环境下地铁隧道爆破振动控制技术及施工关键工艺研究

付春青、李黎、禹庆斌、郭军立、杨帆、方晨

北京住总集团有限责任公司

一、成果背景

（一）成果基本情况

北京轨道交通 11 号线西段（冬奥支线）位于六环以内，地面建筑密集、地下管线复杂，爆破施工及振动控制难度大。北京住总集团有限责任公司率先响应北京市绿色文明施工的新要求，积极探索创新，聘请专家指导设计方案，根据施工需要和振动控制要求，提出了"动态松动施爆控制技术"和"等距离同等变形爆破振动控制技术"施爆和控爆，相应地建立了一系列降尘、降噪、控制飞石等一系列绿色环保爆破降尘技术。并结合项目施工特点，开展了电子雷管延期时间试验和爆破数字一体化系统研究，开发了隧道开挖岩体的可爆性分级判别系统、隧道爆破智能设计系统以及电子雷管施工技术。

（二）项目简介

北京轨道交通 11 号线西段工程为北京市基础设施重点建设项目。本标段为 01 合同段，工程范围包括 1 站 2 区间，分别为：起点～金顶街站区间、金顶街站、金顶街站～金安桥站（不含）区间，全长约 1.90km。工程概况如图 1 所示。

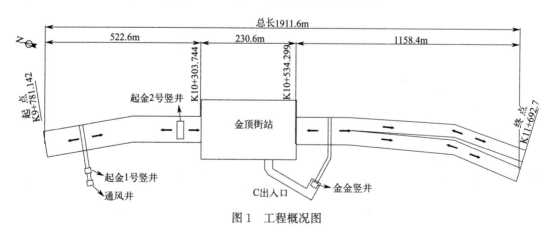

图 1　工程概况图

1. 起点～金顶街区间概况

起点～金顶街区间位于北京市石景山区，区间自模式口北里小区至模式口大街与石门路交叉路口，由西北向东南方向敷设于石门路下方。区间结构覆土 14.8～27.6m，底板

埋深 23.86～33.13m。单洞四线区间基底位于微风化玄武岩中；拱顶位于中风化玄武岩中；区间单洞双线主要位于微风化玄武岩中，拱顶位于中风化及微风化玄武岩、微风化灰质砂岩中。区间左线包括长链 2.946m，全长 519.016m；右线全长 516.599m。区间全长为单洞双线断面，采用钻爆法施工，区间南侧靠近金顶街站并设置交叉渡线，区间正线兼做停车线。起点～金顶街站区间地质剖面图如图 2、图 3 所示。

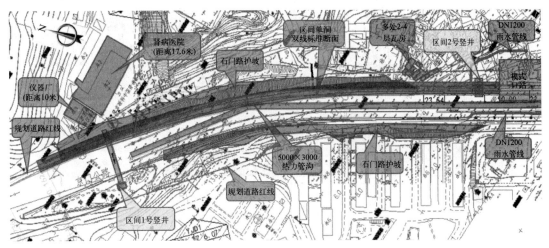

图 2　起点～金顶街站区间地质剖面图（一）

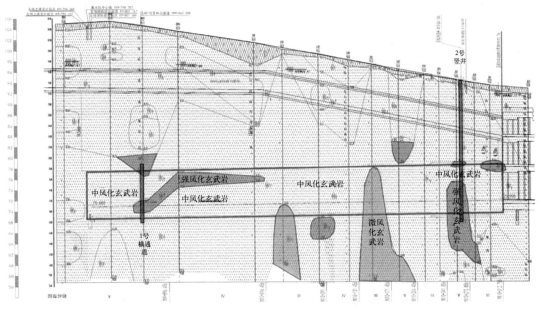

图 3　起点～金顶街站区间地质剖面图（二）

2. 金顶街站～金安桥站区间概况

金顶街站～金安桥站区间总长 1190m（其中大断面范围约 134m）。区间自金顶街站大里程端接出后，沿现状金顶西街及石门路敷设到达金安桥站，全部采用矿山法暗挖施工，其中大断面范围采用钻爆法施工。区间覆土厚度 17.2～22.6m，属于工程地质Ⅱ单元，该单元地貌上属于低山丘陵与永定河冲洪积平原过渡的山前坡麓地带，土层自上而下分为 7 层，地层层序依次为：黏质粉土填土①层、杂填土①1层，粉质黏土②1层、卵石⑤层、卵石⑦层、砂质粉土黏质粉土⑦3层、卵石⑧1层、粉质黏土⑧层、卵石⑨层。（14）全风化玄武岩、（14）1强风化玄武岩、（14）2中风化玄武岩、（14）3微风化玄武岩。金顶街站～金安桥站竖井位置平面图如图 4 所示，地质断面图如图 5 所示。

图 4　金顶街站～金安桥站竖井位置平面图

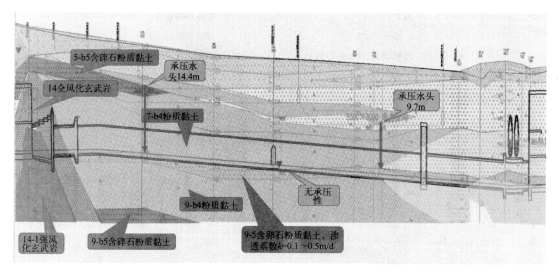

图 5　金顶街站～金安桥站地质断面图

3. 金顶街站工程概况

金顶街站（图 6）主体结构总长 189.2m，宽 40.5m，车站北段为地下三层，其余为地下两层，总建筑面积为 19726m^2，采用侧式站台，单侧站台宽度 7m，车站主体采用明挖法施工。车站西侧紧邻石门路及模式口西里小区，南侧为模式口南里小区，东侧及北侧为平、瓦房片区。主体基坑范围土层由上到下依次为：杂填土①1层、黏质粉土填土①层、粉质黏土重粉质黏土⑤b4层、含碎石粉质黏土⑤b5层、全风化玄武岩（14）层、强风化玄武岩（14）1层、中风化玄武岩（14）2层。其中，金顶街站北段范围内土层为全风化玄武岩（14）层、强风化玄武岩（14）1层、中风化玄武岩（14）2层。金顶街站东侧、西侧地质断面图分别如图 7、图 8 所示。需要钻爆石方集中在车站的北端，南端为土方，可直接机械开挖。

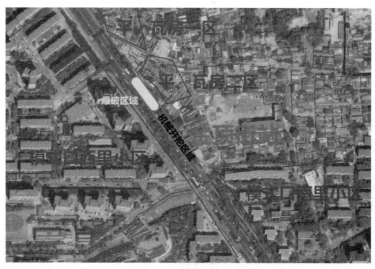

图 6　金顶街站位置图

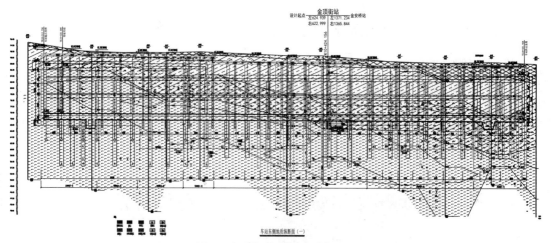

图 7　金顶街站东侧地质断面图

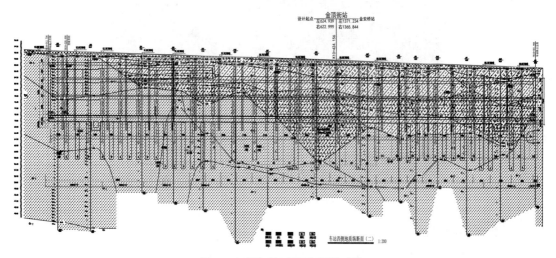

图 8　金顶街站西侧地质断面图

爆破振动控制技术结合该工程的特点和周边环境情况，考虑机械设备配备情况、技术力量，执行市政地铁建设和爆破行业安全的有关规定，从而确保爆破施工安全，尽可能降低爆破施工对周围环境的影响。

（三）国内外应用现状

以北京轨道交通 11 号线西段（冬奥支线）工程 01 标段为依托，本爆破工程处于闹市区，地面交通流量较大、来往行人较多、商业店铺林立，靠近医院、居民楼。下穿地下管线较多，包括燃气管线、热力管线等重要管线，爆破时需要严格控制爆破振动。对燃气管线、热力管线的振动控制，控制飞石不对附近建筑物和城市主干道产生影响以及解决爆破施工过程中的涌水积水问题都是本爆破工程施工过程中的重点及难点。针对在北京六环以内开展的地面、地下多敏感源的爆破项目属于北京首次，全球甚少。基于现场周边敏感风险源较多以及特殊的上软下硬地层条件，提出了等距爆破、爆破动态参数调整、松动爆破等相关技术，显著减少了爆破工程给建筑物和地下重要管线所带来的振动影响，保证了隧道项目的全线贯通。

（四）技术成果实施前所存在的问题

1. 工程的特点与难点

该工程施工环境十分复杂，工程处于闹市区，地面交通流量较大、来往行人较多、商业店铺林立，靠近医院、居民楼。下穿地下管线较多，包括燃气管线、热力管线等重要管线，如图 9 所示，属于十分复杂的环境爆破作业，爆破时需要严格控制爆破振动。对燃气管线、热力管线的振动控制，控制飞石不对附近建筑物和城市主干道产生影响以及解决爆破施工过程中的涌水积水问题都是本爆破工程施工过程中的重点及难点。

图 9　穿越风险源情况

2. 拟解决的问题

基于现场周边敏感风险源较多的雷管爆破振动控制研究的相关文献还相对较少，隧道内不同形式的布置炮孔方式、不同装药量和不同进尺对周围建筑物和结构的影响是本工程急需研究的问题，因此依托本爆破工程展开城市复杂环境下地铁隧道爆破振动控制是十分必要的。

二、实施的方法和内容

（一）技术方案

针对本工程中急需解决的问题展开研究，具有重大的理论意义与实践意义。理论意义在于能为城市复杂环境下地铁隧道爆破振动控制奠定扎实的理论基础；实践意义在于能形成一整套城市复杂环境下地铁隧道爆破振动控制的解决方案和技术体系，为以后的相关爆破工程提供完整、翔实的解决方案。

1. 采用文献资料法和理论分析法，研究隧道爆破参数的设计，包括隧道掏槽形式及掏槽爆破参数、光面爆破参数、炮孔参数及位置和炸药参数。

2. 采用文献资料法和理论分析法，研究竖井爆破参数的设计，包括掏槽形式、炮孔深度、掏槽孔圈径、掏槽孔单孔装药量、周边孔孔距、周边孔光爆层厚度、辅助孔圈数以及辅助孔炮孔密集系数等参数。

3. 结合爆破工程概况及周边环境条件，采用理论计算、现场试验和数值计算等方法，从改善岩石破碎效果、减小爆破振动强度对周边环境影响两方面分析在爆破动载荷作用下周边建筑物、重要管线的振动响应规律。

4. 采用现场试验的方法，通过对爆破振动实测数据进行回归分析，研究爆破振动衰减规律并据此规律推算最大单段药量，并核算最大单段药量和总药量不超过爆破测试的安全限量。

（二）与国内外同类技术比较

以北京轨道交通 11 号线西段（冬奥支线）工程 01 标段为依托，本爆破工程处于闹市区，地面交通流量较大、来往行人较多、商业店铺林立、靠近医院、居民楼，下穿地下管线较多，包括燃气管线、热力管线等重要管线，爆破时需要严格控制爆破振动，对燃气管线、热力管线的振动控制、控制飞石不对附近建筑物和城市主干道产生影响以及解决爆破施工过程中的涌水积水问题都是本爆破工程施工过程中的重点及难点。针对在北京六环以内展开的地面、地下多敏感源的爆破项目属于北京首次，全球甚少。基于现场周边敏感风险源较多以及特殊的上软下硬地层条件，提出了等距爆破、爆破动态参数调整、松动爆破等相关技术，显著减小了爆破工程给建筑物和地下重要管线所带来的振动影响，保证了隧道项目的全线贯通。

（三）技术成果

以北京轨道交通 11 号线西段（冬奥支线）工程 01 标段为依托，以隧道环境、岩石力学物理特征为基础，结合图像识别、现场高清摄像、数值模拟、信号仿真等技术，以达到改良电子雷管施工技术、实现岩体数据共享和隧道爆破参数智能设计的目的，从而形成隧道爆破设计和爆破效果反馈机制，建立隧道施工质量保证体系，全面提高企业隧道爆破施工的科学技术水平。

1. 隧道开挖岩体的可爆性分级判别系统

应用图像处理技术建立岩体识别系统和爆破效果分析系统，利用现场拍摄的掌子面岩体图片和爆堆图片，研判岩体裂隙程度、裂隙间距及裂隙倾向和走向等信息，获取爆堆和块度分布特征，将其与岩石基本物理力学参数（单轴抗压强度和波阻抗）相结合，对隧道被开挖岩体进行可爆性分级，并依此确定炸药单位消耗量。

2. 隧道爆破智能设计系统

隧道爆破智能设计系统的开发，是为了让现场的工程技术人员模拟专家思维来进行爆破参数的设计，其前提是准确获取岩体信息。该系统基于岩体可爆性分级系统确定爆破设计关键参数，并以成熟爆破理论作为计算依据，同时引入工程类比模块和人工干预的半自动设计模块，开发隧道爆破计算机辅助设计程序，自动/半自动完成隧道爆破参数相关图表的绘制。

3. 绿色环保爆破降尘技术

绿色环保爆破降尘技术主要采用现场试验验证的方式，对不同装药结构的水压爆破引起的爆破振动进行测试研究，寻求降振效果好的水压爆破参数。在水炮泥中加入提高粉尘润湿性和润湿速度的外加剂，利用烟尘监测系统对隧道内粉尘和有害气体浓度进行监测，研究控尘效果好的外加剂材料及其最佳配合比。

4. 电子雷管施工技术改良

以现场爆破试验为基础，深入地研究电子雷管降振原理，找出控制电子雷管爆破振动速度的关键因素，设计能够满足高效施工要求的最优孔网参数；利用爆破振动信号叠加原理计算指定预测点的爆破振动波形，并利用 MATLAB 信号仿真、数值模拟、信号分析等技术，对电子雷管起爆网路的各炮孔起爆时差、单孔药量和地震波传播速度等参数进行确定；最后基于电子雷管爆破技术，编制一套能够满足隧道施工高质、高效、安全的爆破施工工法，形成企业级施工技术标准，科学指导企业隧道电子雷管爆破施工。

（四）成果的创造性、先进性

以北京轨道交通 11 号线西段（冬奥支线）工程 01 标段为依托，项目在北京六环内闹市区展开爆破，提出了等距离同等变形爆破振动控制技术、动态松动爆破控制技术、穿越既有邻近结构控制爆破技术、绿色环保爆破降尘技术、隧道爆破数字一体化系统等技术，形成了城市复杂环境下地铁隧道爆破振动控制的技术体系。

（五）成果创新点

1. 隧道爆破数字一体化系统开发

集成地层岩性量化系统和爆破设计专家系统，开发具有自主知识产权的隧道爆破智能设计系统，实现岩体数据共享和隧道爆破参数智能设计，形成隧道爆破设计和爆破效果反馈机制。

2. 电子雷管延期时间确定

以现场电子雷管爆破试验为基础，结合 MATLAB 信号仿真、数值模拟、信号分析等技术，对等间隔延时爆破的延期时间进行优化，得到最优的电子雷管延期时间和不同条件下的降振情况，从而为有效控制振动提供参考依据。

三、取得的成效

（一）社会效益

本区间爆破工程处于闹市区，地面交通流量较大、来往行人较多、商业店铺林立，靠近医院、居民楼，下穿地下管线较多，包括燃气管线、热力管线等重要管线。爆破时需要严格控制爆破振动，尤其是对燃气管线、热力管线的振动控制十分重要。本工程严格遵循爆破振动、飞石、地层沉降等要求，考虑机械设备配备情况、技术力量和类似工程的施工管理经验，执行市政地铁建设和爆破行业安全的有关规定，保证施工安全。具体施工时需结合振动监测结果，优化参数，选择合理进尺（或台阶高度），振动控制效果显著。保证了既有敏感结构的安全性，满足了绿色施工的要求，确保了2022年冬奥会的顺利举行。

（二）经济效益

本区间爆破工程采用了多项先进技术，在保证工程质量的前提下大幅缩短了北京轨道交通11号线西段（冬奥支线）的整个施工时间，节省了大量的人力和物力，尤其是在地下隧道的贯通施工中精确爆破，而且将爆破振动控制在极小的范围内，保证了地面建筑物的稳固和地下敏感管道的安全，为2022冬奥会的顺利召开奠定了扎实基础。根据统计，此施工技术为11号线西段（冬奥支线）隧道全线贯通缩短工期20天，节省材料费用320多万元、人工成本110多万元，取得了显著的经济效益。

四、总结及展望

（一）成果总结

本成果应用于复杂环境下地铁隧道爆破振动控制，针对地面、地下多风险的爆破，提出了等距离同等变形爆破振动控制技术、动态松动施爆控制技术、穿越既有邻近结构控制爆破技术、绿色环保爆破降尘技术、隧道爆破数字一体化系统等技术，保证了地面、地下多风险源的安全，对全国乃至全球的地铁隧道爆破振动控制具有极大的借鉴意义。

（二）发展方向

若能够经过工程项目验证，更能将此成果有效地推广，真正实现地铁隧道爆破的"零干扰"，保证地面、地下的既有敏感结构的稳定性。

浅覆土软弱地层中大直径顶管技术研究

张文旭、张颍辉、贺现实、王晓烨、王志平、王辉

北京住总集团有限责任公司

一、成果背景

随着城市地下管网建设的密集程度增加，新修管网穿越现况道路、既有构筑物等成常态，且净距越来越小，施工的安全风险极高。北京市广渠路东延道路工程雨水管线工程施工中部分井段采用顶管法施工，穿越现况导行路，早晚高峰车流量大。该段规划雨水管道内径为3m，管顶覆土埋深2.9～3.06m，小于常规顶管覆土深度为管径1.5倍的要求。顶管掘进断面主要穿越土层为粉土素填土、粉细砂及粉土等软弱地层，在人工顶管顶进过程中不易进行姿态的控制，易造成轴线偏差。根据地质勘察报告，顶管掘进断面可能存在废弃管道，且可能下穿有压管道。施工过程中既要保证在浅覆土软弱地层条件下顶管掘进施工地面沉降量的控制、顶管姿态的控制，还得保证在穿越废弃管道时能采取安全有效的方式清除障碍物，因此施工难度极大。为此有必要开展浅覆土软弱地层中大直径顶管施工技术研究，进行浅覆土大直径顶管施工中地面沉降的预控制方法、大直径人工顶管姿态预控制技术、顶管施工遇地下障碍物清障方法等方面研究，有利于控制顶管施工质量，减少顶管施工对周边环境造成的不利影响。

本工程在以往人工顶管地面沉降控制方法、姿态控制方法以及清障方法的基础上，通过研发出管尾环向密封刷装置、新型姿态可主动调整式顶进系统以及可伸缩式主动支护装置，形成一套浅覆土软弱地层中大直径人工顶管施工技术。该技术与国内外同类技术相比有一定的先进性。

二、实施的方法和内容

（一）项目研究内容

项目依托北京市广渠路东延道路工程雨水管线工程为背景，展开浅覆土软弱地层中大直径顶管施工技术研究，其主要研究内容如下所述。

1. 研究一种浅覆土大直径人工顶管施工中地面沉降的预控制方法，优化以往沉降控制方法的实施效果，最大限度地减小顶进施工对地层及地面环境的影响。

2. 研发一种工具管姿态可主动调整式顶进系统，尽可能地减小顶管姿态的偏差，实现顶管在顶进过程中可随顶随纠偏将轴线控制在规范允许值以内的效果，提高施工质量。

3. 研发一种可伸缩式主动支护装置，便于在顶进过程中遇到与工具管相冲突的地下障碍物时，对其清障施工提供安全的作业空间，避免工作面顶部及外侧土体坍塌的风险，缩短清障时间，提高施工安全。

（二）项目技术路线

项目采用文献法、理论分析、数值模拟及现场实测等多种方法相结合进行研究，同时根据工程实际特点进行分析和现场试验。在现有的软弱地层大直径人工顶管施工技术资料的基础上，针对本工程软弱地层、浅覆土、有地下障碍物、下穿现况道路的施工工况，总结出一套浅覆土大直径管道人工顶管顶进施工过程中地面沉降预控制的方法。同时，优化人工顶管过程中姿态预控制措施，研发一种工具管姿态可调整顶进系统，通过现场试验，评价不同管道下沉纠偏方式和纠偏效果，最终提出一种适用性广、操作便捷的顶管姿态预控制装置。针对在顶进施工期间遇到与工具管不同方位的地下障碍物，结合工具管的自身构造特点及地下障碍物的分布情况，在原有工具管的基础上进行局部改造，得出可安全、快速清除障碍物的装置。项目主要技术路线，如图 1 所示。

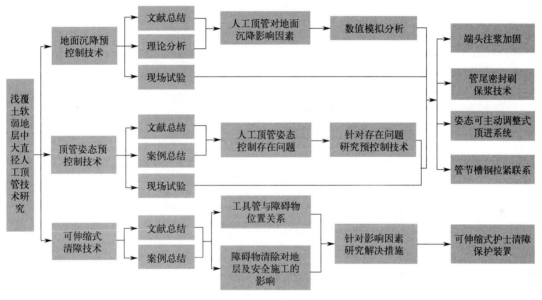

图 1　主要技术路线图

（三）项目解决的关键技术

1. 利用数值模拟得出的地面沉降曲线对顶管顶进全过程进行实时对照，及时调控。

2. 通过试验段对比分析，得出触变泥浆的最优配合比及注浆压力控制值。

3. 提出一种新型管尾密封刷装置，通过在工具管尾部设置环向密封刷装置，有效地封堵了工具管尾端与混凝土管道的缝隙，保证了触变泥浆的饱满性，从而降低顶管顶进对地层的扰动效应。

4. 研发一种工具管姿态可调整顶进系统，利用前端铰接装置和尾端液压千斤顶装置，配合接力顶进方式，可实现顶进姿态的预控调节。

5. 研发一种可伸缩式主动支护装置，便于对顶进过程中遇到与工具管相冲突的不同方位地下障碍物的清除施工提供保护措施，可有效防护顶部及外侧土体坍塌，提供清障施工的安全作业空间，缩短清障时间，加快施工进度。

（四）主要技术研究方法

1. 人工顶管地面沉降预控制技术研究

利用 MIDAS-GTSNX 数值模拟软件，分析大直径顶管在不同注浆压力下对浅覆土地层变形的影响，确定始发和接收洞门位置的沉降范围，并对该范围进行土体加固分析，同时选定最优的顶进注浆压力和触变泥浆参数。然后采用地面深孔注浆的方式对端头位置进行预加固，加固范围如图 2 所示，通过现场试验段顶进监测，对试验段顶进过程中的地表沉降理论曲线进行验证，根据试验段的应用效果，为后续正式顶进提供数据参考。

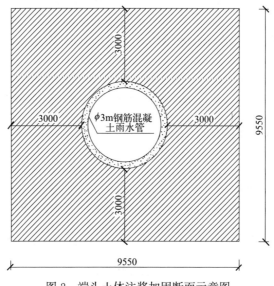

图 2　端头土体注浆加固断面示意图

对于人工顶管顶进过程中易出现开挖面漏浆的情况，提出了新型管尾密封刷装置，如图 3 所示，通过在密封刷中间涂抹油脂的方法，解决了工具管管尾与混凝土管接口处浆液易渗漏的问题，确保触变泥浆的饱和状态，减小顶进过程中的摩阻力，从而降低顶管施工对地层的扰动效应，实现对地层沉降的有效控制。

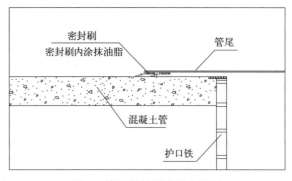

图 3　管尾密封刷设置大样图

2. 人工顶管姿态预控制技术研究

参照盾构机姿态主动铰接系统结合现有人工顶管工具管研究，提出了一种姿态可主动调整式顶进系统工具管，如图4、图5所示，该系统利用前端铰接装置和尾端液压千斤顶装置，配合接力顶进方式，可实现对顶进姿态的预控调节。通过现场试验，监测顶管高程及轴线参数变化，验证姿态可主动调整式工具管的应用效果，最终证明该装置施工便捷、工效高，配合管道拉紧方式，在顶管顶进过程中可随顶随纠偏将轴线控制在规范允许值以内。

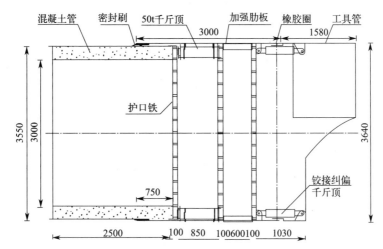

图4 姿态可主动调整式顶进系统纵断面总装图

图5 前端工具管及中间套管模型图

3. 人工顶管地下可伸缩式主动支护装置

通过查阅相关文献和现场调查，分析目前常用的人工顶管掘进过程中清除地下障碍物的方法，结合现场施工环境分析，提出在工具管内侧顶部120°内范围设置可伸缩清障防护装置，如图6～图8所示，防止顶部及外侧土体坍塌，为清障提供了施工安全作业空间，并通过现场试验，证明该装置安全性高及应用效果良好，最终形成一套成熟的人工顶管地下可伸缩式主动支护装置。

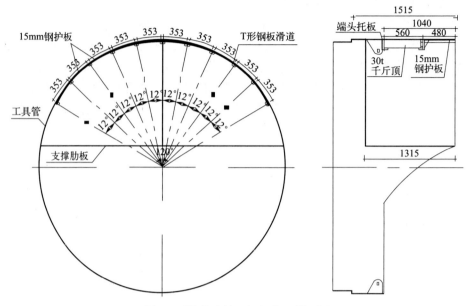

图 6　可伸缩式护土钢板布置断面图

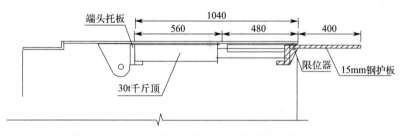

图 7　千斤顶顶伸钢护板前伸纵断面图

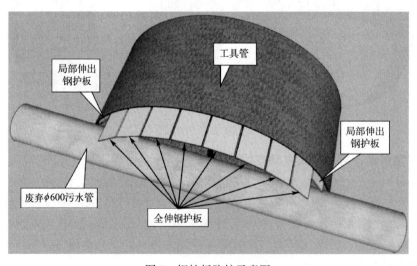

图 8　钢护板防护示意图

三、成果技术创新点

1. 该成果与国内外同类技术比较有一定的先进性，主要的创新点如下：

（1）浅覆土大直径人工顶管保浆控制技术

基于同步注浆效果对浅覆土大直径人工顶管施工的重要性影响，以盾构机盾尾和管片之间的连接原理为参考，研发了一种新型管尾密封刷装置，通过在工具管尾部设置环向密封刷装置，有效地封堵了工具管尾端与混凝土管道的缝隙，保证了触变泥浆的饱满性，从而降低顶管顶进对地层的扰动效应。

（2）大直径人工顶管姿态预控制技术

基于盾构机姿态主动铰接系统原理并结合现有人工顶管工具管结构，提出了一种新型姿态可主动调整式顶进系统工具管。该系统工具管分成前段和后段，前段主要由帽檐组成，后段主要由套管、密封刷和接力顶组成，前段与后段之间通过铰接千斤顶进行连接。在顶进的过程先调节铰接千斤顶来调整前段帽檐姿态，再通过接力顶进完成套管姿态的调整，最后利用后背千斤顶以调整好的姿态进行混凝土管顶进，从而实现姿态的预控制。

（3）大直径人工顶管可伸缩式主动支护装置

研发一种可伸缩式护土主动支护装置，通过在工具管内侧顶部120°范围内设置可伸缩护土钢板，利用钢板的伸缩性，有效地为顶进前方不同方位的地下障碍物的清除施工提供安全的作业空间，解决了无加固土层清障工作的难题，构建了人工顶管清障保护系统。

2. 成果的研发费用投入情况

研发费用投入情况见表1。

研发费用投入情况 表1

（单位：万元）

序号	经费预算科目		企业外经费	集团经费	自筹经费	合计	备注
01	科研业务费	调查及文献资料费	—	0.62	—	0.62	类似工程考察、现场调查购买图书、付费下载文献、查新
02		测试/计算/分析	—	3.5		3.5	现场各项测试，数值计算、数据分析
03	材料及加工费	材料费	—	12.68	26	39.08	改进可纠偏工具管材料、清障装置制作材料、密封橡胶圈、注浆试验水泥、膨润土
		加工费	—	1.2	—	1.2	改进可纠偏工具管材料、清障装置制作现场切割、焊接加工等
04	劳务费用		—	1.4	—	1.4	科技成果鉴定专家费用
05			—	—	3.5	3.5	现场人员加班补贴
06	机械费用		—	—	2.3	2.3	设备安装
07	检测费用		—	0.6	—	0.6	地面空洞雷达监测
总计				20	31.8	51.8	

四、取得的成效

（一）经济效益和社会效益

基于以往人工顶管地面沉降控制方法、姿态控制方法以及清障方法的基础上，通过研发出管尾环向密封刷装置、新型姿态可主动调整式顶进系统以及可伸缩式主动支护装置，形成一套浅覆土软弱地层中大直径人工顶管施工技术，既减少了管节之间的错台量，降低了后期管口接缝处理的成本，又避免了因姿态纠偏、地下障碍物清理造成的窝工现象，重要的是有效控制了因顶管顶进产生的地面沉降，节约了路面沉降的处理费用，降低了施工成本，缩短了工期，操作简便且安全可靠，实现了在同等条件下，操作优化、经济优化以及结构优化的原则。该技术成果在北京市广渠路东延（怡乐西路—东六环路）道路工程 4 号标段以及聚焦攻坚水环境治理工程朝阳区第六标段（高碑店及定福庄水厂北部流域污水管线工程）工程施工中得到成功应用，节约费用分别为 81.6 万元、51 万元，经济效益和社会效益显著。

（二）客观评价

该技术成果于 2022 年 7 月通过了北京市科学技术成果鉴定，鉴定委员会一致认为该技术成果达到国际先进水平。同时在 2023 年 12 月通过北京市住房和城乡建设委员会评审，同意评为北京市工法，专家组一致认为其关键技术具体新颖性，施工安全、质量可靠，具有推广应用前景。

（三）应用前景

通过对人工顶管地面沉降控制、姿态预控制以及可伸缩式主动支护技术等方面的研究工作，解决了浅覆土软弱地层中大直径顶管施工过程中地层变形大、顶管姿态难以控制和地下清障施工风险高等难题。该成果成功应用于广渠路东延道路等工程，技术先进，操作简便，有效提高了顶管施工质量，节约工期，降低成本，经济效益和社会效益显著，具有良好的推广应用价值和产业化前景。

五、总结及展望

该技术成果适用于覆土浅、地层软弱、地下管线复杂的大直径顶管施工工程，通过新型管尾密封刷装置解决了顶管顶进过程中的工具管与混凝土管接缝处浆液渗漏问题，但管尾密封刷需要有专人不断涂抹油脂来保证密封性；新型的工具管姿态主动调整式顶进系统可以随顶随纠偏，但纠偏角度为 2°，对曲线型顶管施工具有限制性。所以，在今后的研究中，本课题组或者广大学者可以就管尾密封刷智能化自动补浆技术及曲线型大直径顶管姿态主动调整式顶进系统等方向继续进行深入研究，助力我国大直径顶管工程规范化、智能化、信息化的发展道路。

滨海复杂地质条件下地下结构空间施工与监测关键技术

吴攀、滕超、李建英、李文华、单也笑、董伟娜

青岛海川建设集团有限公司

一、成果背景

（一）成果基本情况

技术成果名称为"滨海复杂地质条件下地下结构空间施工与监测关键技术"，本成果主要围绕滨海复杂地质条件下地下结构空间施工与监测的一系列关键问题进行研究，通过边坡土体滑动趋势确定土体加固范围并研制一种高边坡抗悬阻滑体系，针对可能出现边坡失稳的支护阶段进行信息化监测，运用 BIM 技术分析不规则原始地貌土方，分析地下水流路径，进行有效降排水并绿色回收利用。

（二）国内外应用现状

滨海城市地层多具有"上软下硬"特征，地层起伏性大，设计、施工具有自身特殊性。由于缺乏在"上软下硬"地层修建大型地下工程的技术和经验，所以早期建设直接应用北京、上海等城市修建土层为主体的地下工程技术，出现很多"水土不服"问题，如设计保守、施工难度大、监测预警不准。通常，边坡支护往往采用直接修筑支挡建筑物以支撑、抵挡不稳定斜坡。抗滑桩在滑坡体治理工程中运用比较普遍。由于普通抗滑桩通常用增大桩的截面（或直径）和提高材料强度的方法来提高抗滑能力，所以设计、施工过程容易造成不必要的经济浪费。鉴于在空间受限的高边坡土体施工中，现有技术难以保障施工安全和满足施工周期的要求，因此迫切需要创新的阻滑桩技术。

（三）技术成果实施前存在的问题

建设工程地下结构空间边坡遇侵蚀构造时，边坡形变量难以准确度量，初始的支护在设计阶段往往按照勘察报告以普通支护方式进行设计，当遇上冲沟地质时，往往造成难以估量的经济损失以及安全风险。同时，基坑边坡施工也伴随着基坑降水及土方开挖等问题。

（四）选择技术成果的原因

1. 通过对滨海上软下硬的复杂地质地下空间施工技术的研究，能够提高放坡角度，有利于创造更大的施工空间；能够降低因杂填土处支护格构梁悬空风险，增加支护施工安全系数。

2. 通过采用信息化边坡监测前兆识别和破坏预警技术，可对各个阶段工况进行逐一分析，确认边坡施工阶段危险源，实时监测基坑边坡边界条件变化，针对危险源及危险时

段进行重点监控。

3. 利用整体式降排水系统可有效降低大面积地下室空间底板及侧墙渗漏情况的出现，提高施工质量。

4. 通过将 BIM 技术与航测遥感影像技术结合运用在土方量的测算，大大降低后期土方数据处理难度，省去了现场繁重的土方测量工作，提高了工作效率，并能够提供完备的土方数据支持。

（五）拟解决的问题

1. 解决边坡支护施工时，遇地质结构突变情况，采用传统阻滑系统，占地面积大，施工周期长，施工扰动大，不能满足临时应急支护的问题。

2. 解决传统基坑支护监测有迟滞性，整体支护形态难以准确度量，不能及时反映边坡形变情况的问题。

3. 解决大面积基坑降排水效果差，地下渗流有抗浮压力及渗漏隐患，整体降排水不能有效绿色施工应用的问题。

4. 解决不规则原始地貌土方量测精度差，土方调配困难的问题。

二、实施的方法和内容

1. 滨海侵蚀冲沟地质微型钢管抗悬阻滑格构体系施工关键技术

（1）边坡有限元分析

利用 ABAQUS 建立边坡三维模型，采用 Mohr-Coulomb 理论，运用强度折减法分析不同场量下的边坡土体膨胀角和内摩擦角，得出不同状态下的边坡应力及位移情况，计算绘制不同需求边坡的滑动面，根据滑动面确定边坡构造形态及土体加固范围。

根据土体工况确认边坡状态，绘制原始边坡及高边坡构造。

根据强度折减法公式计算不断增加折减系数，折减后代入计算模型极限破坏情况，绘制边坡滑动面如图 1、图 2 所示。

强度折减法计算公式

$$C_m = C/F_r \qquad (1)$$

$$\varphi_m = \arctan(\tan\varphi/F_r) \qquad (2)$$

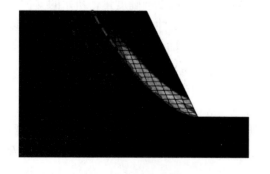

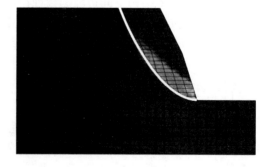

图 1 原坡面滑动面   图 2 高边坡滑动面

根据坡面滑动叠合范围（图 3），确认边坡破坏曲线（图 4），确认土体注浆加固范围应不小于坡顶滑动面滑动范围。

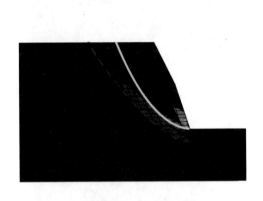

图 3　坡面滑动叠合　　　　　　图 4　坡面滑动复合位移曲线

（2）阻滑系统

根据滑动面坡体状态，进行侵蚀冲沟地质条件下高边坡区域支护，支护底部利用复合微型钢管桩作为上部支护结构阻滑基础，上部支护结构通过微型钢管桩阻滑系统向持力层进行重力传导；整个支护面板采用混凝土格构梁体系，并配合压力分散型预应力长锚杆对冲沟淤泥质土进行超前加固，确保锚杆锚固至滑动面外或入岩层，增加高边坡土体整体稳定性。微型钢管抗悬阻滑格构体系如图 5 所示。

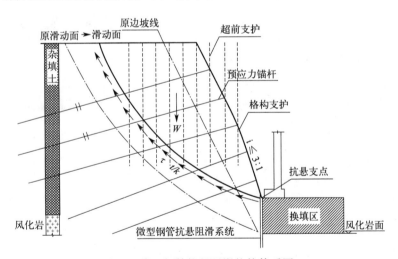

图 5　微型钢管抗悬阻滑格构体系图

2. 信息化边坡监测前兆识别和破坏预警技术

（1）对边坡支护各个阶段工况进行逐一分析，将边坡支护阶段分为缓坡格构支护阶段、陡坡格构支护阶段、阻滑抗悬支护阶段、换填阶段，确认边坡施工阶段危险源，针对危险源及危险时段进行重点监控。

（2）运用 BIM 技术及摄影测量技术重现边坡支护实景施工情况，将 Revit 模型与点云模型整合，通过比对点云法线与基坑模型离散度（图 6），核对现场边坡开挖与支护是否到位。

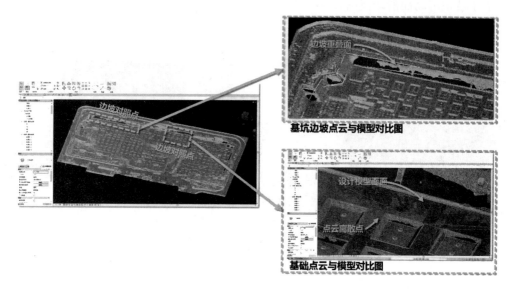

图 6　点云模型对比分析图示

（3）创新应用互联网＋IoT 技术，通过位移及沉降智能监测设备（图 7），采用主、被动触发方式，实现监测数据的实时传输和自动采集，形成各类监测曲线以及图表、图形，针对超限数据实时报警，并对监测数据进行统计总结（图 8）。

图 7　位移及沉降智能监测设备　　　　　　　图 8　基坑监测数据

（4）通过无人机倾斜摄影获取施工场地内航测数据，数据采集完成后，对获取的影像进行质量检查。将航测数据导入软件中进行空中三角测量计算，完成后输出实景三维模型进行后期处理（图 9），可运用实景模型量测边坡任意位置角度、高程、位移偏差等相关信息（图 10）。

（5）根据土体工况分析，在格构边坡支护施工至底部还未进行抗悬阻滑桩施工前，应进行重点监测观测，进行土体反压及抗悬阻滑桩施工后，土体水平位移及沉降变化渐于平缓，变化速率逐渐变小，最后基本趋于稳定收敛状态，如图 11、图 12 所示。

图 9   点云图像成像分析图

图 10   边坡角度实景测量

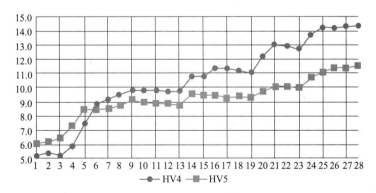

图 11   水平位移累计曲线

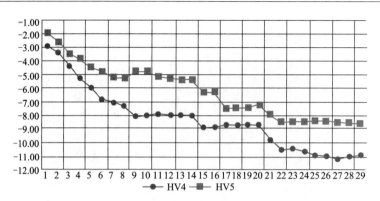

图 12　沉降位移累计曲线

3. 双循环微承压潜水整体疏散阻渗绿色施工技术

整体防渗疏散内外循环系统如图 13 所示。

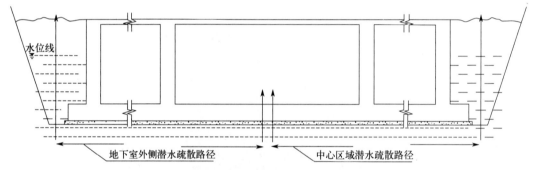

图 13　整体防渗疏散内外循环系统图

（1）运用 BIM 技术绘制盲沟管网路径，基坑周边盲沟在基础垫层底部开挖纵横向排水主干通路，均沿竖井位置辐射分布，纵横向主干路间等距布置次干通路，如图 14 所示。

（2）中心广场区域布置单独的盲沟回路，根据基础高差设置排水路径，坡向主体结构集水坑，如图 15 所示。

（3）集水坑中心位置设置热镀锌钢管，自碎石盲沟伸入集水坑内，基础以下部位钻孔并设置反滤层，基础施工时可兼做排水管进行降水，如图 16 所示。

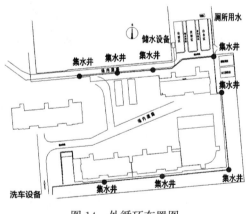

图 14　外循环布置图

（4）末端可根据需要外接蓄水系统、冲洗系统、除尘喷淋系统、绿化系统等设备，用于绿色施工回收利用。

4. 基于 BIM 及航测摄影测量技术对不规则原始地貌土方测算数据分析

（1）数据采集

通过空中摄影测量技术获取施工场地内航测数据，根据现场实际情况及规范要求，确定无人机航线、航飞高度、航向重叠度、旁向重叠度、地面采样距离等数据，完成航测数

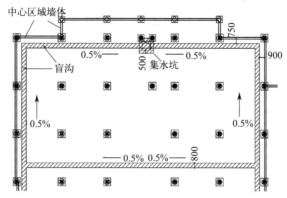

图 15 中心区域内循环布置图

图 16 阀井管道安装示意图

据采集工作,航线规划如图 17 所示。

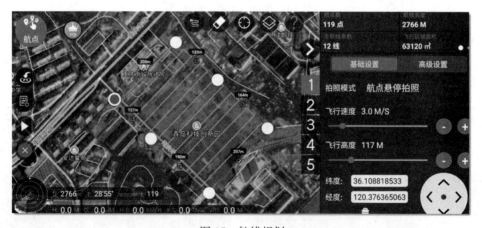

图 17 航线规划

数据采集完成后,对获取的影像进行质量检查,导入 CCMaster 中进行空中三角测量计算(图 18),完成后输出实景三维模型(图 19)进行后期处理。

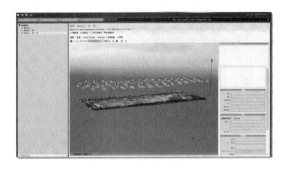 

图 18　空中三角测量计算　　　　　　　图 19　输出实景三维模型

（2）数据处理

查找最近邻点的"球邻域"半径 $R = N/(\pi \cdot R^2)$，快速计算点云的表面密度（图 20），将计算后的点云保存成 .txt 文件，读取点云平均密度。

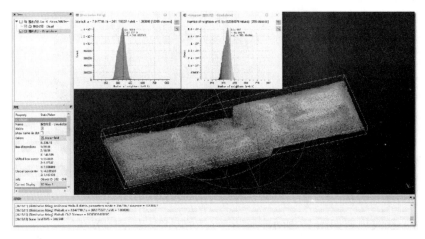

图 20　点云表面密度覆盖图

阈值范围内点云密度均匀部分，选用低通滤波方式（图 21）；点云密度过高的部分，按照随机采样方式进行抽稀（图 22），降低点云大小，根据点与点之间的最小距离删除所有重复点。

 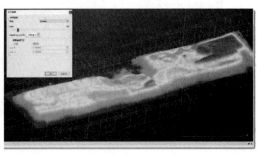

图 21　低通滤波点云去噪　　　　　　　图 22　点云抽稀

（3）深化拟合出图

在 Revit 中分别链接土方点云模型与基坑点云模型，利用定位点对模型进行三维对齐，如图 23 和图 24 所示。

图 23　拟合地形　　　　　　　　　　　　　图 24　地形断面

（4）划分生成断面

选择降低远裁剪偏移值使远裁剪平面更接近于切口平面。按根据指定的间距划分模型断面（图 25），生成相应的剖面视图并计算出各断面的面积（图 26），依据具体要求，导出所有土方工程模型断面图纸（图 27）。采用断面法计算每段方量，并最终完成统计土方数据。

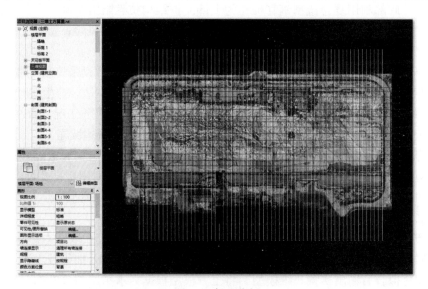

图 25　断面分割

图 26　绘制面积填充并提取断面面积

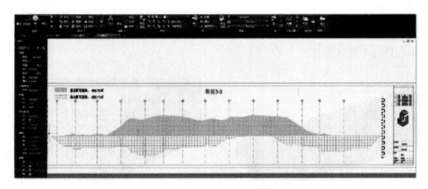

图 27　导出土方模型断面图纸

三、成果技术创新点

(一) 技术创新点

1. 创新点 1：通过有限元分析土体滑动收敛情况及侵蚀杂填土固结范围并进行有效固结灌浆，支护底部利用复合微型钢管桩作为上部支护结构抗悬阻滑基础，上部支护结构通过抗悬阻滑系统向持力层进行重力传导，减少上部格构体系悬空风险；整个支护体系主动控制土体变形，改变滑动面应力状态及滑动稳定条件。

2. 创新点 2：通过信息化技术进行数据采集，实现监测数据的自动采集和实时传输，对采集到的各类数据进行数字化建模分析，形成各类变化曲线和图形、图表，产生实时报警，对监测数据进行统计总结。运用 BIM 技术及摄影测量技术重现边坡支护实景工况，通过比对点云法线与基坑模型离散度，核对现场边坡开挖与支护是否到位，指导现场边坡施工。

3. 创新点 3：利用疏堵结合的原理，设置内外疏散通道。在结构底板近外边缘处下部设置网格型集水管网，并在整个基坑周边形成闭路管道，最终利用竖向集水井将集水排出；在结构底板中心处远离基础边部中心区域设置独立的闭路循环管线，并增加管阀设施，将集水有组织地排出。

4. 创新点 4：结合 BIM 技术与无人机航测遥感影像技术采集获取基本影像航拍数据，将所获数据进行空中三角测量计算，通过低通滤波点云去噪及点云抽稀技术进一步进行数据处理，深化拟合后输出实景三维模型。将土方模型根据需求精度划分断面，生成断面图纸，利用断面法快速进行土方量计算。

(二) 研发投入情况

企业研发项目投资总额共计约 62 万元，包括项目数据采集分析、设备折旧及研发人员工资等费用，经费来源为企业研发经费。

四、取得的成效

(一) 经济效益和社会效益

本技术成果开展了滨海复杂地质条件下地下结构空间施工与监测关键技术研究，实现上部支护系统的抗悬阻滑功能，控制土体滑动范围并增强其稳定性；采用信息化边坡监测技术，及时动态监测边坡不同阶段的工况数据，实现边坡位移形变的实时预警功能；采用双循环整体疏散阻渗绿色施工技术，实现地下结构空间降排水的回收利用，实现绿色施工；采用 BIM 与航测摄影测量技术，采集不规则原始地貌土方数据，实现信息化辅助精确土方测量功能。项目成果在滨海地区复杂地质地层地下空间结构的施工和监测中得到广泛应用。该项目成果近三年创造经济效益 1042 万元，有着良好的经济效益和社会效益。

（二）客观评价

2022 年 3 月 8 日，《滨海复杂地质条件下地下结构空间施工与监测关键技术》课题成果进行评价评审，根据技术资料和相关支撑材料判定，该成果整体水平达到国际先进水平。

（三）示范引领、行业贡献

该成果已广泛应用于滨海地区各项新建建设工程的地下结构空间施工中，并重点推广成果中的信息化监测技术、绿色阻渗施工技术及航测遥感影像土方统计与调配技术。该成果提高了结构和施工的安全性及施工工效，实现了节能减排目标，有利于推动滨海复杂地质条件下地下结构空间的施工技术进步，助力山东半岛蓝色经济区的基础设施建设，具有良好的工程实用价值。

（四）推广应用前景

该成果已应用于青岛科技创新园项目 B 区项目、青岛生物科研交流中心工程、青岛新机场综合办公及生活服务用房工程标段二工程、青岛富尔玛国际家居博览中心工程等多项建设工程项目。通过滨海侵蚀冲沟地质微型钢管抗悬阻滑体系的施工，替代传统灌注桩支撑阻滑结构体系，降低了成本；通过信息化边坡监测技术，及时动态监测边坡不同阶段的工况数据，减少人工监测工作量；通过双循环整体疏散阻渗绿色施工技术，实现地下结构空间降排水的回收利用，在有效避免地下室渗漏的同时实现绿色施工；通过 BIM 与航测摄影测量技术，采集不规则的原始地貌土方数据，大量节省人工测设劳动力，增加土方归集准确性，有着广阔的应用前景。

五、总结及展望

1. 存在的问题

项目技术适用于"上软下硬"地层地下空间结构的设计、施工和监测预警，对于全部为软土地层的地下空间结构是否适用尚未开展系统研究。下一步将全面考虑复杂多变的地质条件，丰富项目成果。另外，如何利用物联网技术，研发便携、智能的多元数据采集传感器和数据传输系统，实现地下工程现场数据的实时获取与分析，还需要进行深入的探索。

2. 发展方向

通过该技术成果的全面应用，不仅能保证结构和施工的安全，还能提高工效，满足节能减排等技术经济指标，能够合理保护生态环境，积极落实"碳达峰、碳中和"的国家目标，符合低碳环保、绿色施工的理念，有着良好的社会效益和环保效益。该成果的应用将助力滨海复杂地质条件下地下结构空间的施工技术进步。

四、智慧岩土

"勘察博士"工程勘察全周期数智化管理系统

李耀家、彭涛、高晓峰、任东兴、杨宗耀、陈龙飞

中冶成都勘察研究总院有限公司

一、成果背景

（一）成果基本情况

岩土工程勘察是工程项目建设的重要一环，传统岩土工程勘察工作具有分散作业、纸质媒介存储、内外业工作分开等特点，存在工作效率低、记录易出错、可追溯性差、数据共享性差和监管难度大等问题。当今世界科技在云计算、大数据和图像识别等技术领域的研究和应用取得了突破性进展，适时推进工程勘察行业数字化转型，以数字化转型创新驱动生产方式和管理方式变革势在必行。

为此，中冶成都勘察研究总院有限公司（以下简称中冶成勘或公司）研发了基于 Android＋HarmonyOS＋iOS 的手机端 App 和基于 Web 的"勘察博士"工程勘察全周期数智化管理系统，简称"勘察博士"。该系统集成互联网、大数据分析、云存储、图像识别等多种技术，通过随身携带的手机等终端即可完成对地层信息、影像、原位试验等勘察信息的记录，采用自动化、传感器、图像识别等领先技术将分散作业的勘察各个阶段系统化，强调公司管理层、项目管理层和现场技术人员的强联动关系，实现数智化管理、数智化作业、数智化审核和数智化成果的岩土勘察全方位数智化管理，形成了一套易操作、高效率、可开发、强兼容、强协同、全专业等特点的工程勘察全周期数智化管理系统，如图1所示。

图1　全流程勘察数智化作业模式

（二）技术成果基本来源

中冶成勘从 2018 年开始，多次组织技术骨干和专家团队对工程勘察全过程涉及的具体标的、流程和手段开展调研和试验分析，从企业成本控制、精准管理、提质增效等方面

考虑，认为研发一个实用且运维成本低的勘察数字化系统是解决工程勘察数字化的关键。经过多次研讨，科技创新团队最终提出对外以手机移动终端为数字化升级的载体，对内以数据平台和处理调度系统为管理载体，重塑管理流程，将勘察过程智能化处理嵌入项目全过程，从勘察准备期到工程建设期全面升级操作、检验、分析手段，实现对勘察项目安全、质量、进度、监管、成本、资金、风险等的信息化管控，同时形成数据库，应用大数据分析为公司效能改进与战略决策提供有效的支持。

（三）国内外应用现状

"勘察博士"工程勘察全周期数智化管理系统经历了模拟、内测、调试升级以及试运行等阶段，正式上线后已成功运用到什邡蓥华山旅游康养产业园、仁寿乡村振兴、东西城市轴线等30多个工程勘察项目，实现了数字化采集、数字化管理和数字化监督，最终形成数字化成果，可跨平台和跨领域共享利用。

（四）技术成果实施前所存在的问题

虽然经过多年发展，工程勘察领域已经在技术创新和信息化进程中取得一定成果，但传统的勘察模式仍然占主流，工程勘察领域仍存在不少影响项目质效的问题，其中特别突出的问题有：一是数字化程度严重不足，往往以"纸质或纸质＋后期数字化"的形式进行项目管理，原始资料可追溯性差；二是缺乏新技术在勘察中的应用，勘察作业效率低；三是在工程建设中重视力度不够，常小作坊作业，监督管控不严，成果资料质量参差不齐；四是勘察成果资料分散、缺乏集成，不能实现共享和深度利用。

（五）选择此技术成果的原因

随着互联网的全球化，蓬勃发展的电子信息技术不断从传统的工作模式中解放生产力，带来社会生产力和生产关系的变革，呈现出以生产方式智能化和产业形态数字化为特征的新趋势。作为国家高新技术企业，公司创建基于电子信息技术的数字化勘察系统是支撑国家战略、促进行业发展以及企业创新等多方面要求之必然。

（六）拟解决的问题

大量实际工程应用表明，使用"勘察博士"工程勘察全周期数智化管理系统可有效缩短勘察工期，方便管理者对项目进行跟踪，增强了管理者与技术人员的联系，提高了勘察资料的质量，降低了项目管理成本，并实现数据共享和深度利用。

二、实施的方法和内容

（一）系统即时监控调度，把控生产全局

基于工程勘察全周期数智化管理系统，在业务层搭建项目集成数据端，通过现场监控采集设备、卫星定位系统、移动录入设备等，将所有在建项目纳入系统监管后台，实时监控项目情况。管理人员可在手机App随时查看正在实施的项目，从而及时全面了解项目生产和经营情况，实时掌握项目进展，监督项目的实施。

（二）及时掌控项目进度，精细调配资源

勘察项目具有短、平、快的特征，常多个勘察项目同时作业，这对项目人员和资源的分配提出了更高的要求。传统的项目管理模式下项目负责人往往并不能实时掌握项目进度，对资源的分配也缺乏立体感，这样导致资源浪费和设备闲置。通过工程勘察全周期数智化管理系统，项目负责人可以实现一人管理多个项目，对项目的设备资源精准调配，提升设备利用率，可有效节约施工成本，进一步缩短工期，提升项目效益，如图2所示。

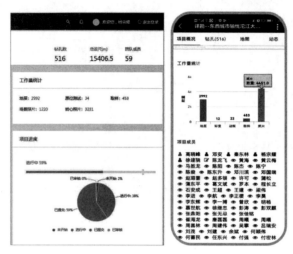

图2 工作统计及人员调配

（三）现场管理数字化作业

1. 建立标准地层数据库

根据工程勘察数据资料，建立标准地层数据库，技术人员进行野外钻探编录可以调用标准地层，并根据实际情况修改完善，节约时间和精力，提升工作效率，如图3所示。

图3 通过引入标准地层批量编辑钻孔地层信息

2. 智能化辅助作业

通过对岩芯进行拍照和标准化裁剪，系统能够自动计算分层等特殊节点并进行标注，最终以照片＋描述的形式展示钻孔编录信息，如图4所示。这十分有利于后期检查、审核和查阅。同时，基于拍摄的标准岩芯照片，本系统能够自动计算获得岩芯采取率和RQD值，解决了采用人工测量岩芯存在着较大误差而导致岩芯采取率以及RDQ值不精确的问题。

图4 岩芯拍照及识别

3. 岩土样品信息管理

"勘察博士"在岩土样品信息管理方面改变了传统的纸质样品标签手工填写和人工识别的作业方式，在行业内首创基于自动识别技术（条码、二维码）的样品信息化管理，包括样品条码采集、自动识别（扫码）收样、试验条码二次分发等内容，实现了岩土样品的信息化管理，如图5所示。

图5 基于二维码取样和收样

在外业实施过程中，外业人员将条码（或二维码）粘贴于样品上，如图 6 所示，并对条码（或二维码）进行赋值（如项目名称、钻孔编号、取样深度、样品类别等）。试验室接收样品后，按试验类别进行条码（或二维码）的二次分发，通过自动识别技术匹配样品，从而进行分类试验。试验过程中的数据通过条码（或二维码）进行自动归集，将试验结果上传至数据中心并计算统计，实现一键关联和查阅。

图 6　外业人员粘贴条码（或二维码）

（四）数据管理云存储

"勘察博士"自带云盘功能，如图 7 所示，可以上传与项目相关的文件，如勘察纲要、技术和安全交底、以往地质资料、合同、试验报告、项目实施过程中产生的中间文件以及最终的勘察报告等，从而形成勘察大数据平台，可实现数据共享，这是数字化勘察相比于传统勘察模式展现出的巨大优势，是实现数据共享，以及跨部门、跨层级、跨地区汇聚融合和深度利用的关键。

图 7　项目资料采用云盘保存

（五）监督管理严控勘察质量

工程勘察全周期数智化管理系统采用拍照＋实时监控的模式实现对勘察外业的监督，通过技术人员对每个钻孔的开工、项目负责人对人员的技术和安全交底、班组人员、岩芯、取样、封孔和周围环境等进行拍照保存，如图8所示，保证了工作的真实性。在质量审核方面，采用项目管理人员审核加科技管理部审核的双重保障机制，科技管理部设立专门岗位对所有一次审核后的资料进行再次查验，严格审核一些不规范、不完整、不合理的问题，严控编录、图件的规范性，各项结果和成果输出都必须附带监督审核人员的电子签名，落实个人责任。

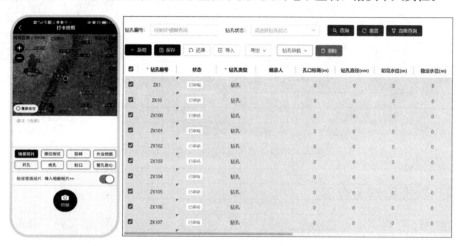

图8　钻孔拍照打卡和钻孔编录审核

（六）勘察大数据云集成，深化成果共享

出图管理主要是实现数据可视化，并生产可交付给客户各类技术成果文件，主要包括钻孔岩芯长图、钻孔剖面图、钻孔柱状图和工程平面图等。基于标准岩芯拍照的整孔岩芯拼接是"勘察博士"系统的一大特色，如图9所示，通过编录过程中对每盒岩芯高清拍

图9　钻孔全孔岩芯连续拼接图

照，可导出完整岩芯长图。钻孔剖面图绘制采用动态规划思想的地层序列比对算法，实现了任意角度的剖面分析，如图 10 所示，可通过剖面地层连接情况实时检查编录数据，保证了勘察数据的准确性。

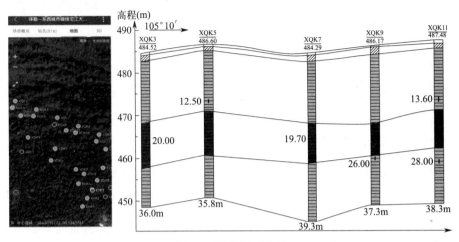

图 10　勘察剖面分析

三、成果技术创新点

（一）总体技术水平与国内外同类先进技术相比

与国内外同类技术对比，本成果具有明显的创新性与先进性，见表 1。

国内外技术对比　　　　　　　　　　　　　　　　　　　　　表 1

对比项目	本技术特点	国内外同类技术
数字化平台与数字共享	本系统提供地质图、影像图和地图三种底图模式，基于全国地质图和场地实际情况建立的标准地层更加准确，能够在提供更多的地质和构造等信息	主要系统底图多为地图和影像图，缺少地质图功能
信息化技术与工程勘察的深度融合	从标准地层编录、RQD 和采取率自动计算和动探试验自动化记录等多方面提升外业效率。能与工程制图软件 CAD、理正和华宁无缝数据传输，自动实时生成钻孔柱状图、钻孔剖面图和钻孔岩芯图等勘察报告附图。能够达到外业效率提升 30%～40%，内业效率提升约 50%	主要通过标准地层数字化编录提升外业效率，也能与工程制图软件进行数据交互
数字化监督与审核	建立了外业过程数字化监督新机制，根据场地定位精度限制技术人员与实际钻孔位置的距离，通过数字化系统对钻孔的开孔、终孔和取样等关键节点进行多场景拍照打卡，实现了对每个钻孔的可追溯监督，具有"面"状监督特征	多为传统监督模式数字化，即在数字化系统中记录某一次检查人员的记录，具有"点"状监督特征

（二）成果技术创新点

1. 开辟了三级项目管理新模式，强化了项目管理联动机制。

强调公司管理层、项目管理层和现场技术人员的强联动关系，通过系统宏观地掌控全局，及时地掌握项目生产和经营情况，实现人力和设备等资源精准调配，同时解放了管理人员和技术人员，实现将管理和技术更加完美的结合。

2. 构建了现代数字勘察新体系，规范了工程勘察作业模式。

率先在行业内构建了工程勘察全周期数智化管理系统，规范了勘察外业作业，建立了勘察大数据库，将分散作业的勘察各个阶段系统化，实现工程勘察的全要素、全周期数字化，具有更加完善的管理体系。

3. 研发了现代数字勘察新技术，拓新了工程勘察生产方式。

坚持科技创新，以前沿科技引领生产方式变革，将互联网、自动化、传感器、图像识别等领先技术应用到工程勘察中钻机监测、岩芯识别、数据存储以及可视化等功能中，通过技术创新加强公司在工程勘察业务中的竞争力。

（三）科技成果查新评价

2022 年 9 月 30 日，在四川省科学技术信息研究所进行了科技查新，查新结论为：经检索并对相关文献分析对比可知，国内外未见与该查新项目的综合技术特点相同的文献报道。

（四）成果的研发费用投入情况

通过两年来的科技管理创新立项、探索，并成功申请四川省国资系统综合研究课题《岩土工程勘察信息化关键技术研究及应用系统开发》，本课题项目研究费用总计 160 万元。

四、取得的成效

（一）经济效益和社会效益

基于行业领先的"勘察博士"工程勘察全周期数智化管理系统的应用，公司勘察业务快速增长，2022 年累计勘察业务收入约 5939 万元，较上年同比增长约 15%，有效实现了成果转化。自"勘察博士"工程勘察全周期数智化管理系统应用到项目以来，获得了全国企业管理现代化创新成果二等奖、四川省企业管理现代化创新成果一等奖和中国施工企业管理协会岩土工程技术创新应用成果特等成果等奖项，并得到了中国勘察设计协会、四川省勘察设计协会和成都市工程建设质量协会等单位广泛认可，项目荣获全国冶金行业优秀工程勘察设计成果、四川省优秀工程勘察设计成果、成都市优质工程"芙蓉杯"奖等勘察类荣誉奖项等 10 余项奖项。

（二）第三方评价

《以科技创新驱动打造六位一体全周期勘察数字化管理系统》于 2022 年通过了四川省科学技术信息研究所的评价，评价结果为国际先进水平。

（三）对行业发展的贡献

工程勘察全周期数字化管理系统整合了公司勘察项目资源，实现了工程勘察从前端到后端的全面数字化改造，颠覆了传统勘察手段，解决了传统勘察模式下存在的普遍问题。

作为勘察设计行业的数字化转型探索者，利用自身资源优势，并进行软件著作权、科技论文以及专利申请，实现了数据共享和成果的深化利用，是中冶成勘院科技创新团队响应国家数字化发展战略、探索工程勘察新路子的优良实践，树立了行业信息化升级标杆。

（四）应用前景

通过创建并使用"勘察博士"工程勘察全周期数智化管理系统，公司绝大部分项目都能够有效适应新的数字化作业和管理模式，极大地提高了工程勘察的效率，保证了工程质量，降低了管理成本，取得突出的综合成效，具有良好的推广应用前景。

五、总结及展望

中冶成勘坚持创新，提出了"勘察博士"工程勘察全周期数智化管理系统的自动化、智能化改进计划，目前正在研发基于图像深度学习实现对岩石和矿物自动识别技术，通过机器学习等智能算法对已经确认的矿物和岩石图像特征进行分析处理，建立识别模型，并基于计算机深度学习方式，对新采集的矿物和岩石图像进行识别，实现从图像识别岩性和矿物的目的。

一种基于中国境内大地构造特征、地表运动及应力测试成果的地应力查询系统

吴述彧、胡永福、李鹏飞、王照英、谢聪、朱代强

中国电建集团贵阳勘测设计研究院有限公司、华能澜沧江水电股份

有限公司如美·邦多水电工程建设管理局

一、成果背景

（一）成果基本情况

本成果属于工程勘察领域。根据既往中国境内大地构造特征、地表运动及其相关应力测试成果，通过对各种影响地应力状态的主要因素的现有资料的整合，并结合既往工程实践经验，形成了一套快速估算中国境内任意位置地应力场分布状态的方法。

（二）技术成果基本来源

随着互联网技术、信息技术等新兴技术的不断发展，许多新技术被引入传统的建设行业中，如建筑行业率先实现了建筑信息化模型（BIM），大大提高了行业效率。地应力查询系统不仅满足了工程前期初始地应力场的研究需要，而且本着大岩土的工作理念，随着工程数据的不断收集和拓展，能够达到在不采取现场测试的条件下，精确指导区内工程实践，同时本系统可广泛用于水利水电及岩土工程行业，也为未来的智慧工程奠定了一定的基础。

（三）国内外应用现状

在岩土工程行业中，初始地应力场的分布状态对工程选址、地下洞室的布设、结构形态的选型等技术环节具有举足轻重的作用。在工程预可研阶段，或当缺乏必要的可资利用的资料时，如果能够便捷地预估工程场地区域的地应力场的分布状态，那么对项目的决策无疑具有很好的指导性作用。

现有的区域地应力场预估方法，可能需要工程地质人员耗费大量的人力物力去查阅海量的参考文献，收集大量的区域地质资料，甚至是付出较昂贵的经济代价去做一些现场地应力测试试验，然后归纳汇总，才能估算出某个区域的地应力场分布状态。

（四）技术成果实施前所存在的问题

了解一个厂区的地应力初始状态，对于地下厂区的位置选择和轴线选择具有重要的意义，在现有的工作体系下，往往采取原位测试进行，但其存在勘探孔周期长、测试代价高的问题。因此，本着大岩土的理念，收集历史资料，构建地应力查询系统，对后续的工程

实践具有重大意义。

（五）选择此技术成果的原因

目前国内岩土勘察等市场在逐步推行大数据理念，基本具备了钻孔共用、抗浮水位共用等条件，而随着我国西部水电开发，地应力测试数据也逐步增多，参考价值巨大，为此结合地表运动的 GPS 监测成果、地应力测试和震源解译成果等，能够实现区域最大主应力方向、数值的查询。

（六）拟解决的问题

在缺乏实测资料的前提下，能够快速获得拟建地下工程的初始地应力状态，指导工程布置，为工程决策奠定基础。

二、实施的方法和内容

地应力查询系统，其特征包含如下步骤：

收集公开发表的涉及或反映中国境内的地应力场分布特征的数据，包括：

1. 地表运动的 GPS 监测成果，地表运动性质指示了现今条件下构造板块相互作用特征，其中，运动位移矢量方向总体指示了最大主应力方向，而速度大小与构造挤压程度，即最大主应力大小密切相关。或者说，构造板块对地应力中最大主应力方位和大小的影响可以通过地表运动速度方位和大小来体现，从而建立地应力状态和大地构造之间的定量关系。

2. 地应力测试和震源解译成果，奥地利组织开展的"世界地应力"研究针对中国境内获得的 800 多组地应力测试资料。

3. 朱焕春等人依据 300 多组实测应力成果统计获得了地应力大小与岩石成因之间的关系，可以帮助进一步分析地应力状态。

根据中国境内的区域性构造将中国全境划分成若干次级板块，次级板块之间的地应力场虽然彼此联系，但总体呈现非连续性，因此，在分析区域性地应力场特征时，首先需要考虑板块的作用，将相邻板块之间的边界作为地应力场分界的边界。

根据上述收集得到的资料，将如下 3 个方面的信息植入系统后台，作为定量评价的依据。

一是地表运动速度大小和方位。

二是 800 余组中国境内地应力测试成果（含震源机制解译结果）。

三是依据 300 多组不同成因岩石中地应力大小随深度分布获得的统计关系。

根据上述植入信息，假定三个主应力中两个近水平，一个近垂直，拟定地应力大小和方向的估计方法，具体实现方式为：①最大水平主应力方向为地表运动方位和测试结果的加权平均值，根据既往的工程实践经验，速度方位更具有代表性，使用时可以赋更高的权重；②三个主应力大小分别考虑速度大小和岩性的影响，为二者的加权平均。

根据上述设计的估算方法以及输入的参数条件，程序后台以相关的实测统计结果为基础，同时考虑地表运动速度的影响，进行最大主应力方位、三个主应力大小的计算查询。输入参数包括：查询位置的经纬度、岩石类型（沉积岩及负变质岩、岩浆岩与正变质岩）、岩石单轴抗压强度、岩体密度，以及用于最大主应力方位计算的地表运动、测试成果影响权重。

查询中国境内某点的地应力时，系统内部按照大地构造板块为单元进行计算查询，即某个点的地应力状态查询所依赖的源数据仅限制于其所在板块内，系统采用距离反比平方来考虑源数据地理位置对查询点的影响程度。

最大水平主应力方位的查询：对任意一个待查位置，给定其经纬度，系统先根据距离关系在板块内搜索后台保存的数据，分别获得该点地表运动方位（指示了最大水平主应力方位）和实测值指示的方位，然后按照加权方式计算出综合结果。具体应用时，当其中一个因素权重为零时，表示忽略该因素，仅采用权重为1的指标值作为计算依据。

三个主应力大小的查询：根据收集到的资料，依据输入的参数条件，系统计算给出三个主应力大小的分布特征。系统假定三个主应力随深度呈线性变化，斜率为 K、截距为 T，即岩体中任一深度处主应力服从式（1）的定义。

$$\sigma = K \cdot h + T \tag{1}$$

式中，σ、h 分别为某一主应力和埋深。

查询点处最大水平主应力方位为该点地表运动方位和实测值指示的方位的加权值，按式（2）计算获得。

$$\overline{v} = a \cdot \overline{v_1} + b \cdot \overline{v_2} \tag{2}$$

式中，$\overline{v_1}$、$\overline{v_2}$ 分别为依据后台地表运动、测试成果插值计算获得的最大水平主应力方位矢量，a、b 为相应的权重系数。

三个主应力的分布规律服从斜率为 K、截距为 T 的线性表达式，K、T 分别按式（3）、式（4）计算。参数 K、T 的取值考虑了岩石成因与地表运动的影响，而系统考虑了两种岩石成因的简化条件，即岩浆岩及正变质岩、沉积岩和负变质岩。

$$K = A \cdot \exp(B \cdot v) \tag{3}$$
$$T = a \cdot \ln(v) + b \tag{4}$$

式中，v 为指定查询部位经后台地表运动数据插值计算得到的速度，A、a、b 为已知系数，按表1取值。

岩石力学特性可以影响最大主应力大小，因此，应依据输入的岩石单轴抗压强度按式（5）对主应力分布参数 K 进行修正。在估算地应力大小时，系统允许用户是否考虑岩石强度的影响。

$$K = (0.4\sigma_c - 31)/10000 \tag{5}$$

式中，σ_c 为岩石单轴抗压强度，取值范围为 $[25，150]$，小于25时取25，大于150时取150。

主应力大小计算系数取值 表1

应力分量	K		T	
	岩浆岩及正变质岩	沉积岩及负变质岩	岩浆岩及正变质岩	沉积岩及负变质岩
σ_H	$A=0.026$ $B=0.0153$	$A=0.0228$ $B=0.0086$	$a=4.56$ $b=-4.13$	$a=2.2$ $b=-1.6$

应力分量	K		T	
	岩浆岩及正变质岩	沉积岩及负变质岩	岩浆岩及正变质岩	沉积岩及负变质岩
σ_h	$A=0.0226$ $B=0.0088$	$A=0.0198$ $B=0.0103$	$A=2.72$ $b=-2.20$	$a=1.33$ $b=-1.0$
σ_v	$A=0.0251$ $B=0.0029$	$A=0.0242$ $B=0.0022$		

注：σ_H—最大水平应力；σ_h—最小水平应力；σ_v—垂直应力。

三、取得的成效

本系统的研发主要依托于如美、班达、白鹤滩等西部水电站工程，根据既往中国境内大地构造特征、地表运动及其相关应力测试成果，通过对各种影响地应力状态的主要因素的现有资料的整合，并结合既往工程实践经验，形成了一套快速估算中国境内任意位置地应力场分布状态的方法，使得在工程前期评估中能够较为准确地获得地下工程的初始地应力状态，指导工程前期工作且工作效率得到了很大提升。

四、总结及展望

地应力查询系统不仅能满足工程前期初始地应力场的研究需要，而且随着工程数据的不断收集和拓展，能够达到在不采取现场测试的条件下，精确指导区内工程实践，同时本系统可广泛用于水利水电及岩土工程行业，也为未来智慧工程奠定了一定的基础。

基于物联网的智能化施工监测系统

白芝勇、袁建飞、胥青松、李栋、史爱军、周科
中铁一局集团有限公司

一、成果背景

如今的工程监测工作主要还停留在人工采集数据的传统阶段，由于其不仅监测范围小、工作量大、效率低，加上监测数据量大的特点，使得监测数据在反映实施变形和指导施工时存在时间差，无法实现实时采集、实时分析，因此不能很好地指导工程安全实施。而基于物联网的智能化施工监测系统（以下简称智能化监测系统）作为一种精密高效的监测方法，具有实时采集、实时分析、精度高、自动化性能好的特点，完全可以弥补传统监测方法的不足，同时可以更好地适应人工无法长时间作业的某些特殊环境，使得在工程进展过程中能够及时发现问题，消除隐患。

智能化监测系统是利用传感器技术、信号传输技术以及网络技术和软件技术，从宏观、微观相结合的全方位角度来监测影响地质灾害地区安全的各种关键技术指标；记录历史、现有的数据，分析未来的走势，以便辅助企事业单位及政府作决策，提升施工项目现场的安全保障水平，有效防范和遏制重特大事故的发生。

系统依托智能的软件系统，建立分析预警模型，实现与短消息平台结合，当发生异常时，及时自动发布短消息到企事业单位和政府管理人员，尽快启动相应的预案。

智能化监测系统实现了对施工项目现场的位移、变形、地表裂缝、地下水位、应力等的全面自动化监测。

二、实施的方法和内容

（一）实施的方法

实施时主要采用调查研究法、比较研究法、案例研究法、经验总结法和文献研究法，对自动化监测与方案进行探索、实践，经历调研→计划→行动→总结→改进五个阶段。

（二）实施的内容

1. 建立了智能化监测系统的总体框架

首先根据课题预期目标及现有的技术手段，设计出了合理的可实施的智能化监测系统总体框架，为后续的工作制定一个合理的思路。系统总体框架图如图1所示。

2. 研制了水平、竖向位移智能监测模块

水平、竖向位移监测：测点采用统一规格的L形小棱镜，根据设计图纸布点位置在基坑四周围护结构桩顶上布置，采集端我们采用具有自动照准目标、自动观测、自动记录的智能型全站仪并采用太阳能电池板或接入电源的方法为全站仪持续供电，同时在全站仪

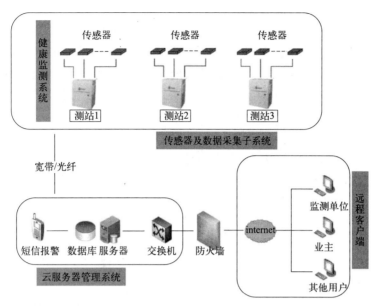

图 1　系统总体框架图

的数据传输口连接无线数据发射装置，将全站仪观测的水平角、垂直角等数据通过无线发射装置发射至数据采集站，由采集站将各全站仪采集的数据统一发送至云服务器并计算。

3. 研制了支护桩（墙）体深层水平位移智能观测模块

测点布置：在基坑围护结构内安装测斜管（图 2），沿基坑纵向每 20m 布设一个，深度等同于围护结构长度。测斜管在钢筋笼制作完成后开始布设。测斜管材料为 $\phi70$PVC 管，管内设有测量槽，管外设有连接槽和连接件。将测斜管拼接后放入钢筋笼迎土侧，并按 0.5m 左右间距用扎丝或者扎带固定于钢筋笼内壁，底部用管盖封堵，并保证测量槽与基坑边垂直。

传感器安装时导向轮对应测斜管倒槽垂直向下安装，安装时将 3m 测杆固定至传感器上部并连接第二层传感器，第一层传感器安装时将传感器置于测斜管的底部，将电缆引出地表，第二层传感器安装时和测杆相连固定，向下放置，当测杆放置管口时，连接第三层传感器，待传感器固定后放入管内将导线引出地表，待混凝土浇筑完毕后将导线接引至数据采集站（图 3），由采集站将各传感器的数据统一发送至云服务器并计算。

图 2　测斜管安装

图 3　数据采集站

4. 研制了结构应力智能监测模块

应力监测主要采用振弦式应力传感器，测点应布置在受力、变形较大且有代表性的部位，竖直方向监测点应布置在弯矩较大处。在支护桩钢筋笼主筋上设置钢筋应力计，在桩顶以下每间隔 5m 设置一个测点。每个钢筋笼埋设 5 个钢筋应力计，记下钢筋应力计编号和位置。注意将导线集结成束绑扎好，导线端头保护好，待混凝土浇筑完毕后将导线引至振弦采集仪内，由振弦采集仪通过 4G 无线发射器将数据发送至云端计算。

5. 研制了混凝土支撑、钢支撑轴力智能监测模块

支撑轴力的监测目的在于及时掌握基坑施工过程中支撑的内力变化情况。当内力超出设计最大值时，及时采取有效措施，以避免支撑因为内力过大，超过材料的极限强度而导致破坏，引起局部支护失稳。

混凝土支撑轴力监测点埋设方法与围护桩（墙）钢筋内力监测点埋设方法相同。钢支撑采用振弦式反力计安装至钢支撑固定端端头，采用传感器配套的固定支架固定。待钢支撑安装完毕或混凝土支撑浇筑完毕后将引线接至振弦采集仪。

6. 研制了结构表面应变智能监测模块

振弦式应变计适用于长期铺设在钢结构或混凝土结构构件表面，测量结构构件表面的应力、应变，并可同步测量该测点位置的温度；应变计加装配套附件可组合成多向应变计组。在混凝土结构或钢结构表面上安装膨胀螺栓（螺栓可使用 $\phi 8 \sim \phi 10$，长度 $30 \sim 50mm$），利用安装杆定位，在合适的位置钻出两个 $50 \sim 60mm$ 深的孔。孔的最小直径为 12mm，将膨胀螺栓用环氧树脂固定在钻孔中。

7. 研制了爆破振速智能监测模块

爆破振速监测时根据现场需求采用二维或三维振速传感器作为监测元器件，安装方法以二维传感器为例采用螺纹安装。需要根据振动方向安装，若振动方向与墙面垂直（图 4），在安装点沿振动方向先安装膨胀螺栓，将振动传感器螺纹端焊接在膨胀螺栓上；若振动方向与墙面平行（图 5），则先在墙体打上膨胀螺栓，再安装夹具，最后安装振动传感器，安装完成后将导线引至振速采集模块。

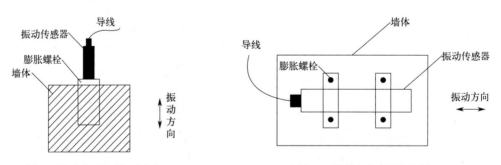

图 4　振动方向与墙面垂直　　　　　图 5　振动方向与墙面平行

8. 研制了位移、裂缝智能监测模块

位移计用于测量二衬断面相对位移及裂缝变形。其特点为安装方便、稳定性高、温度自补偿。在原隧道衬砌的接缝位置处，将裂缝计跨越接缝安装。先用带有万向节和固定螺栓的裂缝计在缝隙两侧测定安装孔位，打孔安装夹具，将传感器安装至夹具，并注意调整其位置和高度，固定裂缝计的一侧，再给予一定的拉伸位移，固定裂缝计的另一侧。位移计现场安装如图 6 所示。

图 6   位移计现场安装

9. 研制了数据采集及汇总模块

因监测的项目多样化，采集的数据及传输信号也是多样的。由于无法通过一种采集仪采集，因此我们结合现场，将各采集仪尽量布设至同一位置，并统筹分布在一个采集箱内，这样既解决了现场布线杂乱无章的问题，也方便后期巡视、检查和维护。现场采集箱如图 7 所示。

图 7   数据采集箱

10. 搭建了数据通信及传输系统

数据传输分为有线传输和无线传输，在条件允许情况下均采用无线传输，但在一些特殊情况下，例如既有隧道中无蜂窝移动信号或者信号干扰过大的一些地区，采用短暂的有线传输将信号传输至有蜂窝移动信号或无信号干扰影响区域，再通过无线传输的方式传输至云端服务器。

11. 搭建了智能化监测云平台

智能化监测云平台是该系统的核心部分，它不但要接收现场采集的海量数据，还要实时地进行计算分析，并建立数据库储存海量数据，将换算出的直观数据形成图表展示至各用户端，定期生成监测报表形成纸质报告。同时具有实时报警系统，通过设置相关测项的报警阈值，当任意测点（传感器）产生超过设置阈值的数据时，立即将报警信息发送至相关人员手机中，实时确保结构安全。目前平台已基本完成相关功能的研发，已在蒙华铁路集义隧道竖井整治项目中应用。监测平台界面及功能展示如图8～图13所示。

图 8　平台登录界面

图 9　平台形象界面

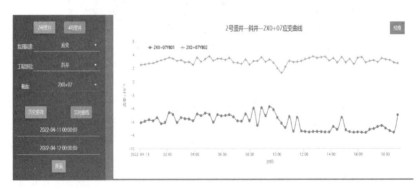

图 10　平台数据曲线图

图 11　平台数据库

图 12　平台报表系统

图 13　平台数据报警系统

三、成果技术创新点

（一）研发了适用于隧道与地下工程的物联网智能化监测系统，包含传感器采集模块、无线数据传输模块和在线监测模块，具有数据自动采集、实时传输、分析处理、分级报警等功能。

（二）研制了集成振弦采集仪、电流环采集仪、光纤光栅采集仪等多功能 PCB 采集装置，实现了不同类型数据集中总线传输，具有损耗低、兼容性强、效率高等特点。

（三）创新设计了基于功效系数法的结构健康监测模型、基于小波的综合去噪模型、基于振幅数据（FIFO）的存储模型，支持多场景应用，有效提高了监测数据的及时性和准确性，降低了误报率。

四、取得的成效

（一）社会效益

基于物联网的智能化施工监测系统是物联网、智能化等先进技术在中铁一局集团有限公司首次应用，不但培养了一批科技创新的应用人才，同时开发了相应的应用软件，2020年 6 月至 2021 年 9 月分别在蒙华铁路集义隧道和西安灞河隧道监测项目中获得成功应用，与市场报价相比较，主要节约了人工费、软件使用费、材料费，实现了数据云端储存、计算，方便数据随时随地调取查看，减少人工干预，杜绝人工计算错误并且对数据电子化且永久保留，为项目上穿既有铁路施工提供了安全保障，创造了良好的社会价值。

（二）经济效益

蒙华铁路集义隧道监测项目：采用市场报价自动化监测约 552 万元（其中：人员成本约 90 万元，硬件传感器及系统采购费用约 380 万元，辅助物资材料费用约 82 万元），采用自研"基于物联网的智能化施工监测系统"后，合同总价为 234 万元（其中：自研 can 总线同步间隔采集、电阻、正弦等传感器和自动化监测云平台约 174 万元，辅助物资材料费用约 60 万元），与市场价总体对比共计节余 318 万元（其中：人员成本和硬件传感器及系统采购费用节约 296 万元，辅助物资材料费用节约 22 万元）。

西安灞河隧道监测项目：采用市场报价自动化监测约 649 万元（其中：人员成本约 220 万元，硬件传感器及系统采购费用约 300 万元，辅助物资材料费用约 129 万元），采用自研"基于物联网的智能化施工监测系统"后，合同总价为 438.2 万元（其中：自研深层水平位移、地表沉降、水平位移等传感器和自动化监测云平台约 330 万元，辅助物资材料费用约 108.2 万元），与市场价总体对比共计节约 210.8 万元（其中：人员成本和硬件传感器及系统采购费用节约 190 万元，辅助物资材料费用节约 20.8 万元）。

两个项目合同总价与市场价总体对比，共计节约 528.8 万元。

五、总结及展望

变形监测技术作为一种传统的测量监测手段，已经被广大的测量人员了解和掌握，并且大量应用于各个行业，保证了作业的安全。自动化监测技术是从 20 世纪 60 年代起，随着计算机技术、网络通信技术的发展而发展起来的。近年来计算机及网络技术实现了飞跃式的发展，也为变形监测技术的发展提供了许多新的手段与技术。

现通过改进监测仪器设备，融合了监测数据的自动、半自动、手动采集、远程设备控制及数据传输，并建立信息管理平台，在解放作业员劳动强度的同时，通过数据分析，形成各类变化曲线和图形，使监测成果"形象化"；按照标准、规范对超标结果进行预警和报警，及时以短信的形式将报警结果发给相关责任方各级部门及安全监督机构或建设行政主管部门，使监测结果反馈更具时效性，以便及时采取相应措施，达到防灾减灾的目的。

目前各个城市的地铁及高铁仍是建设及维护的高峰期，安全施工和监测始终是各地相关部门关心的重大问题，研发出适用于轨道交通乃至其他相关领域、适用于各个管理部门机构的监测系统，意义非常重大，尤其对于基建活跃的国内市场，非常有推广及应用价值。

基于倾斜摄影的高位危岩体调查方法及柔性防护技术在水电工程中的应用

林金城、胡永福、程瑞林、李鹏飞、王蒙、王道明

中国电建集团贵阳勘测设计研究院有限公司、

华能澜沧江水电股份有限公司如美·邦多水电工程建设管理局

一、成果背景

(一) 成果基本情况

本成果属于边坡工程领域。RM 水电站位于藏区高海拔、低气压、地质条件复杂的高山峡谷地区，坝址区两岸山体临河最大高差超过 2000m，水平方向上坝区施工范围约 3km。通过倾斜摄影测量技术对工程区 40km² 自然边坡危岩体进行调查，获得了分辨率优于 6cm 的三维实景模型，识别出工程影响区 1000 多处危岩体，初步掌握了其发育情况，并基于高精度三维倾斜模型对工程影响区内的危岩落石运动特征进行仿真分析，依据模拟计算成果，针对千米级自然边坡危岩落石提出了"固-引-拦"多种柔性防护网组合的轻型防护系统，形成了一套适用于高山峡谷地区水电工程自然边坡高位危岩体调查及落石防护方法。

(二) 技术基本来源

水电工程高位危岩体调查及柔性防护技术应用包含两大部分：一是基于倾斜摄影测量技术的危岩体调查及精细识别；二是基于倾斜摄影模型的危岩落石运动分析及柔性防护系统设计。倾斜摄影测量技术是近年来国际测绘遥感领域发展起来的高新技术，该技术通过多视角机载镜头获取物方高分辨率纹理信息，能够真实地反映地物情况，同时还可生成 DOM、DEM、DSM 等成果，通过配套软件的应用，支持多种 3D 数据交互格式，在三维建模和工程测量中有广泛的应用价值。在岩土工程专业中，得益于倾斜摄影测量技术的多角度、大范围、高分辨率、高精度等优势，该技术为水电工程大范围高陡自然边坡危岩体调查识别与针对性防治设计提供了有效的辅助手段。

(三) 国内外应用现状

倾斜摄影测量技术是近年来国际测绘遥感领域发展起来的高新技术，因其能快速获取大范围、多视场角度、高分辨率、高精度的地面数据信息，可以直观地反映地物的外观、位置、高度等属性，在城市规划、地理信息系统（GIS）、土地管理、建筑设计、文化遗产保护、应急管理与公共安全等领域得到广泛应用。近年来倾斜摄影测量技术在水电工程中的应用进行了诸多探索，例如在龙羊峡水电站通过倾斜摄影测量技术对近坝库岸滑坡体进行了调查与监测，在双江口水电站通过目视解译提取地质隐患区域，在白鹤滩水电站将

无人机倾斜摄影测量技术与 InSAR 形变探测技术相结合，有效提高了滑坡识别的可靠性。

（四）技术成果实施前所存在的问题

RM 水电站位于藏区高海拔、低气压、地质条件复杂的高山峡谷地区，坝址区两岸山体地形陡峭，"V"字形沟谷发育，临河最大高差超过 2000m，两岸危岩体分布广泛、数量多，是工程建设的制约因素之一。为保证工程建设期及运行期的安全，需在工程实施前，完成危岩体防治工作，主要存在两个方面的难题：一是调查难度大，危岩体分布较广且位置较高、地形险峻，对于大部分区域地质工作人员难以到达，危险性高，调查工作费时费力，同时受地形地貌条件影响，卫星遥感影像、传统的正射影像、数码照相技术也无法全面获取坡表信息；二是防治难度大，自然边坡的治理不同于工程边坡，多数分布于高位，发生崩塌落石随机性强，突发性高，同时施工交通道路十分不便、施工场地狭小、施工布置困难、辅助设施工程量大。

（五）选择此技术成果的原因

倾斜摄影测量技术可以快速地获取高分辨率、多视角、直观的三维模型，真实反映自然边坡危岩体的形态特征、分布位置等属性，减少了外业的协同工作量，降低了外业工作的劳动强度和安全风险，具有成本低、数据采集准确、操作灵活方便等优点。

通过高分辨率倾斜影像，可直接解译危岩体发育情况并进行初步分析评价，包括表面形态特征、产状、裂缝、结构面、破坏模式、稳定分析等，同时基于倾斜摄影成果进行危岩落石运动特征模拟，包括运动速度、运动轨迹、冲击动能等要素，能够更客观地反映落石在复杂地形地貌条件下的空间运动规律。而柔性防护系统属于一种环境友好、施工扰动小、地形适应性强、施工方便的轻型防护措施，结合落石运动分析结果，采用"固-引-拦"多种类型柔性防护网系统组合，降低了千米级自然边坡危岩落石的风险，保证了工程建设期及运行期的安全。

（六）拟解决的问题

随着西部水电开发的不断深入，更多的水电站修建在地质条件复杂的深切峡谷地区，自然边坡危岩体是水电工程建设的制约因素之一，水电工程中危岩体调查往往是"上至山顶、下至河谷"，地质调查及防治难度大。本成果以 RM 水电站为背景，通过无人机倾斜摄影测量技术提高危岩体调查识别的效率、解决传统调查方法的局限性问题、降低外业工作的危险性。同时采用多种柔性防护系统，遵循生态优先、本质安全的基本原则，解决高山峡谷地区地形变化大、施工场地狭小、施工布置困难等问题。危岩体分布范围广，发生落石具有随机性、突发性，基于倾斜模型危岩落石运动分析，可为柔性防护系统选型和布置提供设计依据。

二、实施的方法和内容

水电工程高位危岩体调查及柔性防护技术应用包含两大部分：一是基于倾斜摄影测量技术的危岩体调查及精细识别；二是基于倾斜摄影模型的危岩落石运动分析及柔性防护系统设计。

（一）基于倾斜摄影测量技术的危岩体调查及精细识别

倾斜影像数据的获取：采用飞马智能航测遥感系统 D2000，搭载 1.2 亿像素的 OP3000，对测区进行低空数字航空摄影，飞行高度 319m，航线重叠度 80%，旁向重叠度 70%，平均分辨率 5cm，获得测区倾斜影像。外业作业流程如图 1 所示，内业数据处理流程如图 2 所示。

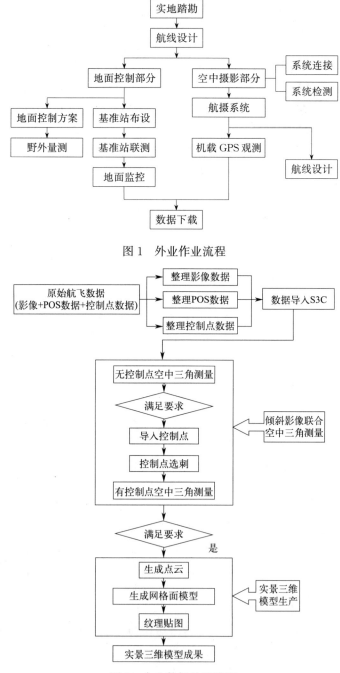

图 1　外业作业流程

图 2　内业数据处理流程

危岩体精细识别：采用 TSD-3Dmapper 倾斜摄影测图定制系统，具有三维、正射、真立体显示模式，可进行长度、角度、半径、产状、坡度、面积、体积等基本要素的量测，并通过目视解译进行危岩体识别、量测、圈定、标识（图 3、图 4），并可以导出 DWG、CAS、ESRI、TXT 点坐标等多种文件格式。基于危岩体发育特征、微地貌环境等因素对每个危岩体进行定性、半定量评价，结合保护对象，对其危害性大小进行评价，并提出合理的防治措施建议。

图 3　典型危岩识别、产状量测

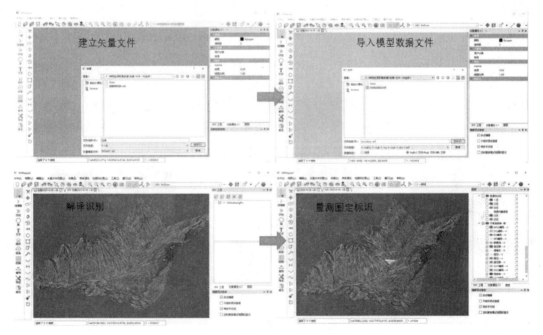

图 4　工程区危岩体识别、量测、圈定、标识

（二）基于倾斜模型的危岩落石运动分析及柔性防护系统设计

通过 Polyworks 软件进行数据后处理，得到边坡三维数据（点云数据和三角化模型数据）；采用基于离散元原理的 CRSP-3D 软件进行危岩落石三维运动分析，利用运动方程对落石和边坡相互作用进行模拟，可初步估计落石路径、坡面分布、弹跳高度、运动速度、冲击动能等运动要素，如图 5 所示。

根据三维分析成果显示，落石发生后，沿坡面向下运动的弹跳高度、运动速度、冲击动能都受坡体表部是否基岩裸露或者由第四系松散堆积物覆盖导致的坡表硬度变化控制，而运动轨迹则受边坡的地形坡度等微地貌条件控制，如沟道源头附近、沟道侧边坡所发育分布的危岩，其运动轨迹都会在一定的时间内进入沟道内，与沟道底部发生碰撞后再沿沟道向下运动，在沟道发生转折时，部分落石会发生弹跳翻越现象，同时沟道内存在一定厚度的松散堆积物，可在一定程度上起到缓冲作用。选取代表性剖面，采用 RocFall 软件进行二维落石运动分析，得到落石运动弹跳高度和动能沿程分布情况，为柔性防护网选型和布置提供设计依据，如图 6 所示。

对于千米级自然边坡危岩体防治，常规的防治手段实施难度大，有必要结合落石运动规律，利用工程区内分布的冲沟，依形就势，提出"固-引-拦"防治思路，即对于清除困难、块体体积大的危岩体采用主动网进行加固，沿坡面和沟道方向，在中段设置若干道张口式引导网，限制落石运动轨迹，降低冲击能量，在低高程设置高能级被动网，拦挡的落石可通过低线道路进行维护、清运，如图 7 所示。

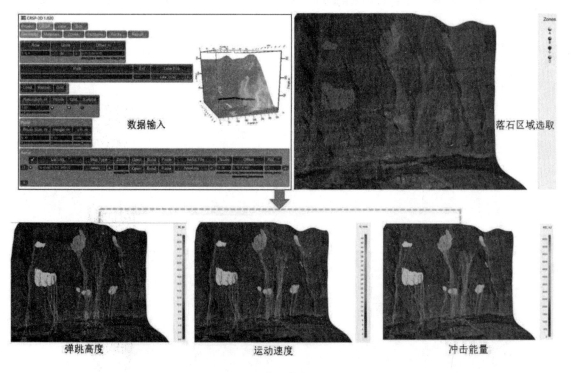

图 5　三维落石仿真分析成果

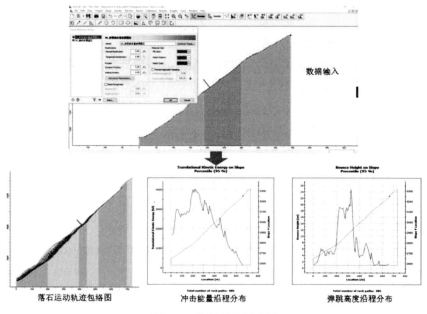

图 6　二维落石分析成果

图 7　右岸柔性防护网系统布置图

三、成果技术创新点

西部水电工程地质条件复杂，一些大型水电工程自然边坡危岩体问题突出，发挥无人机倾斜摄影测量技术具有的多角度、大范围、高分辨率、高精度等优势，开展危岩体地质调查工作，与传统调查手段有机结合，形成优势互补的技术形式，不仅具有三维激光扫描技术的快速、准确，又有卫星遥感影像、航空正射影像的覆盖面广、真实度高等特点，可以直观地反映地物的外观、位置、高度等属性。利用倾斜摄影数据进行危岩体稳定性和危害性的初步分析评价，更加全面客观。基于真实场景的仿真分析和防护设计，结合危岩落石运动规律，提出"固-引-拦"多种柔性防护措施，有效降低工程安全风险。

四、取得的成效

本技术成果依托 RM 水电站，对工程区 $40km^2$ 自然边坡危岩体进行调查，获得了分辨率优于 6cm 的三维实景模型，识别出工程影响区 1000 多处危岩体，相比于传统地质调查技术，大大提高了工作效率。并基于高精度三维倾斜模型对工程影响区内的危岩落石运动特征进行了模拟，依据模拟计算成果，针对千米级自然边坡危岩落石提出了"固-引-拦"多种柔性防护网组合的轻型防护系统，形成了一套适用于高山峡谷地区水电工程自然边坡高位危岩体调查及落石防护方法。本技术成果也应用在上游的大型水电站 BDa 项目，并取得了显著效果。

五、总结及展望

通过倾斜摄影测量技术可以快速获得大范围、高分辨率、高精度的三维空间数据，真实反映自然边坡危岩体的形态特征、分布位置等属性，并基于三维模型对危岩体特征及微地貌条件进行目视解译分析，有效提高了危岩体调查识别与分析工作效率，同时基于倾斜摄影模型的危岩落石运动分析及柔性防护系统设计，在水电工程自然边坡危岩体防治工作中获得不错的效果。但在植被覆盖率较好区域，地表信息反馈可能出现局部失真现象，需要结合其他调查手段或在实施阶段进行进一步复核。

随着西部水电开发的不断深入，基于倾斜摄影测量技术的应用，将在水电工程地质勘察、边坡工程、安全监测、智能建造等方面发挥更大的作用。

公路边坡智能监测与风险管控云平台

巢万里、何亮、汤浩南、蔡利平、刘文劼、刘峥嵘、杨飞、
潘世强、聂伟、方鸿

湖南省交通科学研究院有限公司、湖南省衡永高速公路建设开发有限公司

一、成果背景

（一）成果基本情况

本成果来源于湖南省交通科技项目"高速公路边坡智能监测技术开发与风险管控云平台应用研究"（201907）、湖南省衡永高速公路建设开发有限公司自立课题"基于 BIM＋GIS＋IOT 的边坡监测预警及安全管控云平台应用研究"，核心成果为"公路边坡智能监测与风险管控云平台"，共获得中国交通运输协会科学技术奖二等奖 1 项、湖南省公路学会科学技术奖二等奖 1 项、湖南省优秀工程勘察设计奖一等奖 1 项，获得发明专利 2 项，实用新型专利 1 项，软件著作权 6 项，先后在湖南省衡永高速、平益高速、官新高速等20 余个项目上得到应用。

（二）背景及意义

边坡是天然地质体和人工结构物的结合体，许多边坡特殊地质构造发育、环境影响明显、监控难度大。近年来，施工过程中边坡垮塌事故时有发生，边坡的风险预测及施工交互管理一直是高速公路建设过程中的重点与难点，传统的边坡风险预测及监控量测一般都是以纸质文件上报给建设单位及施工单位，既浪费了大量的人力物力，又没有达到风险预警的目的，项目建设单位、监理单位、施工单位、设计单位之间存在着交互效率低的问题。如何有效对边坡的施工及运营安全进行系统管理，降低施工及运营过程中的各类安全风险，一直困扰着施工单位及运营单位。

本成果利用 GIS＋BIM、物联网、云计算、嵌入式技术以及多媒体信息手段，开发了边坡智能监测与风险管控数字化云平台 PC 端和 App 端。云平台不仅具备覆盖边坡全寿命周期的数据库和监测预警模块，还创新性开发了服务于边坡施工期的动态风险评估、开挖面地质对比、设计变更线上申报、质量与安全巡检、四级应急响应等特色模块，实现了边坡全寿命周期数据汇集、管理、共享与智能决策，大大促进了公路边坡数字孪生与智慧提升。

（三）拟解决的问题

（1）基于 GIS 的边坡数据库搭建。
（2）施工期不同地质边坡监测预警标准及分级应急响应。
（3）边坡开挖地质对比及设计变更线上申报。
（4）边坡施工质量与安全问题巡检及线上闭环管理。

二、实施的方法和内容

针对背景中拟解决的问题，介绍成果应用的具体技术方案：本成果从解决工程实际需要出发，按照"前期调研→边坡数据库搭建→智能监测技术及预警模块开发→智能施工交互系统开发"的路线进行研发，图1为云平台登录界面。

图1 登录界面

云平台各个主要功能模块介绍如下：

（一）边坡 GIS 数据库（图2）

基于 GIS 数据建立全线边坡数据库，实现沿线快速检索及查阅。可按标段对全线边坡归类、整理，并快速精确定位至指定边坡。一键查询边坡桩号、坐标、参建单位、地质情况、几何形态、防护形式、监测情况等。

图2 边坡 GIS 数据库

（二）施工风险评估模块（图3）

根据平台自动从边坡数据库中读取施工风险评估理论模型中的参数，快速完成边坡自动风险评估。

基本信息					
最大高度(m)	50.6	边坡级数	5	级高(m)	10
边坡长度(m)	347	边坡类型	岩质边坡/节理影响较大的岩质边坡/泥质粉砂岩		
总体评估分数	56.44	总体评估等级	Ⅲ		

建设规模 地质条件 诱发因素 施工环境 资料完整性 权重系数

排序号	项目	基本分值	权重系数γ	评估分值	操作
1	坡体结构R22	50	0.1736	8.68	下移
2	边坡高度R11	63.25	0.157	9.93	上移 下移
3	坡形坡率R12	100	0.1405	14.05	上移 下移
4	地下水R23	40.00	0.124	4.96	上移 下移
5	地层岩性R21	75	0.1074	8.05	上移 下移
6	施工季节R31	100	0.0909	9.09	上移 下移
7	自然灾害的影响R32	12.5	0.0744	0.93	上移 下移
8	周边环境R42	83.33	0.0579	4.82	上移 下移

11条

图3 边坡自动风险评估

（三）智能监测及预警模块（图4～图6）

实现深层测斜、地表位移、沉降、雨量监测数据的接入，根据不同的边坡地质情况可以设置四级预警阈值，并根据预警应急流程将预警信息推送给相关人员，直至消警。

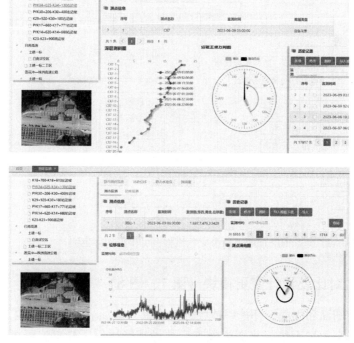

图4 边坡状态实时智能监测

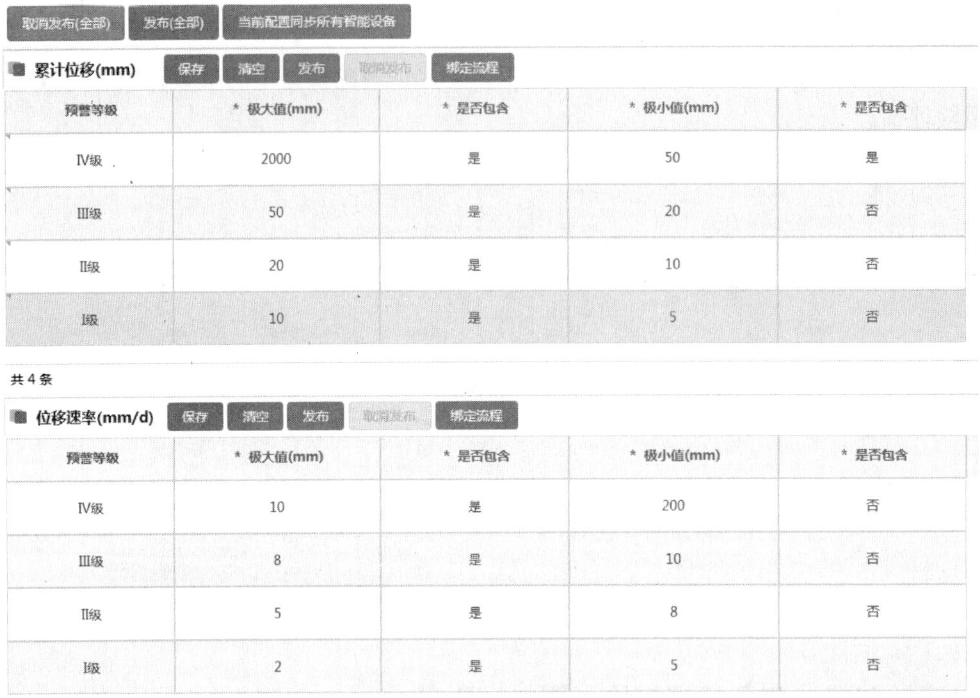

预警等级	* 极大值(mm)	* 是否包含	* 极小值(mm)	* 是否包含
IV级	2000	是	50	是
III级	50	是	20	否
II级	20	是	10	否
I级	10	是	5	否

共4条

位移速率(mm/d) 保存 清空 发布 取消发布 绑定流程

预警等级	* 极大值(mm)	* 是否包含	* 极小值(mm)	* 是否包含
IV级	10	是	200	否
III级	8	是	10	否
II级	5	是	8	否
I级	2	是	5	否

图 5　四级预警阈值设置

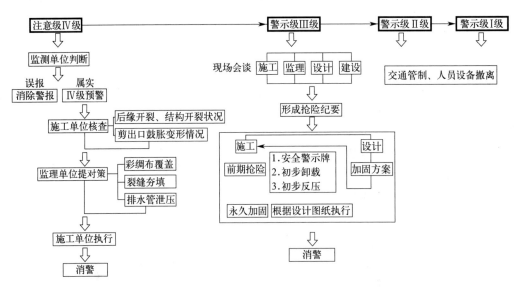

图 6　四级预警应急流程（可根据实际定制）

（四）地质对比及设计变更模块（图 7、图 8）

设计地质横断面和立面、开挖后地层分布情况、地质岩层产状、地下水情况以照片、素描的形式上传至边坡系统，从而为施工变更做辅助决策。变更流程可根据用户需求定制，发起线上变更申请。

图 7 边坡施工开挖地质对比

图 8 边坡设计变更线上审批

5. 质量安全巡检模块（图 9、图 10）

参建人员可以利用手机 App 端，随时将现场质量安全问题照片上传，同时可以从隐患库中调取问题的文字描述，也可以手动输入问题。问题照片和描述存至云端后可与相关

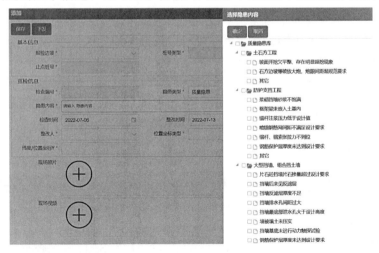

图 9 质量安全问题库

权限人员共享，照片调取方便，有据可依。相关人员采取措施后，将整改照片和文字描述上传，经过审核后，问题消除，实现质量安全问题的闭环管理和公路边坡动态施工过程多角色协同管理，管理过程清晰有序、现场工作规范执行、真实记录全程可追溯。

图 10　质量安全问题巡检和闭环管理

三、成果技术创新点

（一）克服传统边坡施工安全风险评估采用静态指标、指标权重选择主观性强的不足，提出了依据地质分类和监测预警等级的动态安全评估模型算法，并嵌入云平台实现自动风险评估。

（二）克服传统边坡建设过程中流程文件以纸质材料为主、参建各单位交互效率低的不足，搭建了边坡智能监测与风险管控云平台，将边坡动态安全评估、监测预警、设计变更、质安巡查、应急处置等嵌入统一的智能管理中枢，大幅提升了参建各方协同管理的效率。该平台能实现建设、设计、施工、监理单位等项目参与者的实时互动，促进项目建设运行的流程化、信息化、扁平化。

四、取得的成效

本成果应用于湖南省衡永高速、平益高速、官新高速等 20 余项工程中，在施工阶段，保障项目顺利推进，节省工期；在运维阶段，实现边坡安全状态的智能闭环管理，提高抢险和加固工程的效率并降低成本，累计创造效益 3000 余万元。

本成果有助于推动交通基础设施感知网络的建设，减少了车辆油耗，提高了无纸化办公程度，节省了水泥、钢筋等建材，减少了生产能耗和碳排放。本成果可作为相关技术标准制定、修订和补充的依据，具有较好的推广价值。

五、总结及展望

（一）在多个项目中成功应用后，"高速公路边坡智能监测与风险管控云平台"的版本也在不断更新升级，但是参建各方对于平台的需求日益提高，还需要积极调研用户需求，及时改进，加强程序开发的连续性。

（二）后续平台需融入更多监测手段的数据，例如 IN-SAR 监测数据，开展多层面的监测分析，更好地为边坡施工交互和安全管控服务。

基于数字孪生的城市透明地下空间智能管理平台

易爱华、王震、戴海锋、毛维辰

上海城勘信息科技有限公司

一、成果背景

（一）成果基本情况

基于数字孪生的城市透明地下空间智能管理平台（以下简称"本平台"）是融合互联网、WebGL、空间索引、图形学等各类计算机技术，基于面向地下空间对象的数字孪生引擎，开发的一套切实有效的数据库管理与应用系统平台。本平台集成并管理城市各部门地下空间相关数据，建立起地下空间大数据的共享与动态更新机制与三维时空立体一张图，可有效支撑地下空间智慧化利用、开发、运营，为勘察、环境、交通、市政、国土、规划等众多领域部门提供数据服务和功能服务。

其主要技术特点包括：

1. 本平台创新性提供了一种动态更新的机制，即保留录入钻孔的原始分层信息，并将钻孔分层与标准地层之间的映射关系记录到数据库中，保证钻孔标准分层的正确性与唯一性，并有效提高了区域地层标准化的工作效率。

2. 建库过程中针对收集到的多源数据，包括多个版本勘察软件导出的数据库文件（mdb）、勘察成果图文档（doc、xls、pdf、dwg 等）、土工试验数据文件（xls）、地质专题图矢量文件（.shp）等，均按照国家及行业标准对这些异构数据源进行标准化处理。基于多源数据整合与集成技术对这些多源异构数据进行处理和管理，成为实现对城市地质进行动态监测、模拟的一项关键技术。

3. 本平台选用如下创新技术路线进行城市地下地质三维建模：首先对城市地质钻孔资料进行分类整理，对能够用于地质三维建模的资料进行抽取，并选取其中能够用于层序地层分析、建立层序标准体系的钻孔，建立标准层序体系。对钻孔数据进行层序分层后，采用不规则三角网形成地层界面，并基于地质统计空间插值算法对生成的地层曲面进行平滑，再用这些层面数据生成地质体，建立三维地质构造模型，真实地展现岩土地下空间结构分布。

4. 本平台的核心基座——数字孪生引擎，满足对国内市场上主流的 3D/BIM/GIS 数据格式的支持，采用了 WebGL 轻量化融合渲染引擎技术，让数字孪生可以用 Web/App 的方式进行展示操作，利用了多重 LOD、遮挡剔除、实例化渲染、空间调度等技术，充分发挥 WebGL 的渲染能力，极大提升了渲染质量。

（二）成果应用现状

本平台及相应服务面向大量勘察设计单位，能切实有效为用户提供从概念需求到产品落地的创新产品整体解决方案。目前，本平台已成功应用于上海、福州、温州、雄安新区等地区，为业内多家优秀勘察设计企业提供服务，累计汇集了一万余份岩土工程地质数据，构建了十余个区域地质大数据系统，获得了很好的使用效果、用户评价和专家认可。

（三）技术成果实施前所存在的问题

1. 数据的筛选与整理难度大

现阶段，我国建设工程项目的地下空间数据与资料大多分散在各单位与项目负责人手中，数据资料储备仍使用传统管理模式，需要投入大量人力进行筛选和信息化处理。在这一过程中，常会遇到地下空间数据资料的缺失、归属不明确等问题，在项目资料提取过程中需要反复沟通、确认、修改，工作效率低下。同时，多源数据的可靠性需通过多角度验证，以保证数据质量。

2. 数据的利用价值有待挖掘

在岩土工程勘察中，由于岩土体的不均匀性和各向异性，即使是相隔很近的工程建设项目，其所处的地质环境也可能有所不同。勘察数据直接关系到工程的安全，因此目前每个工程在设计之前都要进行一定的工程勘察。因此，勘察数据系统只可能作为定性的参考，而不能作为定量的依据。庞大的勘察大数据系统中能为一个新工程提供的有效信息十分有限，起到的作用也只是作为前期的一种初步了解的手段，其更多的利用价值有待于挖掘。

3. 数据的安全性与隐私性难以保护

在当今时代，互联网信息安全问题是人们关注的焦点，个人信息安全问题受到全社会的关注，地下空间信息安全问题同样存在。云服务器中储存的大量、详细的信息一旦被国外不法分子窃取，将直接影响国家安全。地下空间大数据的系统既要对我国工程建设单位广泛开放，又要对国外势力严格保密。因此，互联网信息的安全性问题以及使用者权限管理需慎重处理。

（四）选择此技术成果的原因

1. 公司研发团队具备独立自主的技术框架与研发功能。本平台具有自主可控的知识产权，且可满足国家信创体系建设的相关规范要求。特别是基于 WebGL 开发的数字孪生引擎，不依赖 Cesium 等第三方软件平台，且有效解决了大体量数据加载、可视化效果欠佳等难点问题。

2. 本平台的开发遵循相应的技术规范和行业规范要求，提供的地下空间数据建模服务满足相关精度要求与规格标准，并有行业内专家提供技术支持与保障，已经在上海、福州、温州、雄安新区等地区实际项目中得以充分验证与应用。

二、实施的方法和内容

针对背景中拟解决的问题，以下介绍成果应用的具体技术方案。

（一）技术特点

本平台综合运用数据库、空间索引、图形学、网络技术，实现基于互联网的地下空间数据管理和服务。系统平台整体架构由数据层、业务层、展现层及安全体系构成。

1. 数据层

服务器数据库接入勘察地质数据、勘察资料文档数据、地质专题图数据等多源数据，并可接入高德地图、天地图等第三方提供的 API。

2. 业务层

通过接口封装以及 MVC 框架控制业务逻辑，对接数据接口，整合各业务平台，以满足前后台业务系统需求。

3. 展现层

基于数字孪生引擎实现空间可视化需求，通过平台接入浏览器来展示。

4. 安全体系

安全体系通过终端安全、传输安全、应用安全来保障整个架构的安全。

（二）主要功能服务

1. 三维可视化

加载地图：加载国家 2000 或 WGS84 坐标系下的所有在线地图，以数字地球的形式展现产品所集成的地下空间数据。

空间操作：在三维视图下实现空间的缩放、平移、旋转、漫游等功能。

空间量测：使用鼠标测量三维空间中任意点之间的空间距离。

2. 地下空间数据检索

条件查询：根据工程名称或工程编号信息，输入与查询条件匹配的项目信息，并能在地图空间上进行快速定位。

范围查询：通过点、点坐标、线、线坐标、矩形、多边形、拐点等多种方式，检索出指定范围内的项目工程与钻孔。

项目信息查询：在地图上点击项目信息点，查询该项目的相关基本属性信息。

钻孔信息查询：在地图上点击钻孔信息点，系统根据数据库中的钻孔资料，生成钻孔柱状图。

剖面查询：在地图上选择钻孔点并依次连成线段，系统根据选中钻孔点的数据资料，生成该连线方向上的地层剖面图。

区域钻孔：在地图上选取一批钻孔点，系统将选中的钻孔组合为一个勘察项目输出。

3. 地下空间数据入库

新增工程勘察项目：以工程勘察项目为基础，添加新的工程勘察项目信息、钻孔信息、土工试验数据、标贯动探试验数据等。

编辑工程勘察项目：编辑数据库中已存在的工程勘察项目信息及相关的钻孔和试验数据。

数据（MDB 文件）校验：对待入库的地质数据进行地层、坐标等的标准化检查和校验。

图文档资料批量入库：可按照文件夹目录的形式批量上传勘察工程的图文档成果资料。

其他数据入库：建立数据入库标准，配合导入、迁移其他系统的地下空间数据。

4. 专题地质图浏览

工程地质分区专题图：浏览查询工程地质分区专题图。

场地类别分区专题图：浏览查询场地类别分区专题图。

崩塌与滑坡危险区专题图：浏览查询崩塌与滑坡危险区专题图。

地震地质灾害预测分区专题图：浏览查询地震地质灾害预测分区专题图。

第四系等厚专题图：浏览查询第四系等厚专题图。

砂土液化围岩区专题图：浏览查询砂土液化围岩区专题图。

浏览查询其他各类专题地质图。

5. 数据统计

基本数据统计：统计出系统数据库中总的项目数、钻孔数及最大钻孔深度等基本数据。

地层物理力学参数统计：对用户任意选定的钻孔进行分析，统计出该区域内的各种地层物理力学参数。

标准贯入统计：对用户任意选定的钻孔进行分析，统计出该区域钻孔的标准贯入试验成果。

动探统计：对用户任意选定的钻孔进行分析，统计出该区域钻孔的动探试验成果。

区域地质评价：在地图上选取一批钻孔点，系统根据选中钻孔的数据资料，分析并输出该区域内的地质情况。

6. 地质建模与分析

等值线图分析：系统对某一范围内的钻孔点数据进行分析，根据钻孔的地层信息，绘制出该区域范围内的各种地层的等值线图。

三维地层分析：系统对某一范围内的钻孔点数据进行分析，根据钻孔的地层信息，绘制出该区域内的三维地层分布图，可进行直观的了解与分析。

7. 定制化服务

数据大屏展示：以大屏的形式展示数据库中的各类统计数据。

领导驾驶舱：可以 H5 页面展示系统统计界面，便于其他终端集成展示。

三、成果技术创新点

（一）技术创新点

1. 本平台创新性提供了一种动态更新的机制，即保留录入钻孔的原始分层信息，并将钻孔分层与标准地层之间的映射关系记录到数据库中，保证钻孔标准分层的正确与唯一性，并有效提高了区域地层标准化的工作效率。

2. 本次建库过程中针对收集到的多源数据，包括多个版本勘察软件导出的数据库文件（mdb），勘察成果图文档（doc、xls、pdf、dwg 等），土工试验数据文件（xls），地质专题图矢量文件（shp）等，均按照国家及行业标准对这些异构数据源进行标准化处理。基于多源数据整合与集成技术对这些多源异构数据进行处理和管理，成为实现对城市地质进行动态监测、模拟的一项关键技术。

3. 平台选用如下创新技术路线进行城市地下地质三维建模：首先，对城市地质钻孔资料进行分类整理，对能够用于地质三维建模的资料进行抽取，并选取其中能够用于层序地层分析、建立层序标准体系的钻孔，建立标准层序体系。对钻孔数据进行层序分层后，采用不规则三角网形成地层界面，并基于地质统计空间插值算法对生成地层曲面进行平滑，再用这些层面数据生成地质体，建立三维地质构造模型，真实地展现岩土地下空间结构分布。

4. 平台的核心基座——数字孪生引擎，满足对国内市场上主流的 3D/BIM/GIS 数据格式的支持，采用了 WebGL 轻量化融合渲染引擎技术，让数字孪生可以用 Web/App 的方式进行展示操作，利用了多重 LOD、遮挡剔除、实例化渲染、空间调度等技术，充分发挥 WebGL 的渲染能力，极大提升了渲染质量。

（二）研发费用投入情况

研发费用投入见表1。

研发费用投入情况　　　　　　　　　　　　　　　表 1

年份	研发费用投入（万元）	说明
2018 年	182	此处研发费用投入计为产品设计、研发、测试等环节投入的人工费用，不包含设备、耗材等直接投入费用
2019 年	597	
2020 年	627	
2021 年	590	
2022 年	414	

四、取得的成效

（一）经济效益和社会效益

可为地方主管部门汇集海量的岩土工程地质数据并提供地下空间数字化交付服务，成为数字孪生城市可视化的地质基础底座，符合城市数字化转型推进的规划要求。

可为勘察设计企业快速汇集并分析处理海量的历史成果资料，打造企业级地下空间大数据管理平台，辅助专业技术人员生成并展示三维地质体模型与地下构筑物模型，有利于地下空间开发与应用。

可为业主方提供便捷的地下空间的数据管理服务，并提供项目级的三维数字仿真平台与定制化开发，提升项目可视化能力与市场竞争力。

通过业务数字化，在业务实施过程中同步将海量业务数据电子化，为企业全面实施推进数字化转型、深化落实数字资产化和资产价值化做铺垫。

（二）第三方对成果实施效果的客观评价

通过对平台用户的调研回访，获得如下评价：

1. 平台有效实现了岩土工程地质数据的有效收集、维护管理与共享应用，提高了信息资源共享程度，有效提升重点工程信息化管理水平与企业的市场竞争力。

2. 对接国内市场主流勘察软件的数据接口方式，极大提高了岩土工程勘察成果的入库与管理，信息化管理效率显著提升。

3. 通过空间一张图的方式，实现了地上地下一体化展示，且数据承载量与可视化效果得到显著提高，技术达到国内先进水平。

4. 平台在多个规划、勘察、设计、施工项目中得到成功应用，取得了显著的经济效益与社会效益。

综上所述，本平台高度契合勘察设计企业的数字化转型需求，具有良好的应用价值。

（三）对行业发展的带动引领作用

1. 有利于引领并推动全行业数字化转型升级

在中国工程勘察设计行业"十四五"规划中，数字化转型及相关企业转型升级成为行业发展必然的趋势，岩土工程地质数据作为最直接可靠的数据来源，其作用和价值将得到更多、更广泛的重视。本平台已在多地大量实际项目中得以验证应用，可为勘察设计企业提供切实有效的数字化解决方案，从而引领勘察设计企业数字化建设，推动全行业数字化转型升级。

2. 有利于地质数据汇集，形成区域地质大数据库

本平台以信息化手段赋能勘察设计企业，有利于提高岩土工程地质数据与地下空间数据的通用性和兼容性，汇集形成区域地质大数据库，整体提升区域地质数据协同价值，发挥地质大数据的规模效应，更好地为区域发展规划提供参考及依据。

（四）成果推广应用的条件和前景

随着数字经济增长、信息科技发展、智慧城市推进、行业政策引领，岩土工程与地下空间数字化转型的经济环境、技术环境、社会环境、政策环境已经全面形成，数字化转型的内外部驱动力充分叠加，数字化转型的多层级动能已然积蓄，行业全面数字化转型时代已经到来。

在此背景趋势之下，行业内各大勘察设计企业均有强烈的愿望，拟研究运用 GIS、BIM、互联网等信息技术，构建多源的工程勘察地质数据库，实现工程勘察信息的有效传递和共享，并积极推进企业综合管理信息系统建设，采用前沿信息技术以提升企业核心竞争力及勘察行业的技术创新，建设一个专业性极强的面向岩土工程的地质数据库系统来有效管理历年来积累的海量工程勘察成果资料，深度挖掘成果信息中的价值。

可见，社会经济发展趋势和行业转型升级需要奠定了行业数字化转型发展的广阔前景。而在这一细分赛道上，公司及本平台突出行业赋能特性，相比于国内同类产品，在专业能力、服务能力、平台性能、用户口碑等方面均具有突出优势，具有良好的推广应用前景。

五、总结及展望

（一）现存问题

行业缺乏统一的数据标准规范，导致不同业务系统、不同工程阶段间的数据流交换困难，距勘察设计全生命周期数字化还有一定的距离。

数据可用性和准确性问题：平台的数据来源和质量对结果的准确性和可信度有着至关重要的影响。因此需要完善数据管理和质量保障系统，以确保数据的可靠性和准确性。

可扩展性和应用范围问题：由于岩土工程数字孪生平台需要大量的工程数据和建模技术的支持，使得其在扩展性和应用范围方面存在不确定性。这需要平台不断进行技术研发和改进，以提高其可用性和应用范围。

（二）发展方向

1. 智能化升级

结合 BIM 轻量化技术、大屏驾驶舱、互联网技术，实现项目级的数字化交付与可视化展示应用，为业主单位从多个维度综合展现岩土工程数字化信息。

2. 数字化建设

基于地质大数据密度不断加大，数据库内容持续扩充，再充分利用物理模型技术、传感器控制技术，集成多学科、多物理量、多尺度、多概率的岩土仿真勘察设计过程，在虚拟空间中完成实体作业情况的映射，从而反映实体的全生命周期过程。

智慧武汉·综合智能监测监管云平台

施木俊、孙浩、刘艳敏、官善友、孙雪婷、余斌

武汉市勘察设计有限公司

一、成果背景

（一）成果基本情况

建设工程项目的结构安全关系重大，必须借助信息技术才能及时准确掌握其运行和健康状况，以便有效处置安全隐患。本项目利用大数据、物联网、GIS＋BIM、微服务等信息技术，构建了包含建设工程结构安全监测数据物联感知、传输、分析和成果输出的全流程智慧武汉·综合智能监测云平台（以下简称"平台"）。平台支持人工、半自动、全自动监测作业模式、智能化分析与处理、安全风险分级分类预警与管控、监测成果智能输出等监测全业务流程以及移动 App。

相比市面上常见的单一类型监测系统，平台通过对建设工程结构安全所有监测项目的分类归纳和参数化配置，可同时满足基坑、隧道、房屋、地质灾害四大板块监测需要。平台通过建设安全监测、数据共享、分析预警、风险评估和监管体系，构建了智慧城市工程安全监测运营体系，全面提升了城市智能运营监测能力，有力地推动了智慧城市的建设。

（二）技术基本来源

平台作为信息化技术在工程监测领域的最前沿应用，其涉及的核心技术由以下两方面组成。

1. 智能监测技术

（1）利用无线蓝牙实现手机 App 与监测设备的无线双向通信。手机 App 可通过蓝牙联动水准仪、全站仪、测斜仪等监测设备，拓展了上述监测设备的操控方法。

（2）监测数据的准确解析使平台可同时兼容人工、半自动、全自动工作模式，适应各种应用场景。

（3）采用三维激光扫描技术获取地铁隧道点云数据，点云数据经过分析处理，形成隧道病害数据。

（4）创新引入基于虚拟中心点的基坑水平位移自动化监测方法（国家发明专利公布中），有效解决弧形边线基坑水平位移监测难题。

（5）集成地下水压力光纤自动化监测系统（已取得国家发明专利授权），实现地下水压力连续监测。

（6）全面兼容申报单位编制的《轨道交通运营期结构监测技术规程》（已获批武汉市地方标准），提升监测技术知识产权水平。

2. 信息化技术

（1）采用 Spring Cloud 微服务框架和前后端分离技术，实现服务之间的解耦，可快速构建和管理微服务应用。

（2）采用 SaaS 多租户模式，通过集中控制面板快速管理多个客户，有助于平台拓展行业用户，联动监测单位及其上下游单位。

（3）采用 CAD＋GIS＋BIM 融合展示技术，适应同时在二维地图空间和三维立体空间中浏览监测要素的需要。

（4）采用 Redis＋Mysql 中间件和数据库对监测数据进行存储，满足海量用户数据持久化、高并发、高可用的需求。

（5）采用 InfluxDB 时序数据库有效解决光纤光栅等高频监测数据存取的效率问题。

（6）支持多种物联网传输协议（HTTPS、TCP/IP 和 MQTT 等），解决数据透传和设备监控问题。

（三）国内外应用现状

国外在建筑安全监测领域起步较早，目前主要侧重于监测模型和算法的研究，将现代信息技术应用于监测工程项目尚处于初步研究阶段。

国内相关单位已陆续推出了信息化监测解决方案。例如：中煤科工集团西安研究院建立了基于 BIM 的基坑工程自动化监测平台，实现基坑建设生命周期各生产要素之间信息化的动态可视化展示。但该平台未融入监测预警机制，无法及时发布预警信息；重庆市勘测院搭建了重庆市工程安全监测大数据平台，构建了一套城市大型建筑结构安全监测大数据应用服务平台。但该平台为全自动化监测方案，成本较高且无法兼顾人工和半自动化作业场景；中国地质调查局水文地质环境调查中心建设了地下水动态远程监测系统，实现了地下水动态数据自动采集、存储、传输、远程管理等功能。但该系统仅实现了水位、气压等监测数据的收集和展示，没有基于监测数据进行分析和预警。

此外，国内还在监测数据分析和模型预测方面开展了研究，主要有基于计算机的视觉技术、智能优化算法、机器学习算法等，但这些内容也都处于初步探索阶段。

综合来看，国内相关单位的信息化解决方案大多是针对基坑、隧道、地下水等其中一种工况，鲜有能够同时囊括基坑、隧道、房屋、地灾等行业的综合性监测系统。受上述监测系统、监测对象的制约，系统的用户人群和数量也十分受限，无法联动监测业务的上下游单位。可见监测信息化还存在较大的拓展空间，为了能够同时兼容各种不同类型的监测项目，同时打通监测行业上下游相关单位之间的合作壁垒，建立一个综合性的智能监测平台，实现工程项目全生命周期监测以及监测信息的互联互通，成为监测行业可持续发展的迫切需求。

1. 技术成果实现前存在的问题

本项目实施之前，建设工程大部分仍采用人工监测为主，人工监测面临的问题可归为以下几类：

（1）监测数据真实性差：缺乏现场监管，容易出现监测数据弄虚作假，但又无法及时进行有效的监督问题。

（2）监测信息时效性差：外业监测和内业处理按部就班、耗时耗力，较长的间隔周期直接"牺牲"了监测数据的时效性。

（3）监测作业生产效率低：外业监测采集和内业数据处理无法同时进行，从而直接影响监测生产作业效率。

（4）监测作业经验积累差：监测作业依赖作业经验，人工监测经验难以复制，形式单一的监测成果降低了成果利用率。

（5）监测预警时效性差：缺乏规范指导的预警阈值设定，同时阈值受工况影响，人工判断触发预警易造成预警延迟。

尽管当前一些单位为规避上述缺点开展了监测系统的建设，但这些系统普遍存在以下问题：

（1）兼容传感器类型受限：检测系统的应用方向单一，导致系统很难兼容该应用以外的其他传感器。

（2）系统作业适应能力不足：采用全自动监测，设备故障检修时出现监测空窗期，易导致监测数据中断。

（3）缺少配套移动端软件：无法使用手机端采集数据，无法通过移动 App 接收和处置预警。

2. 选择此技术成果的原因

（1）技术需要：物联网、大数据等新技术可促进监测行业的发展，建设监测云平台是监测技术发展的必然趋势。

（2）成本需要：当前监测作业应选择在成本、部署效率和系统运行稳定性等方面具有明显优势的方案。

（3）效率需要：监测作业需适应各种监测作业场景，通过信息化技术开展监测全过程管理，提高监测作业生产效率。

（4）管理需要：监管应具备保密性、开放性、安全性，保证监测数据真实、准确、可溯源和可共享。

（5）应用需要：监测数据的长期积累逐步形成监测大数据，需通过大数据分析为建设工程设计提供优化意见。

3. 拟解决的问题

平台的自动化检测方案拟解决以下问题：

（1）提升监测数据的真实性。锁定监测时间、上传时间、上传地点，数据即时存储，使监测数据具有"时间戳"，保证数据的真实性。

（2）提升监测数据的时效性。实现 24 小时全天候自动化监测，按需调节监测频率，自动生成监测报告，解决传统监测成果发布不及时问题。

（3）提高监测生产作业效率。联动监测外业和内业，实时分析处理、自动生成报告，提高监测工作效率，避免监测报告的人为错误。

（4）提高监测成果的价值。通过大数据的归纳总结，形成匹配监测生产作业的自动监测方法和流程，完成监测成果和经验的累积和共享。

（5）提升预警信息时效性。依据监测成果和设定阈值形成预警信息，及时开展预警信息审批，预警信息以短信、微信、邮件等形式及时发送给相关人员。

二、实施的方法和内容

（一）监测数据实时解析及处理

监测数据采集后实时传输至云端管理中心，封堵数据造假渠道。采用大数据技术进行数据解析：首先进行数据清洗，去除异常数据和不符合实际情况的数据；其次进行数据标定和校准，确保数据的准确性和可靠性；最后进行数据特征提取和转换。平台采用聚类分析、关联分析、时间序列分析等方法提取有用的监测信息，帮助用户更好地掌握监测对象的实际情况，并及时作出科学的管理决策。

（二）多种数据采集模式，成果报告智能输出

平台兼容各种监测作业模式：人工模式导入传统监测数据；半自动模式使用手机App采集监测数据，将数据上传至云端进行数据处理、报告生成等一系列内业工作；自动化监测模式采用物联网、GIS＋BIM、微服务架构实现监测数据的自动采集、分析、查询，能实现 24 小时全天候自动化监测，保障数据的连续性，能够准确反映监测变化趋势，便于数据的提取以及量化分析检查。

（三）形式多样的监测成果呈现

平台实时以图表显示监测点变形趋势，通过观察图形走势掌握变形情况。图形包括变形速率—时间曲线、累计位移—时间曲线、收敛累计位移值—时间曲线等。监测人员可通过移动 App 随时随地获得监测数据和统计图表。此外平台还支持 GIS 地图、三维模型、数据大屏等多种方式可视化展示，方便监管人员和用户进行数据分析和判断。

（四）提升监测成果的应用价值

平台将各类监测项目成果分门别类，按监测时间顺序排列组织，规范了监测成果的归档，为监测成果重复利用奠定基础。另外，通过平台可开展监测成果的长期累积，逐步形成监测大数据，以便通过大数据挖掘监测数据的价值，总结归纳监测数据的变化规律，为后期制定和优化监测方案提供参考。

（五）准确及时地监测信息预警

平台采用"多重＋分级"预报警模式，当监测出现异常情况时，可通过移动 App、短信、微信和邮件等多种形式发布警报，提高监测的时效性，避免了原有的层层上报监测管理模式存在的时效性差、信息滞后、瞒报以及漏报等问题，真正达到高效科学的管理。

三、成果技术创新点

（一）全面适配各类工程监测仪器和传感设备

平台搭建了融合监测设备互联互通、监测数据自动采集和传输的智能控制物联网框架，实现了对测量机器人、全站仪、水准仪、测斜仪、静力水准仪、钢筋计、应力计、水

位计、雨量计、裂缝计及光纤光栅等多种类型和型号监测数据采集仪器及传感器的接入，可快速构建包含各种测项的工程监测方案。

（二）全面支持移动 App 开展监测生产和管理

平台配套的移动端 App 软件打破行业壁垒，取代监测数据采集手持终端，不仅可与水准仪、全站仪、测斜仪等监测设备双向通信开展数据采集，支持以图文声像的形式记录各类巡检工况信息，满足工程现场定期巡检的工作需要，而且能够实现监测数据的实时上传和监测结果的下载展示，确保了监测数据的准确性和及时性。同时移动 App 还集成了管理流程，可提供监测报告和预警信息的审批、发布和接收。

（三）提供监测业务全生命周期管理完整解决方案

平台综合运用物联网、GIS+BIM、云计算等信息技术，构建了包含工程项目监测数据物联感知、实时传输、分类存储、分析处理、智能预警、定期巡检、成果报告定制输出的工程项目全生命周期监测运行体系。平台提供测项配置、巡检配置、预警配置、设备配置、组织结构配置、流程配置等功能，为平台后期运维与快速应用奠定坚实的基础，同时也推动监测行业向自动化、智能化方向发展，为建设单位、监理单位、监测单位、监管单位各方提供极大的便利。

（四）覆盖多种智慧城市运营监测业务应用领域

平台已在湖北地区的建筑基坑、地铁隧道、房屋安全、地质灾害等监测行业得到广泛的应用，同时正逐步向综合管廊、矿山、桥梁监测等相关领域延伸，通过建设安全监测、数据共享、分析预警、风险评估和监管体系，构建了智慧城市工程安全监测运营体系，全面提升了城市智能运营监测能力。

四、取得的成效

平台已在申报单位投入使用三年，平台的应用直接改变了原有监测项目的生产作业模式。相比传统作业模式，以基坑监测为例，平台将一期监测的时间由原来的 1～2 天缩减为 0.5 天，较大地提升了监测人员的工作效率，节约了大量的人力成本，从而为申报单位扩大监测业务规模奠定了坚实基础。

平台投用以来，已管理各类基坑、地铁隧道、房屋安全、地质灾害等监测项目 200 余个，产值累计近 5 亿元，累计产出各类监测报告 5000 余期，为申报单位创造利润超千万元。平台促进了湖北地区监测行业的先进技术变革，建设成果得到了众多行业同类单位的关注和认可，其中中冶武勘工程技术有限公司、中建三局集团有限公司、中交四航工程研究院有限公司等单位多次到访申报单位开展技术交流，目前申报单位正在积极联合监管单位共同推进平台在监测行业的试用，以进一步加强平台应用的推广。

五、总结及展望

本平台的建设和后期应重点关注的内容有如下几点：

（一）开展监测新技术在工程监测中的应用

目前监测领域出现了基于摄影测量的建筑结构监测方法，该方法的监测精度能够达到监测规范要求。平台后期拟在完成对该方法的技术验证后，将该技术引入平台，提升平台对监测新技术的转化能力。

（二）开展人工智能技术在工程监测中的应用

人工智能具有高效、实时、精准、自适应等特点，平台后期可基于人工智能开展监测物的健康状况快速诊断和预测、检测和分类异常数据、数据异常判断和及时预警等方面的应用研究。

（三）加强监测成果的价值挖掘和成果再利用

平台应用成果的长期积累，可逐步形成监测成果大数据，通过大数据挖掘，可对各类建设工程的设计合理性进行有效检验，并促进岩土工程理论及应用的发展。

理正勘察岩土数字化系统

崔年治、黄琨、杨国平、曾艳、张志刚、李萌、吴咪咪

北京理正软件股份有限公司

一、成果背景

（一）成果基本情况

理正勘察岩土数字化系统是由北京理正自主研发的岩土勘察专业工作流程全数字化、信息化和智能化的服务系统（以下简称本成果）。本成果基于理正 MIS 管理开发平台（信创）、云技术、大数据运算等多种信息技术手段构建岩土勘察生产管理全新平台，以数据为核心，实现勘察生产前期准备、勘察外业、室内试验、内业整理、数字化交付、综合展示、成果管理查询及历史资料再利用等各阶段数据的采集、数字化交付、查询、监管、再利用等管理功能。本成果围绕着大岩土数据中心，集成勘察外业采集系统、内业管理系统、生产工具、成果管理系统和 CIM 综合展示系统五大核心模块，其架构如图 1 所示。

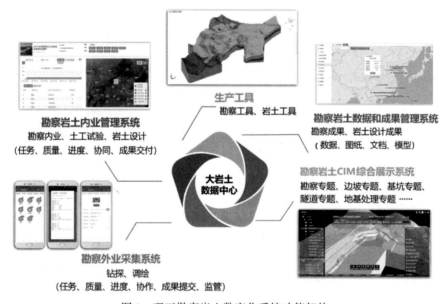

图 1　理正勘察岩土数字化系统功能架构

（二）技术基本来源

本成果采用的软件由北京理正软件股份有限公司自主研发，拥有全部知识产权。本成果基于理正 MIS 管理平台（信创）、理正 CIM 平台、理正数据和资源中心、理正移动平台等技术，同时集成理正勘察系列、岩土系列设计软件，将数字化技术与岩土勘察设计生

产管理相结合，实现生产项目管理数字化、岩土勘察 BIM 设计一体化、专业资源管理"自驱"与"共享"、多项目综合展示赋能决策等岩土勘察全要素的数智化场景应用。

（三）国内外应用现状

在国内，传统的勘察设计人员采用单机工作模式，缺乏统一的多项目的工作环境，无法实现项目文件、设计成果等资源的有效利用，对于企业数据资产积累、再利用缺乏有效的标准化管理措施。近年来，本领域也涌现了很多围绕勘察成果数据的管理、展示、再利用方面的集成系统，但同时暴露了不少问题。首先，单机化集成展示商用软件，只解决了集成展示问题，无法实现数字化移交与共享。其次，勘察单位基于 GIS 技术自研的地质数据库、勘察数据管理平台，虽实现了勘察成果沉淀，但开发成本高、数据入库费时费力、组织间共享不畅、综合展示欠佳、扩展接口不足，且普及推广难度大。最后，各专业接口不统一，设计频繁改动造成了上下游专业扯皮现象时有发生。

在国外，岩土工程行业已开始进行数字化转型，统一的数据底层架构、勘察设计生产管理全要素数字化、多源数据综合展示等功能的发展都已有一定的成果，可供国内借鉴。但是由于国外技术提供的云服务产品部署在外网上，这就导致我们无法直接进行使用。

（四）实施前所存在的问题

1. 数据成果缺少标准化、数字化提交手段，数据无法形成统一的存储和管理，造成勘察成果的遗失、再利用率低，阻碍企业数字资产沉淀与共享。

2. 勘察单位的技术与安全人力资源有限，无法对现场工作进度、质量实时监控，容易出现工程质量问题。

3. 地质三维可视化要求提高，设计院自研的三维建模软件能力有限，若采用国外三维技术，则达不到自主可控的要求。

4. 设计部门所使用的岩土计算软件种类繁多，数据接口不统一，勘察与岩土专业数据共享难，且无法完成数字化交付。

5. 业主方对勘察数字化综合展示可视化要求提高，设计方只能单独展示勘察成果、测绘成果、岩土成果，同时几何信息无法自动关联三维地质实体的物理力学指标、岩土设计模型坡率、安全系统等重要设计参数。

（五）选择此技术成果的原因

1. 本成果建立统一的勘察和岩土设计数据中心，打通勘察设计各环节的数据流通，增设企业级、项目级应用场景，制定数字化提交标准，在生产各环节提供一键数字化提交工具，实现勘察数据的数字化提交。

2. 本成果实现智能数据采集，除了野外钻探、原位试验等工程数据采集，还包括实时采集数据记录的位置、时间、修改数据等历史记录，方便追根溯源，还原工作进程。并且通过提供野外实时视频监控，技术人员、安全员在单位就可以实时查看各工地现场情况。

3. 本成果可实现勘察生产前期准备、勘察外业、室内试验、内业整理、数字化交付、成果管理与利用、三维可视化综合展示汇报的全流程岩土勘察数字化管理，为企业数字化转型提供整体解决方案。

4. 本成果通过数据中心实现各生产流程、各专业的数据接口统一以及数据资源的"存""管""用"。系统的数据中心后台能够自动完成各专业接口对接，改变传统接口格式统一、手工传递、接口更新的工作方式，并以"自驱"方式提高企业生产效率及数据传递的准确性、及时性。

5. 本成果实现岩土工程勘察历史数据采集汇总，提供地图、数据属性多维度查询方式提取有效资源，实现企业知识资产积累，提高历史资料的生产价值。

6. 本成果采用模块化搭建，可根据企业需求，分步推进数字化应用实施，降低企业数字化投入风险。

（六）拟解决问题

1. 外业数据无法智能化采集、实时监管难。

2. 诸多软件间数据格式不一致，数据流通难，无法实现数字化交付。

3. 企业的数字化成果交付无法及时提交、无法标准化、提交方式费时费力等。

4. 岩土工程勘察生产管理全过程各专业脱节、协调。

5. 成果数据无法进行及时汇总、统一归档及再利用。

6. 成果汇报综合展示系统只能展示几何信息，无法自动关联属性信息、设计参数信息、展示效果不佳等。

7. 企业级的生产管理平台，从项目全流程进行数字化转型，提高工作效率。

二、实施的方法和内容

（一）具体技术方案

理正勘察岩土数字化系统提供企业人员管理、组织机构管理、项目管理、人员权限分配、设备管理、劳务单位管理等功能，从而形成一个统一的数字化管理平台。在此平台上，通过对勘察作业全流程的任务分解，在建立企业的大岩土数据中心的基础上，本系统提供智能化的外业数据采集工具、系统化的内业管理工具、诸多可直接读取数据的生产工具、基于CIM的综合性成果展示汇报系统以及企业级的成果管理系统六项子系统，从而满足各业务流程的全部作业需求，为勘察企业全数字化转型提供整体化解决方案。其整体功能架构图如图2所示。

现根据子系统的功能进行详细阐述。

1. 大岩土数据中心。该子系统建立统一的勘察数据和岩土设计数据中心，通过对整体数据架构的设计，将岩土工程勘察各环节的结构化和非结构化数据进行分类存储和管理；同时，制定岩土工程勘察各环节数字化应用的交换数据标准及接口。该数据中心包括基础数据、人员数据、项目数据、生产业务数据、生产管理数据、成果数据等。

2. 勘察外业采集系统（图3）。该子系统可支持移动端实时录入野外勘察数据（如钻孔照片、位置、回次、水位、土样、水样、标贯、动探等）并上传到系统中；并支持GPS实时定位记录位置、时间信息以及图像采集。软件提供统一数据配置、数据记录规则，自动生成企业标准外业记录表。同时，该子系统还支持在移动设备上进行项目新建，

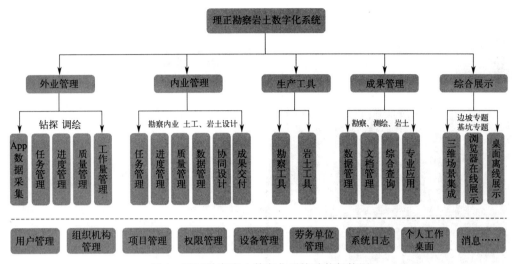

图 2　理正勘察岩土数字化系统功能架构图

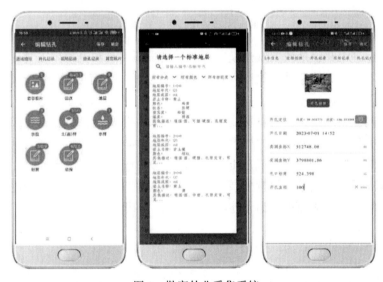

图 3　勘察外业采集系统

下达、变更勘察任务内容，查看已上传的采集数据、工作量统计并可实时查看施工进度，查看已完工工程数据等功能。

3. 勘察岩土内业管理系统。该子系统可实现系统管理和生产管理两部分的需求。系统管理主要包括企业管理、人员管理、角色权限管理、组织结构及外委机构管理、参数配置及企业设备管理等功能模块。生产管理（图 4）主要通过对勘察作业各个环节任务的分解，数字化手段勘察生产前期准备、勘察外业、室内试验、内业整理、数字化交付的作业过程，并通过一套用户登录权限设置，实现项目相关数据的互通和共享，提高了企业资源利用率、生产效率和质量，为企业数字化转型提供整体解决方案。

4. 生产工具。该子系统提供了诸多的专业设计工具来服务设计人员进行勘察作业、土工作业、岩土设计。根据专业性质分为勘察工具和岩土工具两大类。其中勘察工具主要

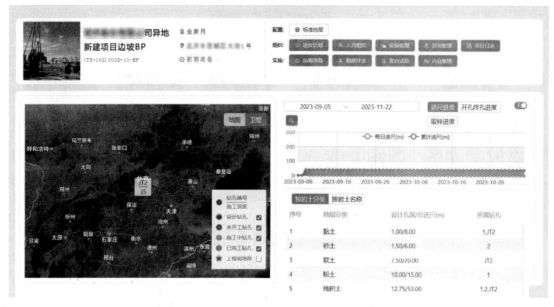

图 4 勘察项目生产管理

包括勘察内业整理工具、地质三维建模工具、土工试验工具和概预算工具。岩土工具包括边坡设计、基坑设计、地基处理设计、水池桩基设计、岩土有限元分析、结构工具箱等。其主要功能如下：

（1）勘察内业整理工具。主要功能包括内业整理、生成图件报表、完成勘察报告并形成勘察系列数字化交付。通过对原始数据的整理和计算，可自动生成室内试验成果表、物理力学指标及地层统计表，还支持批量生成和打印平面图、剖面图、柱状图、原位曲线图、室内试验成果图。此外，智慧分层、连层工具可辅助工程师从空间上进行地层连层处置，避免了二维空间无法处理的钻孔连层逻辑错误，如图 5 所示。

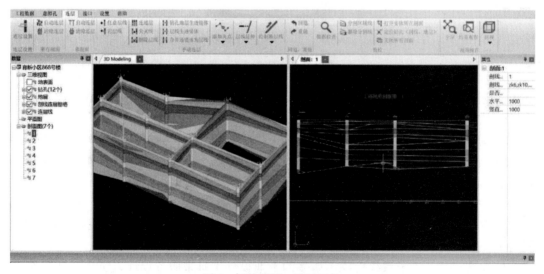

图 5 智慧分层、连层工具

（2）地质三维建模工具。该工具是将勘察从传统二维输出过渡到三维数字化成果交付的重要手段，通过大岩土智慧数据中心提取勘察统计数据及测绘数据进行附加岩土属性的三维地质模型的建立，如图 6 所示。其主要功能包括模型建立、模型展示及地质应用等。

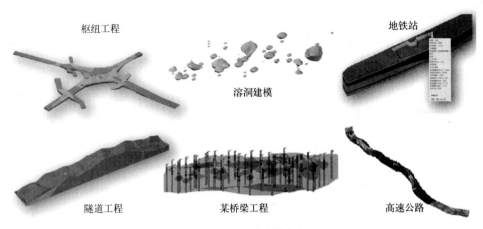

图 6　三维地质建模案例

（3）土工试验工具（图 7）。该工具可完成常规土工试验的数据录入、计算、曲线分析及绘制，自动生成成果汇总表格以及各种试验记录表格，自动统计工作量并生成收费表，可向理正工程地质勘察 CAD 软件传递室内试验数据。

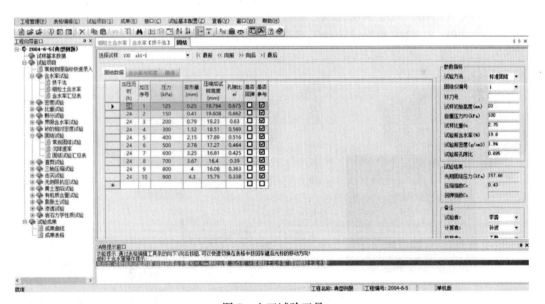

图 7　土工试验工具

（4）概预算工具（图 8）。该工具可完成"岩土工程勘探"和"室内试验"的工作量统计及概预算计算。可将统计的计算结果以 Excel 表格的形式输出，并生成 Word 文件格式的勘察概预算报告书；具有授权管理的符合国家标准的"标准基价库"及用户可修改的"用户基价库"。该工具可以快速统计勘察工作量并计算工程的勘察费用，为工程建设（发包单位、承包单位）提供基本费用计算依据。

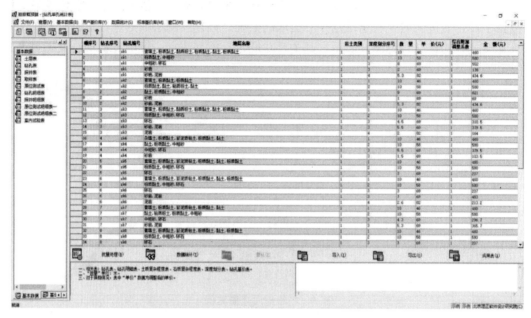

图 8　概预算工具

（5）岩土正向 BIM 设计工具（图 9）。该工具可以在三维的环境中，依托三维地质模型，直接进行地下构筑物、基坑支护、边坡支护、地基基础等岩土三维设计和分析。其中地质模型部分可由勘察内业模块完成，岩土设计的 BIM 模型可由三维基坑设计软件、三维边坡设计软件、三维桩基设计软件等系列三维分析计算软件完成。

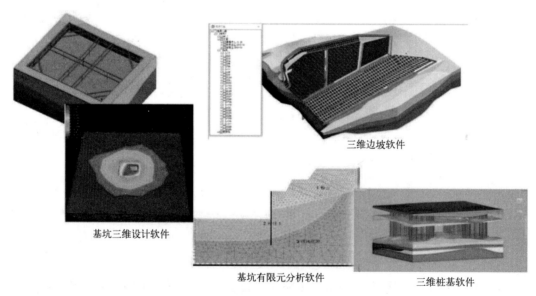

三维边坡软件

基坑三维设计软件

基坑有限元分析软件

三维桩基软件

图 9　正向 BIM 设计系列工具

（6）二维岩土有限元分析工具。该工具基于自主图形平台开发，提供弹性、摩尔-库仑（MC）、硬化土（HS）三种土体的本构模型，采用非线性计算架构对平面连续介质进行弹塑性分析和强度折减稳定分析。边坡有限元分析工具（图 10）可同时布置多种治理手段，如挡墙、抗滑桩、护坡格梁、锚杆锚索和填方挖方等。进行多滑面的稳定性分析，指定滑面滑坡推力计算、各支挡构件计算接口。软件支持 CAD 建模后导入和自主图形平台直接建模，可在一个平台下设置原始坡面和多个治理方案模型。

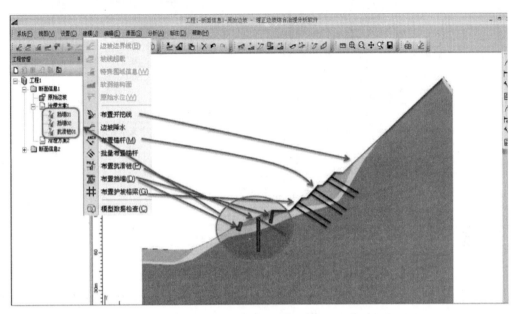

图 10　边坡有限元分析系列工具

基坑有限元分析工具（图 11）采用二维图形化和参数化结合的建模方式，进行平面连续介质的弹塑性分析和强度折减稳定分析。可计算多种支护类型及考虑基坑周边有建筑物或隧洞时，进行坑壁侧向位移和地表沉降计算；可进行复杂地质条件下，坑内坑外地表不平整的基坑分析；可完成排桩、水泥土墙、土钉、对撑、斜撑等多种支护模型组合支护的结构分析。

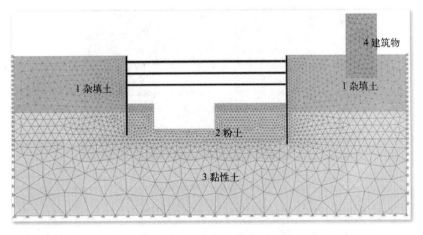

图 11　基坑有限元分析系列工具

（7）土木工程设计系列软件（图 12）。除此之外，理正广为人知的岩土系列软件、理正深基坑支护结构设计软件、理正结构设计工具箱软件等系列设计软件均可为本系统提供助力。

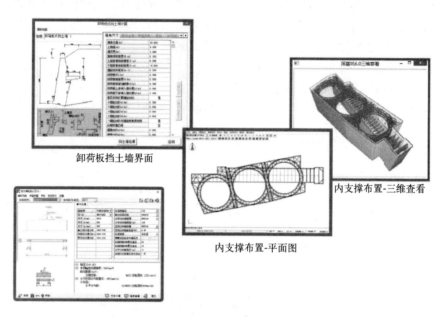

卸荷板挡土墙界面

内支撑布置-三维查看

内支撑布置-平面图

图 12　理正土木工程设计系列软件

5. 勘察岩土数据和成果管理系统（图 13）。该子系统将勘察数据与高德网络地图相结合，实现对勘察数据、地质图件、勘察成果等资料的综合管理。多种数据查询和统计方式：可根据工程编号、工程名称、施工日期等进行工程查询，根据钻孔编号、类型、孔口高程等进行钻孔查询，根据存档日期、制作人等信息进行文档查询，同时可实现多个工程间钻孔数据的空间查询和定位，并可实现沿某条线路两边一定范围内（缓冲区）的钻孔数据查询，具有良好的工程实用性。该子系统通过提供勘察数据和文件的上传下载服务，实现数据共享和多人协作。

图 13　数据与成果管理

同时，该子系统集成有强大的工程地质专业分析功能（图 14），可自动生成单孔柱状图、多钻孔柱状图、剖面图，并可在地图上进行多个工程间钻孔数据的空间查询和定位，实现对区域工程地质的分析评价，可广泛用于工程地质咨询、工程地质区域分析、辅助完成新建工程勘察报告、工程地质的基础研究等。

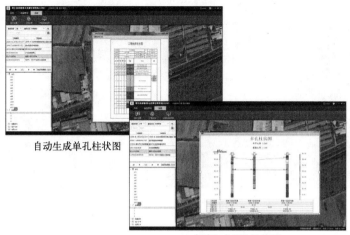

自动生成单孔柱状图

自动生成多孔柱状图

图 14　工程地质专业分析应用

6. 勘察岩土 CIM 综合展示系统。该子系统基于 B/S 模式，通过网页浏览器即可查看勘察、设计三维模型成果及相关属性、文档。该系统的特点是可以根据不同专业，由工程师定制展示项目列表。例如勘察专题，除了对三维钻孔（图 15）、剖线和地质体（图 16）的显隐查看功能外，该系统通过将结构化数据和文档自动关联三维地质实体，即可在系统中直接查看地质模型的物理力学指标及勘察报告、单个钻孔柱状图、单个剖面图；岩土专题，将岩土支挡模型与地质模型进行集成展示，直接在模型上查看设计断面、岩土设计模型的坡率、安全系数等重要设计参数；施工专题，支持对工程重点区域根据施工工况可进行模型的进度推演，以进度计划作为路径，让每个施工单位都清楚自己的进度目标、重要的进度时间节点、各施工程序之间的交接是否合理等，并在推演的过程中对以上内容进行优化。

图 15　三维地质模型查看

图 16　三维钻孔查看

(二) 技术创新点

1. 不同精度三维地形的融合

因 cesium 平台中三维地形数据为金字塔分级瓦片数据，在展示场景中只能有一份，所以直接采用 cesium 是不能展示项目范围内高精度三维地形的。为了显示局部范围高精度项目地形，需要完成两项工作：一是，要完成局部高精地形与基础地形的融合，将项目范围内各级地形瓦片进行替换，同时原始地形瓦片也必须保留，以供不显示项目时使用。二是，需要建立高精度瓦片内存索引，修改 cesium 中瓦片调度逻辑，当渲染引擎发现某个项目高精度瓦片已经进入视野，就要用高精度瓦片替换基础瓦片。

2. 地质体的轻量化与瓦片化技术

地质 BIM 模型中的地层体具有特殊结构特征，诸如连续场区地层面片数量巨大、透镜体等形状不规则、地层联通性导致难以进行面片分组等问题，主要研究两项关键技术：一是地质体的轻量化处理，采用三角网简化、相似图元合并、纹理去重等；二是构建地质体三维模型瓦片，针对地质体特点进行地层模型 LOD 分组，通过属性进行图元连接运算。最后，通过展示平台进行模型贴图、显示比例设置等，实现海量异构模型的平滑融合展示。

3. 基于 Web 技术的地质体实时剖切

对地质成果进行展示汇报时，除了常规的展示内容与方式外，对三维地质体的剖切展示是必不可少的，这与建筑 BIM 中的构件也是完全不同的。剖切展示又分为两种情况，一种是截面剖切展示，并不需要真的把地质体切开为两个实体，而是利用显卡中的三角面片进行实时遮蔽运算，隐藏切掉的三角面片，达到剖切展示的效果，但往往剖切面不会自动填充岩性图例，展示效果欠佳；另一种是实体剖切，要把地质体进行水平、竖向切分，或者挖沟、挖洞、场地平整等运算，其结果是剖出了新的地质体，剖切面上也自然会有岩性图例填充，展示效果非常好。因为剖切运算的计算量十分巨大，逻辑算法非常复杂，在 Web 浏览器模式下，前端代码实现剖切有很大的难度，运算也会非常慢。所以一般情况下都是在服务器端进行剖切，而将剖切结果返回到前端进行展示。

4. 地质 BIM 模型在线发布技术

针对 cesium 平台不具备在线发布 BIM 模型的问题,需要开发 BIM 模型在线转换服务。这些服务利用多线程技术,实现 BIM 模型的排队后台转换。这种转换一般分为两步,首先要将原始 BIM 文件格式(如 rvt 格式)进行轻量化,实现数模分离;然后对轻量化后的模型进行三维瓦片化处理,满足 CIM 平台中的展示需求。因为转换过程复杂、环节多,涉及的软件也很多,因此其运行的稳定性不容易保证。为了解决转换服务死锁或崩溃造成的服务失效,采用部署相应的进程守护服务,监控服务程序的状态,发现异常可以关闭死锁进程,并进行重启。

(三)研发费用投入情况

本系统于 2015 年正式研发,通过岩土 BIM 设计与勘察数字化解决方案在行业各大工程项目的成功落地,积累了大量 BIM 与数字化应用的成功经验,同时投入大量的研发人员在岩土 BIM 标准,岩土勘察二、三维设计,生产项目管理系统、CIM 平台应用、数据中心应用进行研究。2015—2022 年底研发投入成本达千万元。

三、取得的成效

(一)经济效益

本系统已在 20 余个工程中得到应用,应用成效显著。数字化系统推动了勘察行业原有的纸质作业模式变革,不仅减少大量文字编写工作及数据录入工作,同时系统融合了勘察全生产流程,打通各业务环节数据贯通,实现资料实时共享、在线审核审定,提高工程勘察作业过程的信息化程度,每年可为勘察设计院提升 30％以上的人工管理效率,节约 40％以上的生产成本。本系统通过集成理正勘察 BIM 系列软件,实现勘察 BIM 正向设计,为技术人员节约 50％以上作图时间;本系统基于勘察全过程的数字化移交而建立的勘察成果数据资产,能够大幅提升勘察成果数据复用效率,不仅能避免同一场地重复钻探的工作,还能通过大量地质勘察成果数据,自动分析形成目标区域的岩土结构,应用于工程勘察咨询及基础设计咨询业务,有效提高企业竞争力;勘察企业利用基于 CIM 的综合展示系统,在勘察数字资产的环境下,拓展数字化业务,实现从业务数字化到数字化业务的升级。

(二)社会效益

本成果打通了勘察各环节业务,提高勘察内外业工作效率,沉淀企业数据资产,提高项目生产与管理质量水平,促进勘察岩土企业的数字化转型;本成果有助于培养岩土勘察 BIM 设计人才、数字化管理人才等新型人才,为社会提供新的就业岗位,产生积极正面的社会效益;本成果通过基于 BIM 的三维地质分析、智慧应用软件等先进智能分析技术在工程勘察中的应用,提高工程勘察的真实性、科学性、实用性、系统性,能够推动我国勘察行业的专业化、数字化、自动化,提升我国勘察行业在国际市场上的竞争力。

（三）第三方评价

基于本系统的技术成果得到科技主管单位、行业协会、第三方测评机构认定以及行业用户的认可，同时项目成果发表在行业主流期刊。成果文件见表1。

成果文件   表1

年份	第三方评价工作	认证单位	评价
专利及软件著作权			
2023	一种逐层创建数字化三维地质模型方法及应用系统	中国版权保护中心	已取得授权
2020	理正野外钻探数据采集系统 V2.0	中国版权保护中心	自主版权
2020	理正土工试验软件 V3.5	中国版权保护中心	自主版权
2020	理正勘察三维地质软件（高级版）V3.0	中国版权保护中心	自主版权
2020	理正勘察数据与成果管理系统 V2.0	中国版权保护中心	自主版权
2022	理正数据资源管理平台 V8.0	中国版权保护中心	自主版权
2018	理正第三代管理信息系统 V1.0	中国版权保护中心	自主版权
2020	理正 CIM 平台 V2.0	中国版权保护中心	自主版权
第三方评定			
2022	国产岩土二、三维设计软件软件研究	首都版权局国产软件	入选国产软件雏鹰计划
2021	理正工程地质勘察软件国产化鉴定	中国电力规划设计协会软件	支持国产化平台，国内领先进水平
2021	基于互联网三维勘察 BIM 软件	北京精科评测技术有限公司	通过 CMA、CNAS 测评
荣获奖项			
2022	《基于 CIM 的工程产业链协同管理方案》	中国工业互联网组委会	中国工业互联网大赛深圳站第三名
2021	《首发建设项目管理一体化平台在东六环改建工程项目中的应用》	国家国防科技工业局	中国高分遥感影像杯三等奖
2021	《理正基于移动互联网的三维勘察 BIM 软件》西城区财政科技专项项目	北京市西城区科学与信息化局	通过验收
2020	《首发建设项目管理一体化平台在东六环改建工程项目中的应用》	中国市政工程协会	BIM 综合组一等奖
行业期刊论文			
2021	《基于 CIM 的工程地质勘察数字化发布展示平台研究》发表于《中国建设信息》	住房城乡建设部主管学术期刊	发表于 2021 年 4 月
2021	《基于互联网＋CIM 的工程管理一体化平台》发表于《中国建设信息》	住房城乡建设部主管学术期刊	发表于 2021 年 6 月
2021	《基于正向 BIM 的工程勘察 CAD 软件研究》	《工程勘察杂志》核心期刊	发表于 2021 年第 7 期

（四）对行业发展作出的重要贡献

1. 推动岩土工程勘察行业数字化转型升级

工程勘察行业正处于数字化转型的关键时期，但勘察企业普遍面临如何提升自主创新能力、提高生产管理效率、降低生产成本、降低数字化实施风险等问题。本成果基于一个大岩土数据中心，勘察企业在一个系统平台下实现数字化的勘察外业管理、内业管理、智慧生产设计、成果数字移交与复用以及成果综合展示。本成果为成熟的业务基础定制平台，灵活配置、组装和可替换的积木式搭建与扩展，数字化建设实施周期短、部署方便，为勘察企业数字化转型提供成熟、可落地的解决方案。

2. 推进在国产化系统的应用部署，助力中大型设计企业实现数字化转型

自主可控工作是国家和工程建设行业发展的战略，也是数字化转型必然要考虑的问题。北京理正研发的勘察岩土数字化系统基于自主研发的勘察设计企业管理信息平台（信创版），可满足勘察企业在信创环境下部署系统，同时生产工具子系统及岩土 BIM 系列工具软件具有完全自主知识产权。在需要图形平台支持的岩土 BIM 系列中的勘察系列工具软件，北京理正既支持国外的 AUTOCAD 图形平台，也可以支持国产中望、浩辰的图形平台。

（五）推广应用前景

国家"十四五"规划以及住房城乡建设部在《工程勘察设计行业发展"十四五"规划》的总体目标是以数字化转型整体驱动生产方式变革，推动数据赋能全产业链协同发展，实现全生命周期数字化协同工作模式。同时，勘察企业已经逐渐认识到数字化转型是企业提升核心竞争力与数字化服务必要技术手段，本成果的应用可为岩土工程勘察、工程测量，工程监测与检测、岩土工程设计等业务提供全方位数字技术支撑。

四、总结及展望

（一）目前还存在的问题

目前不同行业的勘察作业流程不尽相同，所以本系统需要对于不同行业的勘察作业内容继续进行详细的调研，完善系统的内容，以满足全行业勘察工作要求。此外，本系统还需要在信创环境下适配更广、更安全，以满足岩土勘察企业对信创和非信创的混合环境的部署要求，以及岩土勘察企业自主可控的需求。

（二）发展方向

本成果符合国家政策方针以及行业发展方向，所以北京理正将持续助力行业发展，深入勘察企业，充分落实系统功能需求。

锚杆智能检测关键技术研发与应用

付文光、马君伟、李红波、李新元、宋晨旭、姜晓光

深圳市工勘岩土集团有限公司、深圳市地质环境研究院有限公司、

广东省岩土与地下空间工程技术研究中心、广东省劳模和工匠人才付文光创新工作室

一、成果背景

锚杆支护作为岩土工程加固的一种重要形式，由于其具有安全、高效、低成本等优点，在岩土工程支护领域应用广泛。传统锚杆检测是利用油泵上的压力表换算检测荷载，人工控制油泵加卸荷载，达到每级要求的荷载后，按规范要求的时间人工读取及记录锚头位移变化量，直至卸载后试验结束。上述锚杆承载力检测存在以下缺点：加卸载荷载难以精确控制，锚杆每级加卸载量是通过安装在油泵上压力表的数值人工换算来控制的，存在人工换算带来的误差，并且手动难以精确控制油泵的每级加载量；人工读取、记录检测数据，存在误读及人为篡改记录等风险；随着设计的不断创新，各类新型锚杆技术运用到实际项目中，而针对这些新型锚杆在国内外没有相关技术进行检测。如何提高锚杆承载力检测效率，克服传统锚杆试验存在的弊端，以及面对新型锚杆的检测，提供相应的技术手段及设备，成为本技术的重点研究内容。

当前国内外传统锚杆检测是利用油泵上的压力表换算荷载，人工控制油泵加载至每级试验荷载，达到每级荷载后，按规范要求的测读时间，人工读取及记录锚头位移变化量，直至卸载后试验结束。上述检测方法全过程采用人工操作，技术相对落后，且存在人工操作产生的误差及数据遗失或被篡改的风险。且传统锚杆检测方法在面对新型锚杆时存在检测不准确或无法检测的困境，制约了新型锚杆的推广使用。

通过自动化及智能化检测装置并配合相关自研设备检测常规或新型锚杆，在检测数据测定、记录及存储方面都有优化提升，更具有经济性，且自动化设备在降低人员工作强度、提升处理效率，以及减少人工干预等方面，相较传统检测方式都具有技术优势。

二、实施的方法和内容

针对目前锚杆检测行业存在的问题及技术缺陷，基于检测技术相关理论，从锚杆检测工作最核心的数据真实性、数据准确性及全过程数据不可更改等方面入手，研发了锚杆自动化检测设备及数据平台。该平台实现远程数据监控、数据自动采集及上传，避免了人工采集数据的偶然误差，且实现全过程数据不可更改及删除，确保了检测数据能真实反映工程质量。在平台研发过程中，积极探索并完善相关锚杆检测方法，成功开发了超大荷载抗浮锚杆检测装置、可回收压力分散型锚索检测方法及设备、封锚后的锚杆检测方法及设备、锁定后锚杆检测设备等相关检测技术及方法，并形成了预应力锚索应力估算方法的系统理论。上述智能化检测平台及锚杆检测应用理论获得了一系列自主知识产权，并成功实施于一系列粤港澳大湾区锚杆检测工程中，检测过程

及结果获得了项目各方的高度认可。

针对封锚后由于外露锚杆太短、无法夹持造成质量无法检测的难题，总结并提出了封锚后锚杆检测方法，研发了相关夹持检测设备，可顺利检测封锚后的锚杆质量，为封锚后的边坡、基坑支护等质量评估提供了检测依据。

自主研发了锚杆快速解锁装置及新型支凳，对已锁定锚杆可做到快速有效无损解锁，解锁后按规范要求进行质量检测，为已锁定锚杆后续相关检测提供条件。

可回收压力分散型锚索检测设备及方法通过理论研究与现场试验结合，提出了适用于粤港澳大湾区以至全国的可回收压力分散型锚索检测的并联千斤顶方法，并研发了与之匹配的带油压分控、锚索导向及分单元加载的检测设备，运用于检测实践，获得了该型锚杆检测的成功。

为解决预应力锚杆内力检测不准确且检测数量偏少，不能真实得知锚杆受力情况的问题，通过理论推导及实测技术相结合的方式形成了预应力锚索应力估算方法。该方法在锚杆锁定期采用自主知识产权技术配合常规锁定，可快速批量获得全部锚杆真实应力情况，为锚杆整体质量判断提供有力的数据支撑。

针对目前的锚杆荷载检测设备量程较小问题，通过创新连接装置及检测锁头等自主研发一套适用超大荷载（2200kN）锚杆检测设备，实现了对三杆体超大荷载抗浮锚杆单人单组设备的不弯折、不焊接的无损检测。

研发了无线锚杆检测仪、带自动换向机构的超高压油泵、高精度超低功耗无线数字压力计及一体式无线数显百分表等检测设备。上述设备实现了锚杆检测从油压分级加载、锚头位移测量到数据储存及上传的全自动化及智能化，全过程避免检测人员操作产生的误差，并针对不同检测规范预置相应检测分级及观测时间，做到不同类型、城市锚杆检测全适应。

研发了锚杆检测云数据平台用于存储现场检测数据，实现了锚杆检测数据的实时上传及定点存储，云存储数据不可更改及删除，能从技术上杜绝检测数据更改。系统可有效标记检测数据异常点（包括数据延时上传、检测中断、检测位置异常等）、不合格点，便于检测管理员准确定位查找，及时精准把控锚杆质量。

三、成果技术创新点

（一）研发了锚杆封锚及锁定后锚杆的检测技术，解决了锚杆锁定及封锚后无法检测的问题，可为超期服役锚杆支护结构安全评估提供数据支撑。

针对封锚后由于外露锚杆太短无法夹持的难题，研发了锚杆封锚后检测方法及设备关键技术，为封锚后的边坡、基坑支护及抗浮工程等质量评估提供了检测依据；针对现有技术无法快速有效检测锁定后锚杆的质量，自主研发了锚杆快速解锁装置，做到快速有效无损解锁锚杆，为已锁定锚杆后续相关检测提供条件。

（二）研发了适用于可回收压力分散型锚杆的检测方法，并开发了与之匹配的检测设备，并成功应用于检测实践。

压力分散型可回收锚杆支护是未来锚杆支护的趋势，通过并联千斤顶同步加载检测方法及自研的利用油压分控、锚索导向及分单元精准位移量测设备构成的检测装置，能精确有效地检测该型锚杆，为该型锚杆的成功应用奠定了检测基础。

（三）研发了超大荷载三杆体抗浮锚杆检测关键技术，将抗浮锚杆最大检测荷载提高至 2200kN。

通过改进锁头及连接装置等创新研发的检测设备，自主研发一套适用超大荷载（2200kN）锚杆检测设备，实现了对超大荷载三杆体、超大荷载抗浮锚杆单人单组设备的不弯折、不焊接的无损检测。

（四）提出了预应力锚杆应力估算方法，解决了预应力锚杆应力估算不准、不能真实反映锚杆受力状态的问题，可快速准确实现对全部锚杆应力的估算，实现了对锚杆整体质量的评价。

常规检（监）测手段只能获得锚杆总数 10% 左右的应力情况，通过理论推导及实测技术相结合的方式形成了预应力锚索应力估算方法，该法在锚杆锁定期采用自主知识产权技术配合常规锁定，可快速批量获得全部锚杆真实应力情况，为支护结构预警、设计补强及质量评估提供锚杆应力数据。

（五）研发了智能无线锚杆检测设备，实现了锚杆检测从油压分级加载、锚头位移测量到数据储存及上传的自动化和智能化。

研发了无线锚杆检测仪、超高压油泵、高精度无线数字压力计、一体式无线数显百分表等设备，可全过程避免检测人员操作产生的误差。针对不同检测规范预置相应检测分级和时间，满足了不同类型、地区锚杆检测的适用性。

（六）开发了锚杆检测云数据平台，通过现场锚杆检测设备将数据的实时上传及定点存储，实现了对检测数据的精准管控。

针对任意更改检测数据及纸质检测数据遗失损毁等问题，开发了锚杆检测云数据平台用于存储现场检测数据并进行分析。通过该平台可杜绝人为更改检测数据及纸质检测数据遗失损毁等问题，同时在降低检测人员工作强度、管理人员对检测不合格情况精准管控方面都有明显的改观，推动了行业的进步。

四、取得的成效

智能无线锚杆检测设备和锚杆检测云数据平台推动了锚杆检测行业的进步，为提高锚杆检测数据的真实性、成果可靠性及管理便利性创造了条件，减轻了现场检测人员的操作负担。目前该系统已成功应用于中山大学深圳校区建设项目、深圳国际会展中心、深圳中学建设工程、深圳市人民医院龙华分院等多个项目。

可回收压力分散型锚索检测技术已成功运用于深圳罗湖区城建梅园、联泰大厦等项目基坑工程中，采用自研技术及方法检测该型锚杆，为后续深圳乃至广东地区检测该型锚杆提供技术参考；超大荷载三杆体抗浮锚杆检测技术运用于星河雅宝高科创新园项目，通过超 500 根超大荷载锚杆检测数据的积累，将深圳地区抗浮锚杆最大检测荷载提高至2200kN，为后续可能存在的更大荷载锚杆检测提供了技术铺垫；锚杆锁定后检测技术、锚杆封锚后检测方法及设备已成功运用于深圳市大鹏人民医院危险边坡评估加固工程中，可为后续类似工程的鉴定、检测提供技术支撑；预应力锚索应力估算方法也已运用于多个深圳地区锚杆项目中。

本锚杆检测新方法、研发的新的锚杆检测装置及智能无线锚杆检测设备，开发的锚杆检测云数据平台，推动了锚杆检测技术水平的提升，为工程建设的可靠性提供了充足的保障，取得了显著的社会效益和经济效益。

五、总结及展望

本技术可应用于各种锚杆抗拔力检测方法中，实现检测数据精准采集，对试验数据进行深度研究分析等，如预应力锚杆持有荷载试验，利用自动化设备采集加卸载过程中锚头位移变化量，对持有荷载试验的检测数据进行分析。

五、绿色岩土

基坑土滤砂和制砖就地综合利用绿色施工技术

雷斌、童心、孙晓辉、沙桢晖、王志权、杨静

深圳市工勘岩土集团有限公司

一、成果背景

(一) 研究背景

随着城市建设高速发展，各地兴建了大量的高层建筑，越来越多的深基坑出现，随之而来的是开挖过程产生大量的基坑土方。传统的基坑土处理多采用泥头车运至政府指定的受纳场进行堆填，受纳场随着土方量渐增会占用大量的土地资源，若受纳场运营不当，则可能产生一系列的环境及安全问题；且由于城市土地资源日益紧缺，场地数量有限且通常设置在偏远位置，基坑土需经长距离运输才得以弃置，耗时长、能耗高，占用城市宝贵的道路资源；由于泥头车车身高、盲区大，由泥头车引起的交通安全事故屡有发生，安全风险大；另外，由于受纳场不足、泥头车运输队伍不规范等问题，普遍存在土方乱排放现象，导致城市市政管网堵塞和环境污染等问题。

因此，如何合理处置开挖基坑所产生的废弃土，如何采用有效的工艺技术将废弃土经专门处理后能循环利用、变废为宝。实现绿色环保施工是亟待解决的重要难题。

(二) 国内外研究现状分析

基坑开挖土方作为工程渣土的一种，数量大、污染性强，如处理不当会对社会经济、城市环境、交通安全等造成严重影响。目前对于基坑开挖产生的弃土大多采取泥头车外弃法、指定场地洗砂法、模振式砌块成型机制砖等方法。

1. 泥头车外弃法

泥头车外弃法是将基坑土通过泥头车外运至政府指定的受纳场，受纳场数量有限，其设置会占用大量的土地资源，且清运和堆放过程中存在遗撒和扬尘情况，对环境造成二次污染，同时泥头车运输也存在交通安全隐患。该方法整体文明环保程度低，安全隐患大。

2. 指定场地洗砂法

该方法采用模块化泥砂洗滤分离技术，通过滚筒筛、破碎机、水轮式洗砂机、旋流器等将基坑开挖砂质土中的砂粒组分分离出来，所产生的泥浆经带式压滤机脱水处理分离出泥渣和水进行循环使用。该方法主要侧重于砂质土的洗滤过程，而对洗滤产生的泥浆仅做简单脱水处理，处理不够彻底。

3. 模振式砌块成型机制砖

该方法主要采用模振式砌块成型机制砖（图1），其仅在模具处设置偏心块，即带有

偏心块的传动轴直接安装在模箱两端，电机通过皮带轮带动传动轴旋转产生离心力，从而振实物料，由于电机直接带动模箱振动，模箱及混凝土拌合物的振幅和频率与振动系统一致。该方法与本技术最大的不同在于，模振式砌块成型机模具两端产生振动力传递至成型模箱，振幅值沿模具中心方向衰减，因此砖坯沿模具中心方向所获得的振动能量不同，模具四周与模具中心砖块密度相差较大，对成品砖制作效率和质量有一定的影响。

图 1　模振式砌块成型机

（三）研究意义与目的

本项课题研究的重要意义在于提供一种高效、环保、经济的基坑开挖土方滤砂和制砖的资源循环再利用绿色施工技术，旨在解决目前常用的基坑土方开挖外运方式中浪费土资源、占地面积受限、经济性差、污染环境等问题。在解决上述问题的基础上，本项技术成果还应具备良好的可操作性且安全可控，易于技术推广，并对现场施工操作流程提供具体的指导建议，是一种施工工艺上的突破和创新。

本项目的研究目的在于针对如何高效合理地解决目前基坑土方处理方式中浪费土资源、占地面积受限、经济性差、污染环境等问题，提供一种基坑土就地处理系统及方法，使施工过程中产生的基坑土得到最大程度的循环再利用，其施工技术应具有安全、便捷、经济、环保等优点，同时具备良好的可操作性和安全可控性，易于技术推广，具有广阔的市场前景，并确定施工的相关技术标准，用于检验和评价新工艺的成效，规范技术操作的实施细则，统一工艺标准，推广、利用本技术的研究成果，为社会创造更多价值。

二、实施的方法和内容

本技术所述的处理技术包括基坑土洗滤、泥浆压榨一站式固液分离无害化处理技术和基坑土洗滤压榨后残留废渣模块化自动固化台模振压制砖技术。基坑土经洗滤、压榨系统可转换成洁净的砂、清水和洗滤压榨残留废渣（粗渣和泥饼），残留废渣经制砖系统可压制成环保砖，实现基坑土全过程绿色综合利用，其施工工艺流程如图 2 所示，处理现场如图 3 所示。

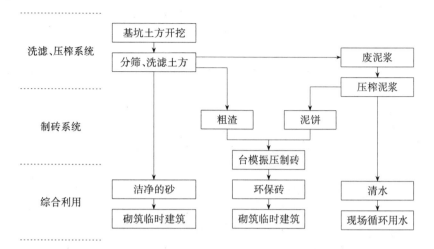

图 2　基坑土滤砂和制砖就地综合利用绿色施工工艺流程图

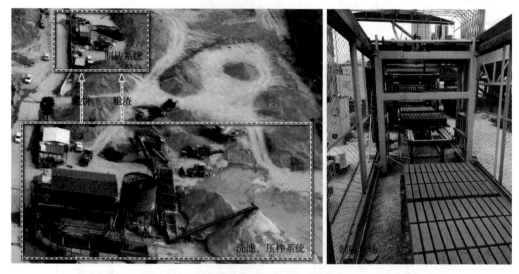

图 3　基坑土滤砂和制砖就地综合利用绿色施工技术应用现场

（一）基坑土洗滤、泥浆压榨一站式固液分离无害化处理

基坑土洗滤、泥浆压榨一站式固液分离无害化施工，包括两套工艺处理系统，即：基坑土洗滤系统和泥浆压榨系统。

洗滤系统的工艺原理，是首先用高压水枪对进入滚筒筛的基坑土喷射稀释进行初步筛选，将筛分出的粒径＞10mm 的粗料外运至指定地点；粒径≤10mm 的细料，则被筛入斗轮式洗砂机进行洗筛，洗筛工作由两台斗轮式洗砂机组成，洗砂过程中产生的泥浆首先经旋流器进行处理，将其中直径≥4mm 的砂粒再分离，并落至第二台斗轮式洗砂机内；经洗砂机洗筛后的干净砂，再经脱水筛振动脱水，最终由传送带输出至堆砂场。

压榨系统是将洗滤产生的泥浆进行压榨处理，其工艺原理是将洗滤系统中分离出的泥浆存放到储浆桶内，然后往储浆桶中加入絮凝剂，在絮凝剂的作用下泥浆中的大颗粒固体物质将吸附在一起，并与溶剂水发生分离形成固液混合相；随后，将储浆桶中的泥浆通过泥浆泵抽取至袋压式泥浆压榨机进行压榨处理，压榨出塑性的泥饼和无色的水。

基坑土洗滤、泥浆压榨一站式固液分离无害化处理工艺原理，如图4所示。

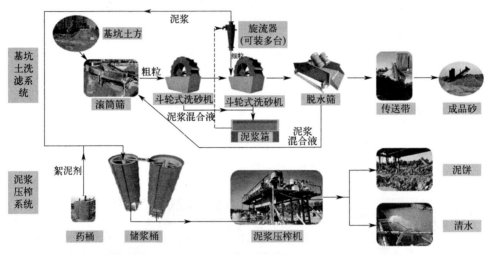

图4 基坑土洗滤、泥浆压榨一站式固液分离无害化处理

（二）基坑土洗滤压榨后残留废渣模块化自动固化台模振压制砖

1. 固化剂成分及环保砖配比

本技术采用的固化剂主要由氯盐（如氯化钾、氯化钠、氯化钙）、硫酸盐（如硫酸钙、硫酸钾等）、碱激发剂（如氢氧化钙、氢氧化钠）等制备而成，如图5、表1所示。

图5 高性能固化剂

固化剂成分及配比			表1
成分	配合比(%)	成分	配合比(%)
氯化钾	9	三磷酸钙	18
氯化钠	11	氢氧化钙	2
氯化钙	21	氢氧化钠	3
氯化镁	14	碳酸钠	1
氯化铵	8	碳酸钙	3
柠檬酸	7	碳酸钾	3

环保砖混合物配合比，如表2所示。

混合物配合比参数					表2
水泥种类	水泥(%)	水灰比	细料(%)	粗料(%)	固化剂(%)
P.O 42.5R	8	0.475	45	43	0.2

水泥作为主要的胶凝材料，与水拌和后发生水化反应，生成水化硅酸钙（$CaO \cdot SiO_2 \cdot H_2O$）、水化铝酸钙（$CaO \cdot Al_2O_3 \cdot H_2O$）等凝胶状的水化物，这些水化物与制砖混合物中的活性成分反应生成片状、纤维状或针状晶体，互相交错，增进颗粒之间的连接，形成稳定网状结构，在一定程度上提高了砖体的强度和改善了砖体的水稳定性，其主要水化反应如下：

$$3CaO \cdot SiO_2 + 6H_2O \xrightarrow{\hspace{1cm}} 3CaO \cdot SiO_2 \cdot 3H_2O + 3Ca(OH)_2$$
$$2(2CaO \cdot SiO_2) + 4H_2O \xrightarrow{\hspace{1cm}} 3CaO \cdot SiO_2 \cdot 3H_2O + Ca(OH)_2$$
$$3CaO \cdot Al_2O_3 + 6H_2O \xrightarrow{\hspace{1cm}} 3CaO \cdot Al_2O_3 \cdot 6H_2O$$

2. 台模振压制砖原理

基坑土洗滤压榨后残留废渣模块化自动固化台模振压制砖，其工艺原理是将基坑土洗滤压榨后残留的废弃粗渣和泥饼进行破碎加工成粗、细料，再对粗、细料计量混合配料，掺入适量水泥作为胶凝材料，并混合掺入一定比例的高性能固化剂进行强制搅拌，然后通过传输带将拌和料送入台模振压砌块成型机压制成型后，由叠板机将成品砖进行堆叠，最后通过叉车将其运送至指定位置自然养护。

基坑土洗滤压榨残留废渣模块化自动固化台模振压制砖工艺原理，如图6所示。

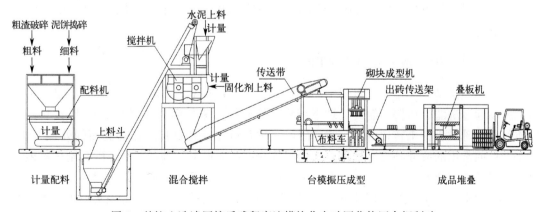

图6 基坑土洗滤压榨后残留废渣模块化自动固化静压台振制砖

三、成果技术创新点

(一) 基坑开挖废弃土洗滤、压榨、制砖一站式处理

本技术是一种将基坑土进行一站式固液分离及循环利用处理的施工技术,其分为洗滤、压榨、制砖三套处理系统,洗滤系统将基坑土转换为洁净的砂、粗颗粒土(粗渣)和泥浆,再通过压榨系统将泥浆转换为无色的水和塑性的泥饼,最后采用制砖系统将粗渣和泥饼制成环保砖;产生的砂、水、砖均可循环使用,整体处理过程彻底,无害化程度高,效果好。

(二) 基坑土处理设备机械化、模块化、装配式设计

本技术应用场地设在基坑周边的室外地坪或有限厂房内,基坑土处理设备通过模块化设计,按洗滤、压榨、制砖等工序流程实行高度集成组合式安装,实现现场设备可移动,安装拆除快速;机械化、模块化、装配式处理的方式整体操作便捷,减少对施工现场的干扰,有利于提升施工效率。

(三) 基坑土资源节约型处理实现绿色环保无污染

本技术就地对基坑开挖土方进行处理,避免大面积堆场占用土地资源;同时,有效回收利用基坑废弃土形成的砂、水、砖等再生资源,大大减少了外运废物量及泥头车运输量,实现节能减排,资源节约成效和社会效益显著。

四、取得的成效

(一) 社会效益和经济效益

通过多个项目的实践应用证明,基坑土滤砂和制砖就地综合利用绿色施工技术在循环利用自然资源、降低施工成本、提升施工效率等方面显著突显出其巨大的优越性,解决了基坑土方外运、丢弃困难的问题,提供了一种高效无污染且经济性强的处理技术,为基坑土石方工程增添了一种更好的绿色施工方法,得到参建单位的一致好评,取得了显著的社会效益。

本技术近3年形成产值3644.0万元,新增利润1890.7万元,节支总额1504.8万元,经济效益显著。

(二) 成果推广应用的条件和前景

本技术涉及基坑土方开挖过程中如何合理处置废弃渣土的领域,具体而言,是一种在施工现场通过洗滤、压榨、制砖处理系统将基坑开挖出来的砂性土及含砂率大于40%的砂质黏土、砾质黏性土转化为砂、水和砖,实现基坑土绿色环保、循环利用的处理方法。相比于目前常用的废弃基坑土处理方式,本技术创新地提出一种基坑土滤砂和制砖就地综合利用绿色施工技术,既满足了企业需求,还积累了施工经验,资源节约成效显著,为目前施工过程中废弃土方的合理处置提供了一种创新、实用的方法,具有现实的指导意义和推广价值。

五、总结及展望

（1）基坑土含砂率高低直接影响经济效益。应用该技术前，充分评估项目地质情况，对基坑开挖土方的含砂率进行分析，保证洗砂经济效益。

（2）如何确保旋流器分离出的细砂进入第二个斗轮式洗砂机后不会通过排浆口再次进入泥浆箱中使后续成品砂的产量减少，后续设计将旋流器改装至振动脱水筛入口位置做进一步提升。

（3）制砖过程中需严格控制各类原料的配比，如现场管理人员未能严格按照配比要求进行计量配料，易致成品砖强度不满足要求，因此亟待提高加强现场操作人员水平，针对计量配料人员进行专项技术交底。

矿山尾矿废石处理与综合利用技术

母传伟、苑仁财、王先锋、张皓楠、陈铁亮、张实斌

中冶沈勘工程技术有限公司

一、成果背景

本技术针对性地处理矿山尾矿和废石系列技术成果，通过合理优化矿山废石的破碎、筛分、输送、储存、中转、分选各工艺流程，降低处理成本，提取出一部分含铁废石的铁矿石，同时生产出各种不同规格的建筑和工业用砂石料，流程中干选出的细颗粒废石和土作为矿山覆土造田的耕植土。所有的物料经过流程处理后全部分离利用，无废料排出，而且把尾矿库和排土场的占地腾出来作为耕地或建设用地，节省出大量的土地资源，消除了安全隐患和环境污染源。国内铁矿多为贫铁矿或超贫铁矿，铁矿矿山在生产铁矿精矿的同时，也产生大量的废弃尾矿和废石，这些尾矿和废石堆积在尾矿库和排土场，占地面积巨大，对环境造成污染，而且威胁矿山周边的安全，旱季表层土被风吹起易形成沙尘暴，雨季易形成泥石流和滑坡。开展废石和尾矿再选是提高资源利用率的重要措施，也有利于减少废石和尾矿的排放。从废石和尾矿再选不仅提高了资源的回收率，也给企业带来巨大的经济效益。河砂禁采、砂石行业整顿，砂石短缺，价格飞涨。固体废弃物资源化利用显得尤为迫切，其再生材料可以代替部分人工及天然砂石骨料，实现循环利用，势在必行。砂石骨料是建筑、道路、桥梁等基础设施工程建设用量最大、不可或缺、不可替代的基础材料。但砂石骨料属于不可再生资源，几千年的开采对地球环境造成了很大破坏。而我国金属和非金属矿行业，在长期开采生产过程中，矿山产生大量的废石、尾矿，利用这些尾矿资源完全可替代或部分替代砂石骨料。

二、实施的方法和内容

（一）破碎系统，包括原矿仓、重板给矿机、破碎机和用于支撑原矿仓、重板给矿机、破碎机的钢架；原矿仓为两端开口的中空腔体，其一端开口朝上为进矿口，另一端开口朝下为排矿口；重板给矿机的一端为进矿端，另一端设置有排矿漏斗，进矿端设置在原矿仓的排矿口的下方，用于接收从该排矿口流出的矿石，并将矿石运输至排矿漏斗内；破碎机包括给矿口和排矿口，给矿口设置在排矿漏斗的下方，用于接收该排矿漏斗流出的矿石，破碎机的排矿口用于排出破碎后的矿石。本实用新型提供的破碎系统，结构简单，价格低廉，而且拆除、安装都很便利，移动性好，所以移设作业成本低。

（二）一种用于排料场的废料运输转排装置，以解决现有技术中存在的废料运输转排装置运输不灵活的问题。包括运输采场剥离的废料的固定皮带机、进料端与固定皮带机的卸料端配合以接收固定皮带机卸料端的卸料的移动皮带机组；输料组件，输料组件包括溜槽和移动皮带机组，溜槽设置于相邻的两级工作平台之间的边坡上，每一个输料组件中：移动皮带机组的进料端与溜槽的卸料端配合以接收溜槽卸料端的卸料，且溜槽的进料端与

上级工作平台上的移动皮带机组配合以接收上级工作平台上移动皮带机组向下级工作平台输送的废料。

（三）一种物料分散装置及储料仓，涉及辅助矿仓物料下料技术领域，包括：移动部、第一滑道、转动组件和分散装置；转动组件可沿着移动部的两端往复转动，以带动分散装置相对于移动部的两端往复移动；移动部可沿着第一滑道往复移动，以带动分散装置沿着第一滑道往复移动，分散装置用于分散矿仓内的物料。通过移动部沿着第一滑道往复移动，带动分散装置相对于移动部的两端往复移动，且转动组件带动分散装置相对于移动部的两端往复移动，使分散装置充分分散矿仓内的物料，缓解了现有技术中存在的传统的辅助下料装置造成物料倒运效率低，浪费人力，造成物料倒运成本高的技术问题，实现了物料倒运效率提高的同时节约了人力资源的技术效果。

（四）一种输送系统。输送系统包括地面输送机构、运料机构和多个用于将地面输送机构输送的物料输送至所述运料机构的排料机构；所述地面输送机构、多个运料机构和排料机构由上至下依次可拆卸连接。解决了现有输送系统的设备复杂昂贵、不方便且适应性差的问题。通过设置的地面输送机构、多个运料机构和排料机构由上至下依次可拆卸连接，物料从上端的采场平台通过地面输送机构自多个运料机构向下端挖坑里的排料机构输送，设备简单，经济效益好，安装移动方便，利用物料自重实现垂直方向自流运输，且便于拆卸，移设方便灵活，根据采场平台距离挖坑的实际距离搭建输送系统，满足多样的使用需求，灵活简洁。

（五）一种地下式破碎转载系统及矿石运输系统，包括铁路矿车卸车线、铁路矿车、受料缓冲矿仓及输送胶带机，铁路矿车设置在铁路矿车卸车线上，受料缓冲矿仓设置在铁路矿车卸车线的一侧，受料缓冲矿仓内设置转载漏斗、板式给矿机及破碎机，铁路矿车上的矿石通过转载漏斗送到板式给矿机，板式给矿机连接破碎机的入口，破碎机出口连接所述输送胶带机。与现有技术相比较，本实用新型将铁路运输接力转化到皮带机运输，克服了铁路爬坡能力的限制。本系统充分发挥铁路运输和皮带机运输的双重优势，转载系统布置简单，破碎转运系统充分利用地下空间，立体布置，不占用地表空间，节约占地。

（六）一种利用废石加工砂石骨料的系统及方法，包括粗碎生产线、一次破碎筛分生产线、二次筛分生产线及三次筛分生产线。与现有技术相比，本发明提供的一种利用废石加工砂石骨料的系统及方法可以提取出一部分可以利用的铁矿石，同时生产出四种不同规格的建筑和工业用砂石料，流程中干选出的细颗粒废石和土作为矿山覆土造田的耕植土。所有的物料经过流程处理后全部分离利用，无废料排出。此外，本发明还可以根据市场需要，通过更换相应目数的筛网来调整产品粒级。

三、成果技术创新点

（一）破碎系统，包括原矿仓、重板给矿机、破碎机和用于支撑原矿仓、重板给矿机、破碎机的钢架。破碎系统结构简单，价格低廉，而且拆除、安装都很便利，移动性好，移设作业成本低。

（二）一种用于排料场的废料运输转排装置。输料组件中：移动皮带机组的进料端与溜槽的卸料端配合以接收溜槽卸料端的卸料，且溜槽的进料端与上级工作平台上的移动皮带机组配合以接收上级工作平台上移动皮带机组向下级工作平台输送的废料，解决了现有技术中存在的废料运输转排装置运输不灵活的问题。

（三）一种物料分散装置及储料仓包括：移动部、第一滑道、转动组件和分散装置；通过移动部沿着第一滑道往复移动，带动分散装置相对于移动部的两端往复移动，且转动组件带动分散装置相对于移动部的两端往复移动，使分散装置充分分散矿仓内的物料，缓解了现有技术中存在的传统的辅助下料装置造成物料倒运效率低，浪费人力，造成物料倒运成本高的技术问题，实现了物料倒运效率提高的同时节约了人力资源的技术效果。

（四）一种输送系统解决了现有输送系统的设备复杂昂贵、不方便且适应性差的问题。通过设置的地面输送机构、多个运料机构和排料机构输送，设备简单，经济效益好，安装移动方便，利用物料自重实现垂直方向自流运输，且便于拆卸，移设方便灵活，根据采场平台距离挖坑的实际距离搭建输送系统，满足多样的使用需求，灵活简洁。

（五）一种地下式破碎转载系统及矿石运输系统，包括铁路矿车卸车线、铁路矿车、受料缓冲矿仓及输送胶带机。与现有技术相比较，本实用新型将铁路运输接力转化到皮带机运输，克服了铁路爬坡能力的限制。本系统充分发挥铁路运输和皮带机运输的双重优势，转载系统布置简单，破碎转运系统充分利用地下空间，立体布置，不占用地表空间，节约占地。

（六）一种利用废石加工砂石骨料的系统及方法，与现有技术相比，本发明提供的一种利用废石加工砂石骨料的系统及方法可以提取出一部分可以利用的铁矿石，同时生产出四种不同规格的建筑和工业用砂石料，流程中干选出的细颗粒废石和土作为矿山覆土造田的耕植土。

所有的物料经过流程处理后全部分离利用，无废料排出。研发费用投入详见表1。

研发费用投入支出表   表1

支出科目	金额（元）
新产品设计费	36500
设备调整费	55540
原材料及半成品试验	76412
技术图书资料费	3251
会议费	21564
中间试验费	56845
研发人员补助	115200
设备租用费	56422
与试制及开发研究有关的其他经费	86545
差旅费	45213
资料出版费	25135
验收费	25136
临时工工资	54623
合计	658386

四、取得的成效

本技术针对性地处理矿山尾矿和废石系列技术成果，通过合理优化矿山废石的破碎、筛分、输送、储存、中转、分选的各工艺流程，降低处理成本，提取出部分含铁废石中的铁矿石，同时生产出各种不同规格的建筑和工业用砂石料，流程中干选出的细颗粒废石和土作为矿山覆土造田的耕植土。实现了无废矿山，节省腾退土地资源，消除了安全隐患和环境污染源，也给企业带来可观的经济效益。该研究成果已在河北地区得以有效地应用，取得了显著的经济、社会和环境效益。该成果具有较强的示范引领和辐射带动能力，促进了相关金属矿山产业的转型升级，对冶金行业和建材行业的发展有重要贡献。在同类矿山具有广阔的推广和应用前景。施工单位、专家学者和第三方评价机构对该成果实施效果的客观评价详见表 2。

五、总结及展望

处理矿山尾矿和废石系列技术成果自动化程度有待提升，需要减少或替代操作工人。提高工艺流程和生产各环节的自动化程度，通过对生产过程的动态实时监控，将生产各环节达到自感知、自决策、自运行，将矿山生产维持在最佳状态和最优水平。

项目成果应用经济效益分析表　　　　表 2

成果名称:矿山废石处理与综合利用技术

经济效益:	产值 7131 万元/年,直接利润 444.4 万元/年,间接利润 1787.11 万元/年	
年份	获得收入(万元)	新增直接利润(万元)	新增间接利润(万元)
2018	1236	74.16	284.28
2019	1652	107.38	413
2020	710	49.7	213
2021	835	45.925	175.35
2022	2698	167.276	701.48

经济效益计算依据:

本项目成果至 2022 年底在中冶沈勘工程技术有限公司所承担的 39 个矿山建设、生产、运营、治理方面项目中成功应用,其中 2018 年应用 5 个项目,2019 年应用 7 个项目,2020 年应用 7 个项目,2021 年应用 11 个项目,2022 年应用 9 个项目。累计创造产值 7131 万元,其中 2018 年 1236 万元,2019 年 1652 万元,2020 年 710 万元,2021 年 835 万元,2022 年 2698 万元。新增直接利润 444.4 万元,新增间接利润 1787.11 万元,其中 2018 年新增直接利润 1236 万元×6%＝74.16 万元,新增间接利润 1236 万元×23%＝284.28 万元;2019 年新增直接利润 1652 万元×6.5%＝107.38 万元,新增间接利润 1652 万元×25%＝413 万元;2020 年新增直接利润 710 万元×7%＝49.7 万元,新增间接利润 710 万元×30%＝213 万元;2021 年新增直接利润 835 万元×5.5%＝45.925 万元,新增间接利润 835 万元×21%＝175.35 万元;2022 年新增直接利润 2698 万元×6.2%＝167.276 万元,新增间接利润 2698 万元×26%＝701.48 万元。据此推算,该项目成果每年可为企业增加产值 7131 万元/5＝1426 万元/年,每年新增直接利润 444.4 万元/5＝88.88 万元/年,每年新增间接利润 1787.11 万元/5＝357.4 万元/年,为企业创造了较好的经济效益。